우에다 신의

우에다 신 지음　　강영준 옮김

AK TRIVIA BOOK

CONTENTS

51
FF-272

한국전쟁의 역사

군사경계선을 넘어 남북 분단과 대립이 끊이지 않는 한반도. 그곳의 주권을 둘러싸고 약 3년간 싸워 동서 냉전하의 '대리전쟁'이라 불린 한국전쟁은 어떤 배경에서 시작되고 휴전하게 되었는가.

■ 독립과 남북분단

제2차 세계대전의 종결을 의미하는 포츠담 선언을 일본이 수락한 다음 날인 1945년 8월 16일, 미국과 소련은 한반도의 점령 관할 지역을 결정하기 위해 한반도를 동서로 횡단하는 북위 38도 선을 점령 경계로 정했다. 약 30분의 협의를 거쳐 정해졌다는 이 선긋기와 당시 시작됐던 동서 냉전이 훗날 한반도의 운명을 크게 좌우하게 된다.

오랫동안 일본의 식민지였던 대한민국은 1945년 2월 얄타 회담에서 체결된 비밀 협정에서 제2차 세계대전 이후 연합국(미국, 영국, 소련, 중국)의 신탁통치를 거쳐 독립시키겠다고 결의(정세와 경제 등을 안정시키고 5년 안에 독립시키는 계획)됐다.

연합국의 대한민국 독립 계획과는 별개로 해외와 한반도 내에서 활동하던 각 항일 조직도 제2차 세계대전 종결이 확실해지자 조직의 목적을 항일에서 독립으로 전환해 건국을 위한 활동을 시작했다. 하지만 미·소의 이해관계와 통치 정책의 차이, 한반도 내 파벌 간 항쟁, 신탁통치에 대한 반대 의견 등으로 혼란이 끊이지 않아 미국과 소련도 서로가 지지하는 자치 정부를 발족시키는 방향으로 통치 정책을 전환한다.

그 결과, 38선을 경계로 1948년 8월 15일 대한민국(이하 한국), 9월 9일 조선민주주의인민공화국(이하 북한)이라는 이데올로기가 다른 두 나라가 탄생했다(대한민국은 헌법 제3조에 따라 북한을 국가로 인정하지 않는다-옮긴이 주). 건국된 한국에서는 반공주의자 이승만이 대통령이 되어 '북진 통일'을 주장했다. 한편 소련을 배경으로 삼아 북한의 최고지도자로 취임한 김일성은 '국토 완정'을 슬로건으로 삼고 조국 통일을 바랐다.

이 상황에서 소련은 북한에 정치뿐만 아니라 군사 고문을 파견하고 군사 원조도 해서 전차, 대포, 항공기와 물자를 제공했다. 또 소련군이나 중국 공산군에 소속해 실전 경험도 있는 조선계 부대 병사를 주력으로 군비를 확충해나가, 한국전쟁이 개전하기까지 육군은 13만 5,000명의 병력을 지닐 정도가 되었다. 한편 한국은 미국에 군사 원조를 받았으나 이승만 대통령의 '북진 통일' 강경론에 대한 경계 등을 이유로 전차나 전투기, 폭격기는 제공받지 못했으며 개전 직전 육군 병력은 9만 8,000명이었다. 이 병력과 장병의 경험치 차이가 개전 초기에 큰 영향을 미치게 된다.

■ 개전

건국 후 특히 한국에서는 크고 작은 반정부 운동, 북한의 지시를 받고 활동하는 공산 단체나 게릴라 부대의 테러, 그에 대한 정부의 탄압 등으로 정치적인 혼란에 빠져 있었다.

그런 한국의 정세와 1949년 10월 1일의 중화인민공화국(이하 중국) 건국, 그리고 극동 지역에 대한 미국의 공산주의 봉쇄정책 방위선(1950년 1월 12일 미국의 딘 애치슨 국무장관이 발표한 불퇴 방위선 '애치슨 라인')에 한반도가 포함되지 않는 등의 상황 전개 속에서 김일성은 남진해도 미국의 개입이 없을 것으로 판단해 소련의 스탈린과 중국의 마오쩌둥에게 한국 침공 용인과 원조 약속을 받고 개전을 감행했다.

개전에 앞서 북한군은 6월 11일, '기동 대연습'이라는 명목으로 부대를 동원하기 시작해 38선 인근에 7개 사단 병력을 전개했다. 한미 양군은 이들 북한군의 동향을 일부 포착했지만 침공의 전조라고는 판단하지 않았다. 그리고 6월 25일 새벽, 북한군은 한국군 진지에 포격을 시작하면서 공격을 개시했다. 이 공격은 기습이 되어 한국군을 덮쳤다. 북한군은 약 120대(이견 있음)의 T-34-85 전차를 선두로 한국군의 방위선을 잇따라 돌파하고, 개전 사흘 뒤인 6월 28일에는 서울을 점령했다. 한국 정부는 서울을 포기하고 수원으로 정부를 옮겼으나, 수원도 7월 4일 북한군의 손에 떨어졌다.

북한군의 진격을 확인한 미국은 6월 27일, 군의 한국 파병을 결정한다. 또 유엔 안전보장이사회에서도 북한의 행동을 침략이라고 결의해 7월 7일 유엔군이 결성되고, 다음 날 맥아더 원수가 유엔군 사령관으로 임명됐다.

북한군을 처음으로 공격한 미군 전력은 일본에 주둔하던 공군 부대였다. 이어서 지상부대가 일본에서 부산에 상륙했다. 7월 5일, 미 육군 선발대는 오산에서 북한군과 첫 지상 전투를 벌였다. 하지만 유효한 대전차 병기가 없었던 미군 부대는 북한군의 진격을 막을 수 없었다.

일본에 주둔한 미군 지상부대가 한국에 파견되는 동안 한국군의 일부 부대가 북한군의 공격을 저지했으나, 우세한 북한군의 남하를 막을 수는 없어서 계속 후퇴했다. 그리고 7월 21일, 대전이 점령되자 유엔군은 지체 행동 전술을 취하며 8월 남북 약 135km, 동서 약 90km 범위에 최종 방위선인 낙동강 방어선을 구축했다. 여기서 유엔군은 북한군의 공격을 막아내면서 증원 부대와 물자가 도착하기를 기다리며 반격을 준비했다. 그리고 약 한 달 동안 양군의 공방이 벌어졌다.

■ 유엔군의 반격과 중국의 참전

부산 공방전으로 북한군의 진격을 막은 유엔군은 전세를 만회해 북한군을 섬멸하기 위한 반공 작전을 실시했다. 인천에 상륙한 부대와 부산 방면에서 북상하는 부대가 북한군을 협공하는 작전이었다.

유엔군은 9월 16일 북한군을 배후에서 치기 위해 인천에 상륙했다('크로마이트' 작전). 다음 날 17일에는 상륙작전에 호응한 지상부대도 부산 방면에서 북진을 개시했다. 유엔군이 9월 28일 서울을 탈환하자 북한군은 완전히 무너졌으며, 유엔군은 철수하는 북한군을 쫓아 10월 7일까지 38선을 넘어 계속 북진했다. 그러나 이 전황에서 '유엔군이 38선을 넘는다면 중국은 군사 개입을 하겠다'고 경고(9월 30일)했던 마오쩌둥은 10월 8일, 중국 의용군 30만 명을 파병하기로 결정했다.

38선을 넘은 유엔군은 10월 19일 평양을 점령했다. 또 맥아더 원수의 북한 전토 점령 명령에 따라 26일에는 반도 북동부인 원산에 미 해병대가 상륙했다. 그리고 그날 한국군 부대 일부는 중국 국경을 눈앞에 둔 압록강에 이르렀다. 유엔군의 반격으로 북한군은 10월까지 많은 병력을 잃었고, 북상한 유엔군은 북한 영토의 약 6할을 확보한 상태여서 크리스마스 전에 전쟁이 끝날 수 있다는 낙관론이 돌기 시작했다. 그런 상황이었던 10월 25일, 중국군의 제1차 공세가 시작됐다.

피폐해진 북한군을 대신한 중국군 정예부대의 공격으로 유엔군은 큰 손해를 입고 각지에서 퇴각할 수밖에 없었다. 이 중국군의 제1차 공세로부터 약 1개월 후인 11월 27일, 제2차 공세가 시작되자 유엔군의 퇴각이 불가피해질 만큼 전세가 중국군에 유리해졌다. 유엔군은 12월 5일 평양을 포기하고 9일 원산과 흥남, 11일에는 인천에서도 철수했다.

이 중국군의 참전과 유엔군의 철수로 한국전쟁의 정세는 크게 전환됐다.

■ 전선의 유착

각 전선에서 유엔군을 몰아낸 중국군은 12월 22일 38선에 이르자 12월 말 제3차 공세(동계 대공세)를 시작해 1951년 1월 7일 서울을 다시 점령했다. 이 공세로 북위 37도 부근까지 철수했던 유엔군은 한반도 동부 강릉에서 서부 오산 부근을 잇는 방위선을 구축하고 반격의 기회를 엿보게 되었다.

유엔군은 1월 25일 '선더볼트' 작전을 발동해 반격을 시작했다. 이 작전 이후 유엔군은 5회에 걸친 공세작전을 실시하며 북상했고, 3월 15일 한국 제1사단이 서울을 탈환했다. 이후 전쟁은 기동전에서 산악지대에서 벌어지는 진지전으로 바뀌어 38선을 경계로 양쪽이 단기간의 공세를 반복하는 일진일퇴의 싸움이 이어져 전선이 유착되기 시작됐다.

■ 휴전

전선이 유착 상태에 빠져가던 1951년 4월 11일, 미국 정부는 맥아더 원수를 유엔군 총사령관에서 해임했다. 해임의 원인은 전쟁의 조기 종결을 꾀하는 트루먼 대통령에게 맥아더 원수가 전쟁을 끝내기 위해서는 북한 전토를 점령하고 북한을 지원하는 중국에 핵병기를 사용해야 한다고 주장했기 때문이었다. 그리고 해임된 맥아더 원수를 대신해 유엔군 사령관으로 매슈 리지웨이 대장이 취임했다.

개전으로부터 1년이 지나자 전쟁의 양상은 38선을 사이에 두고 유엔군과 공산군이 단기간 공세를 실시해 적 진지 쟁탈전을 되풀이하는 산악지대의 진지전으로 이행했다. 전선은 크게 움직이지 않았고, 양군 모두 손해가 커져 서로 완전한 승리를 얻을 기회를 잃었다. 그런 전황 속에서 관계 각국 정부는 휴전을 위해 움직이기 시작했다. 그리고 6월 23일, 소련의 야콥 말리크 유엔대사가 유엔 안보리에서 휴전을 제안해 7월 10일 제1회 휴전 회의가 개성에서 개최됐다.

이 휴전 회의에는 유엔군 수석대표인 미국 극동 해군 사령관 터너 조이 중장 외 2명, 한국 대표는 제1 군단장 백선엽, 북한은 수석대표 남일 대장 외 2명, 중국 대표는 펑더화이 부사령관 외 1명으로 구성됐다. 그리고 7월 26일 회의에서 비무장지대 설정과 군사경계선 확정, 정전과 휴전 실현을 위한 감독 조직 설립, 포로에 관한 약정 등 다섯 사항을 의제로 회의를 진행하기로 합의됐다. 그렇게 휴전 회의가 시작됐으나, 의제마다 서로의 주장이 대립해 서로 한 걸음도 양보하지 않은 채 첫 회의는 8월 22일 중단됐다. 10월 25일, 회담장을 판문점으로 옮기고 회의가 재개됐으나 1952년이 되자 전선은 완전히 유착 상태에 빠지고 회의는 중단과 양군의 공세, 다시 재개라는 흐름이 되풀이되었다.

1953년 3월, 휴전에 소극적이었던 스탈린이 사망하자 상황이 움직였다. 공산군의 태도가 누그러질 징조가 나타나, 1952년 11월부터 중단됐던 회의가 4월에 재개됐다. 재개 이후에도 양군의 공세는 반복됐으나 회담은 계속 진전돼 1953년 7월 27일 판문점 본회의장에서 유엔군 수석대표인 미국 육군 윌리엄 켈리 해리슨 주니어 중장과 조선인민군 대표 겸 중국 인민지원군 대표 남일 대장이 협정에 조인했다. 그날 밤 10시에 드디어 휴전협정이 발효돼 한반도의 전쟁이 정지되었다.

한국전쟁 관련 연표

1943년

12월 1일 연합국, 카이로 선언에서 세계대전 종결 이후 한반도 일대를 자유 독립국으로 하겠다고 발표

1945년

2월 8일 미·영·중·소, 얄타 회담에서 극동 밀약으로 한반도의 신탁통치를 합의

8월 8일 소련이 일본에 선전포고해 만주 진격을 개시

13일 소련군, 한반도 북동부 청진에 상륙

14일 일본 정부 포츠담 선언 수락

15일 일본 투항 이후 건국을 목적으로 조선건국준비위원회 결성

16일 미·소, 북위 38선을 점령 경계로 설정. 38선을 경계로 한반도 남부가 미군, 북부가 소련군 관할이 됨

24일 소련군 평양 진주. 조선건국준비위원회를 통한 간접 통치를 실시

9월 2일 일본 정부, 연합국에 투항 조인

6일 조선건국준비위원회가 조선인민공화국 수립을 선언

8일 미군, 인천에 상륙. 재한 미 육군 사령부 군정청에 의한 직접 통치를 개시

9일 조선 총독부가 연합군에 투항 조인, 미국에 총독부 권한을 위양

16일 한국 민주당 결성

12월 17일 미·영·소, 모스크바 3국 외무장관 회의에서 한반도의 단일 자유국가 성립을 권고

1946년

1월 15일 남조선국방경비대 창설

2월 8일 북조선임시인민위원회 설립. 위원장으로 김일성이 취임

7월 27일 북한, 조국통일민주주의전선 결성

8월 28일 북조선로동당 결성

12월 23일 남조선로동당 결성

1947년

2월 22일 북조선인민위원회 창설

6월 3일 남조선 과도정부 발족

11월 4일 유엔 총회에서 남북 총선거를 통한 정부 수립 결정

1948년

2월 8일 조선인민군 창설

8월 15일 대한민국 건국(한국). 이승만이 초대 대통령으로 취임. 남조선국방경비대를 한국 육군으로 개편

9월 9일 조선민주주의인민공화국 건국(북한). 김일성이 수상으로 취임

1949년

7월 30일 북한, 조선로동당 결성. 김일성, 중앙위원회 위원장으로 선출

10월 1일 중화인민공화국 건국

1950년

6월 25일 북한군이 38선을 넘어 한국으로 침공 개시. 한국전쟁 발발

26일 유엔 안보리, 북한을 침략자로 인정

27일 한국 정부, 수원으로 이동. 미군과 북한 사이에서 첫 공중전

28일 북한군, 서울을 점령

29일 미 정부, 지상부대 투입을 결정

7월 1일 미군 지상부대 제1진의 제24보병사단 선발대, 스미스 지대가 공로로 부산에 도착

5일 스미스 지대, 오산에서 북한군에 패배(오산 전투)

7일 유엔 안보리, 유엔군 결성

8일 유엔 안보리, 맥아더 원수를 유엔군 사령관으로 임명

13일 미 육군 제8군 사령부를 대구에 설치

16일 한국 정부, 대구로 이동

17일 한국 정부, 부산으로 이동

18일 미군 제25보병사단은 부산, 제1기병사단은 포항에 상륙

22일 북한군, 대전을 점령

25일 유엔군, 사령부를 도쿄에 설치

29일 제24보병사단장 윌리엄 F. 딘 소위가 행방불명된 이후 북한군의 포로가 됨

30일 유엔 안보리, 유엔군을 승인

8월 1일 낙동강 방어선 전투 시작

5일 북한군 8월 공세 개시. 각지에서 유엔군과 한국군의 반격도 시작

11일 제24보병사단, 북한군에 대한 반격에 실패

29일 영국 육군 제27여단이 한국에 도착

9월 1일 북한군 9월 공세를 개시

5일 유엔군 반격 시작

10일 낙동강 방어선의 위기가 지나감

15일 유엔군, 인천에 상륙('크로마이트' 작전)

16일 미 제8군, 인천 상륙에 호응한 총반격작전 개시

28일 유엔군이 서울을 탈환

10월 1일 북한군 주력부대가 남부에서 철수. 중국 정부, 유엔군이 38선을 넘는다면 개입하겠다고 미국에 경고

4일 미 해군, 일본 정부에 소해부대 파견을 요청

7일 유엔군, 38선을 넘어 북진

8일 마오쩌둥, 한반도에 중국 의용군 파병을 결정

11일 일본의 해상보안청 특별소해부대, 해주 난바다에서 소해를 개시

17일 특별소해부대의 소해정이 원산항 앞바다에서 기뢰에 접촉해 침몰, 승조원 1명이 행방불명

20일 미 제1기병사단과 한국 제1사단이 평양을 점령

25일 중국군 참전(제1차 공세, 11월 5일까지)

26일 미 제1해병사단이 원산에 상륙. 한국 제6사단 일부가 압록강에 도달. 중국군 제1차 공세 시작(11월 5일까지)

11월 1일 미그(MiG)-15 전투기 첫 출진. 중국군의 반격으로 유엔군 후퇴 시작

6일 맥아더 원수, 중국군 개입을 공식적으로 인정

12일 미군 제3보병사단, 한국 도착

27일 중국군, 제2차 공세를 개시(12월 10일까지). '장진호 전투' 유엔군 퇴각 시작

29일 중국군 총공세로 유엔군은 한반도 북부에서 철수를 결정

12월 5일 유엔군, 평양에서 철수

9일 유엔군이 원산, 흥남, 인천 각 항구에서 해상 철수를 개시

11일 해주의 소해를 마지막으로 임무를 완료한 특별소해부대 귀국

23일 미 제8군 사령관 워커 중장, 전선 시찰 중 사고사. 후임은 매슈 리지웨이 중장

31일 중국군, 제3차 공세를 개시(이듬해 1월 15일까지)

1951년

1월 3일 유엔군, 37도 선까지 전선을 후퇴

4일 중국·북한군이 서울을 재점령

8일 유엔군이 반격해 원주를 탈환

25일 유엔군, '선더볼트' 작전을 발동해 북진 재개

2월 5일 한·미군, 중동부 전선에서 '라운드업' 작전을 개시해 북진

11일 중국군, 2월 공세(제4차 공세) 개시(18일까지)

20일 유엔군, '킬러' 작전을 발동. 다음 날 모든 전선에서 북진을 시작

3월 7일 유엔군, '리퍼' 작전 개시

15일 한국군 1사단이 서울을 재탈환

31일 유엔군 38선에 도달. 이후 전세는 38선을 사이에 두고 고정돼 산악지대에서 진지전으로 이행됨

4월 4일 유엔군, 다시 38선을 넘어 북진 개시

9일 유엔군, 38선 이북의 20km 안으로 북진하는 '러기드' 작전 개시

11일 맥아더 원수, 유엔군 총사령관에서 해임. 후임은 리지웨이 중장

22일 중국·북한군, 제5차 전기 공세(4월 공세) 개시(30일까지)

23일 중국·북한군, 38선을 돌파해 남하

5월 2일 소련 유엔대사 야콥 말리크와 미 국무성의 휴전을 위한 교섭 시작. 미군, 북한령의 화천 댐을 항공기로 공격. 뇌격으로 댐은 파괴됨

15일 중국·북한군, 제5차 후기 공세(5월 공세)

22일 유엔군, '파일드라이버' 작전 개시

30일 철의 삼각지에서 공방전 격화

6월 23일 소련의 유엔대사 말리크가 유엔 안보리에서 휴전을 제안

7월 10일 제1차 휴전 협의가 개성에서 개최

8월 18일 유엔군은 중동부 전선에서 공세 개시. 유엔군은 북한의 철도와 통신 시설을 공중에서 폭격하는 '스트랭글' 작전을 개시

9월 13일 '단장의 능선' 전투 시작(10월 13일까지)

10월 5일 유엔군, 전선 전역에서 가을 공세 개시

25일 회장을 판문점으로 옮기고 휴전 회의 개시

1952년

2월 18일 거제도 포로수용소에서 중국·북한군 포로 폭동 발생

3월 26일 한국 중서부 전선의 266고지를 유엔군이 공격. 불모고지 전투 시작(1953년 3월 26일까지)

5월 7일 거제도 포로수용소에서 두 번째 폭동 발생. 소장 프랜시스 도트 준장이 중국·북한군 포로에게 붙잡힘

6월 23일 유엔군 폭격기가 수풍댐 첫 공격

10월 6일 중국군이 철원의 395고지를 공격. 14일까지 12차에 걸친 공방전 반복(백마고지 전투)

14일 유엔군이 중국군 공격, 삼각고지 전투 시작(11월 25일까지)

12월 2일 드와이트 아이젠하워 미국 차기 대통령이 방한해 전선을 시찰(4일까지)

1953년

1월 20일 아이젠하워, 미국 대통령으로 취임

2월 11일 미군 제8사령관으로 맥스웰 테일러 중장 취임

3월 5일 소련 지도자 스탈린 사망

4월 16일 중국군 '폭찹힐'을 공격(18일까지). 26일 판문점에서 회담이 재개

7월 2일 중국군 '폭찹힐'에 두 번째 공격(11일까지)

19일 대표단이 휴전협정에 합의

24일 휴전협정 조인 전 최후 전투인 사천강 전투 시작(26일까지)

27일 판문점에서 중국·북한 양군과 유엔군 간 휴전협정 체결

■ 한국전쟁의 추이

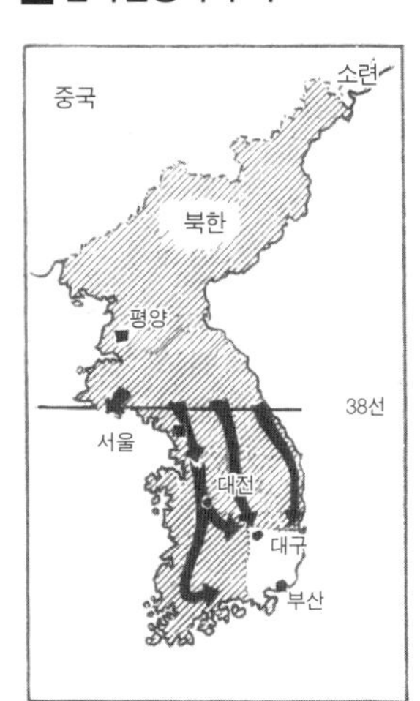

1950년 6~9월

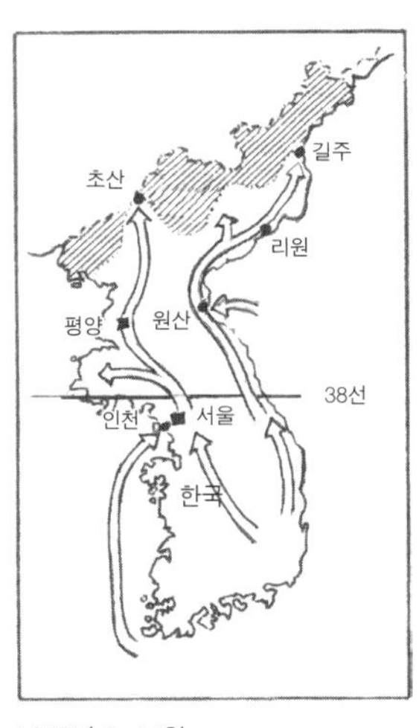

1950년 9~11월

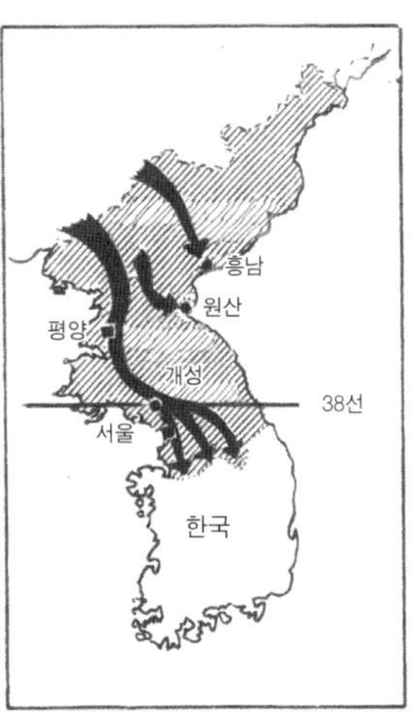

1950년 11월~1951년 1월

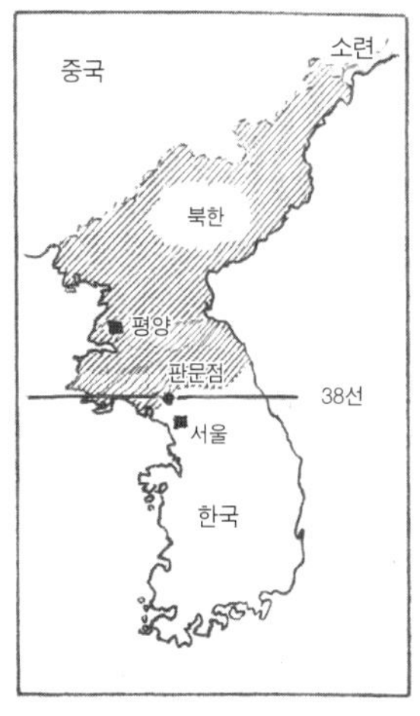

1953년 7월 휴전협정 시

■ 한반도

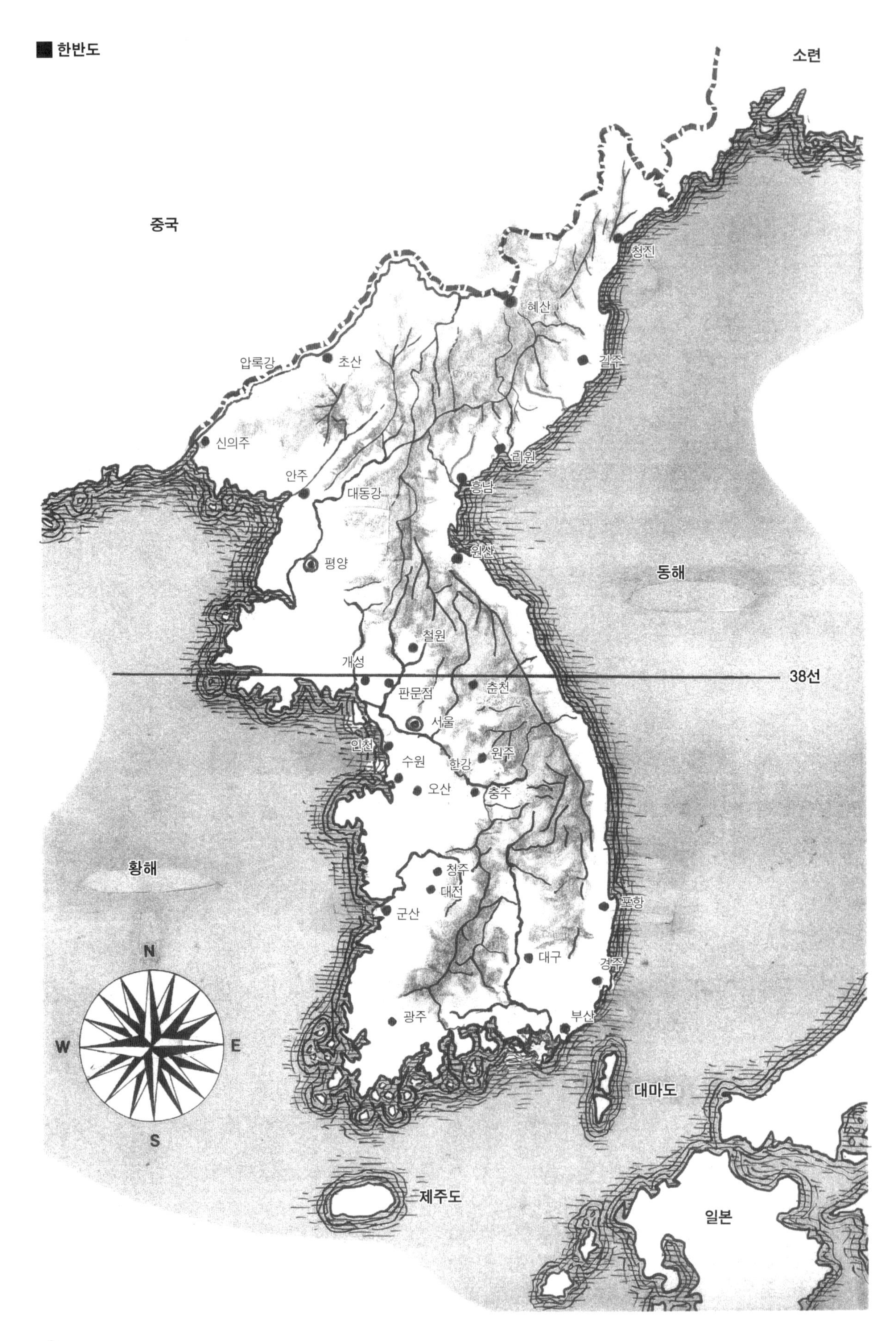
소련
중국
청진
혜산
압록강
초산
길주
신의주
리원
안주
대동강
흥남
원산
평양
동해
철원
개성
38선
판문점
춘천
서울
인천
수원
한강
원주
오산
충주
황해
청주
대전
포항
군산
N
대구
경주
W
E
광주
부산
S
대마도
제주도
일본

한국전쟁의 지상전

한국전쟁의 전차전

한국전쟁에서는 제2차 세계대전에 비하면 규모는 작지만 유엔군과 공산군 간의 전차전이 종종 일어났다.

전쟁 발발 당시 북한군의 기갑부대 전력은 1개 기갑여단 편성이었으나, 한국군은 전차부대가 없었다. 이유는 산악지대가 많은 한반도 지형에서 전차는 집단적으로 운용하기에 적합하지 않다고 미군이 판단했고, 조국 통일을 위해 북진 정책을 주장하는 이승만 대통령에게 너무 많은 군사력을 쥐버리면 북한으로 진격하지 않을까 우려하던 미국 정부의 정치적인 판단 때문이었다.

한편 북한군은 소련의 군사 원조를 받고 240대의 T-34-85 중전차(이하 T-34)와 117대의 SU-76 자주포(이하 SU-76)를 장비했다. 북한군은 이 전차를 보유함으로써 개전 초기 진격전에서 기선을 제압할 수 있었다.

1950년 6월 26일, 북한군은 전차를 앞세워 남진하기 시작했는데, 그 전차를 저지하는 한국군의 대전차 병기는 각 보병 연대에 배치된 6문의 57mm 대전차포와 보병 소대가 장비한 2문의 대전차 로켓 런처, 그리고 대전차지뢰였다. 또 전차포를 탑재한 유일한 장

북한군(KPA)의 전투차량

북한군은 소련군이 지원한 전차 120대를 앞세워 한국을 기습적으로 침공했다.

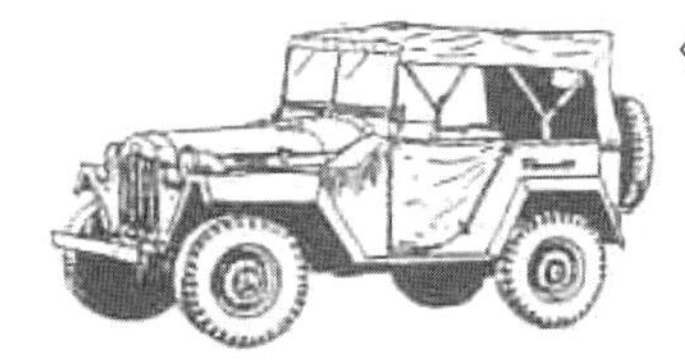

〈GAZ-67B 4륜 구동차〉

〈T-34-85 중전차〉

북한의 주력 전차. 개전 이후에도 소련의 지원은 계속됐다.

〈BA-64 장갑차〉

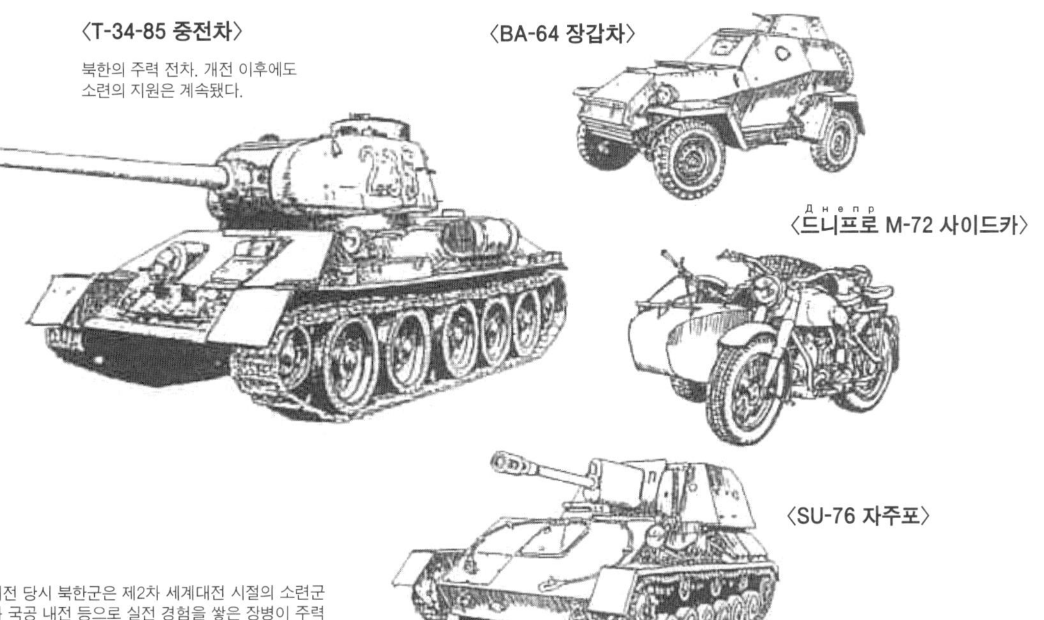

Днепр
〈드니프로 M-72 사이드카〉

〈SU-76 자주포〉

개전 당시 북한군은 제2차 세계대전 시절의 소련군과 국공 내전 등으로 실전 경험을 쌓은 장병이 주력이었다. 그에 더해 소련에 병기를 지원받아 전력이 크게 향상됐다.

한국 육군(ROKA)의 전투차량

〈M8 장갑차〉

개전 당시 한국군이 장비했던 유일한 전차포 탑재 차량.

〈M3 병력 수송 장갑차〉

1951년 봄부터 미군이 지원하기 시작했다.

Chaffee
〈M24 채피 경전차〉

Jackson
〈M36B2 잭슨 구축전차〉

부족한 M4와 M26 중전차를 대신해 한국군에 제공됐다. 주포인 90mm포는 T-34-85를 파괴할 만한 위력이 있었으나, 방어력은 M-4 셔먼 중전차보다 떨어졌다.

당초의 미군 전투차량

한반도 지형에서는 전차를 효과적으로 운용할 수 없다는 이유로, 미군은 당초 북한군의 전력을 과소평가했다. 또 이 예측과 정치적 판단에 따라 한국군에 전차를 지원하지 않았던 것이 서전에서 T-34 패닉을 일으키는 요인이 되었다. 미군은 급히 일본에 주둔한 M24와 M4를 장비한 전차부대를 파견했으나, 우세한 대전차 전투를 위해서는 M26 중전차가 도착하기를 기다릴 수밖에 없었다.

미군이 최초로 한반도에 투입한 전차. 정찰용 경전차여서 화력과 방어력 모두 T-34-85에 상대가 되지 않았다.

대공용뿐만 아니라 지상용으로도 사용됐다.

한국전쟁 전반의 미군 주력 전차. 주포는 T-34-85를 파괴하는 위력을 지녔으나, T-34-85의 85mm포에 대한 방어력은 부족했다.

화력, 방어력 모두 T-34-85를 웃돌았으나, 한국에는 1950년 8월 이후에나 배치됐다.

갑 전투차량인 M8 장갑차를 약 40대(이견 있음) 장비했으나, 37mm 전차포로는 T-34를 상대하는 대전차 전투를 수행할 수 없었다.

■ 1950년 8월의 전황

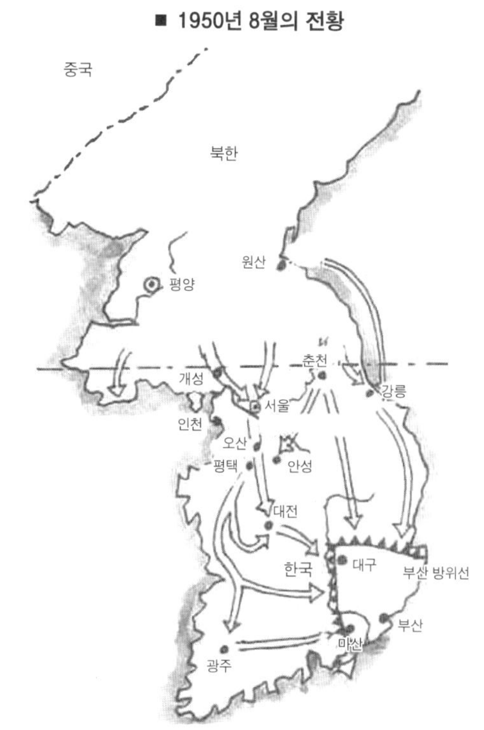

유엔군 전차 도착

최초로 북한군 전차와 교전한 유엔군의 전차는 제24보병사단에 소속한 15대의 M24 채피 경전차(이하 M24)였다. 미군은 1950년 7월 10일 조치원 전투에서 첫 전차전을 벌여 북한군의 T-34 중형전차를 몇 대 파괴하고 M24를 2대 잃었다. 또 7월 21일, 대구 근교 전투에서는 M24 5대가 T-34 7대와 교전했다. 매복 공격을 한 M24는 T-34를 한 대 파괴했으나, 결과적으로 4대를 잃었다. 그 뒤에도 전차전이 여러 차례 벌어졌으나 화력도 방어력도 T-34보다 떨어지는 M24로는 전황을 바꿀 수 없었다. 미군은 M24에 이어 일본에서 M4A3E8 셔먼 중형전차(이하 M4) 100대를 파견했다. 그러나 기세를 탄 북한군의 진격을 막을 수 없었고, 궁지에 몰린 유엔군은 최후 방어선을 구축해 적의 공격을 저지하고 증원을 기다리며 반격의 체제를 갖추었다.

8월에 시작된 이 낙동강 방어선 전투에 북한군은 13개 보병사단과 1개 기갑사단을 투입했다. 한편 유엔군에는 일본에서 수송된 M4와 미국 본토에서 수송된 M26 퍼싱 중형전차(이하 M26)도 도착했다. 8월 7일, 유엔군이 처음으로 벌인 반격작전에서는 M4와 M26 합쳐 100대가 참가해 각지에서 전차전이 발생했다.

8월 8일, 당시 미군의 최신 중형전차 M46 패튼(이하 M46) 최초의 차량이 부산에 상륙했다. 또 8월 29일, 영국 육군 제27여단이 부산에 상륙했다. 이 여단에는 크롬웰 순항전차(이하 크롬웰), 처칠 Mk.Ⅶ 보병전차를 장비한 1개 전차연대가 배속됐다.

미군은 8월 말까지 한반도에 6개 전차대대를 파견했다. 이에 따라 전차 수는 영국군을 포함하면 500대 이상에 이르러 북한군과 유엔군의 전력이 역전했다.

8~9월에 걸쳐 벌어진 낙동강 방어선 전투에 북한군은 예비부대의 전차도 투입해 유엔군을 공격했으나, 유엔군의 전차와 M20 대전차 로켓 런처, 또 항공기의 공격으로 잇따라 파괴됐다. 또 연료 부족으로 버려지는 등의 이유로 9월까지 보유한 전차 수가 약 100대로 감소했다.

유엔군의 반격

낙동강 방어선 전투로 위기를 넘긴 유엔군은 밀리던 전세를 단숨에 타개하기 위해 9월에 인천상륙작전을 실시했다. 이후 싸움은 후퇴하는 북한군을 쫓는 형태의 기동전으로 바뀌었다. 북한군은 유엔군의 진격을 방어했으나 우세한 유엔군 전차가 각지에서 T-34를 격파했다. 그러나 한편으로 유엔군 전차도 T-34의 매복 공격이나 대전차포 등의 공격으로 손해를 입었다.

이 시기에 최대의 전차전이 10월 30일 곽산 전투에서 벌어졌다. M26 15대와 북한군 T-34 7대, SU-76 10대가 야간 전투를 벌여 미군이 T-34 5대와 SU-76 7대를 격파했다.

11월 14일에는 센추리온 Mk. Ⅲ(이하 센추리온) 전차를 장비한 영국 육군 제8 왕립 아일랜드 경기병연대가 부산에 상륙했다. 센추리온은 1951년 2월 11일 한강에서 북한군의 크롬웰을 격파했다. 이 크롬웰은 1950년 11월 하순의 의정부 전투나, 1951년 1월 서울 북동부 고양의 '해피 밸리 전투'에서 중국군이 영국군에게서 노획한 것 중 하나였다고 한다.

1950년 말까지 한국에 보내진 미군

중국군의 전투차량

중국군의 장갑부대는 북한처럼 소련이 지원한 차량을 주력으로 편성했다. 전차부대는 1951년 3월 말경부터 전선에 등장했다. 한반도에는 T-34-85 중전차부대를 보냈으나, 운용에 제한이 있었는지 유엔군 전차와의 전투는 적었다. 또 중국군 자료에는 T-34-85와 SU-76 이외의 전차와 자주포도 투입됐다고 적혀 있으나, 유엔군은 최전선에서 다른 차량의 사용을 확인하지 않았다.

〈M3 정찰 장갑차〉

전차는 M4가 제일 많은 679대, 그다음으로 M26이 309대, M46은 200대, M24는 138대였다.

■ 기동전에서 진지전으로

1950년 10월, 중국군이 참전하여 유엔군의 전선은 크게 후퇴했으나 1951년이 되자 양군 모두 공세를 반복해 38선을 경계로 북진과 남진이 반복되었다. 그리고 전투는 기동전에서 산악지대를 전장으로 한 진지전으로 이행해 전차 운용도 대전차 전투에서 진지 공방이나 적 진지를 공격하는 보병부대에 대한 지원 포격 등으로 변해갔다.

이 진지전 기간에는 휴전할 때까지 수많은 격전이 발생했는데 그중에서도 1952년 11월 18~19일과 1953년 5월 19~29일에 벌어진 '후크고지 전투'에서는 영국군의 센추리온이 진지 방위에 큰 활약을 했다. 이 고지는 휴전회담이 이루어진 판문점의 남서쪽 10km 지점에 있는 표고 60~80m의 언덕으로, 유엔군은 서울을 방위하기 위해 영국군을 주력으로 한 수비대를 배치해 진지를 구축했다.

특히 1953년 5월 28~29일의 전투는 대격전이었다. 공격하는 중국군은 전차를 장비하지 않아 전차전은 발생하지 않았으나, 진지에 배치된 제1왕립전차연대 C중대의 센추리온 12대(이견 있음)는 유탄(榴彈)으로 육박해오는 적병을 포격해 중국군 4개 연대의 공격으로부터 고지를 지켰다.

■ 공산군의 전차

북한군의 T-34, SU-76은 개전 후에도 소련이 계속 지원했으나, 1950년 8월 이후는 유엔군의 반격으로 소모되는 수를 공급이 따라가지 못한 데 더해 연료 보급 등의 문제도 있어 개전 초기와 같은 대규모 운용은 불가능해졌다. 소련은 T-34에 더해 1953년 JS-3 중전차도 지원했다고 하나, 실전에 투입됐다는 사실은 확인되지 않았다.

중국군은 1953년까지 총 8개 전차연대(T-34 장비)를 북한에 파견해 한정적으로 운용했다고 한다. 또 중국 측의 자료에 따르면 SU-122 자주포, SU-100

자주포, KV-85 전차도 파견됐다고 하나, 실전에서 이 장비들이 사용됐는지는 확인되지 않았다.

유엔군의 전차

유엔군은 앞서 서술했듯 미군 전차가 주력이었으나, 초기에 투입된 M24는 M4나 M26이 배치되기 시작되자 본래의 정찰이나 보병 지원 임무 등에 쓰이게 됐다. 또 M4와 M26도 1951년 중 순차적으로 M46과 교환됐다. 영국군도 1951년 이후 크롬웰과 처칠에서 센추리온으로 장비를 전환했다.

한국군의 전차부대

개전 당시 전차부대가 없었던 한국 육군은 전쟁 중인 1951년 4월 보병학교에 기갑과를 창설하고 미 육군의 지도에 따라 전차부대 대원을 교육하고 훈련하기 시작했다. 그리고 부대의 교육이 끝나자 최초의 전차중대가 편성돼 10월 동부 전선에 투입됐다.

그 뒤에도 교육이 계속돼 1952년 중반까지 8개 전차중대가 탄생했다. 사용한 전차는 M24와 M36 구축전차(이하 M36)의 두 차종으로, M36(각종 베리에이션 포함)은 휴전할 때까지 약 200대가 한국군에 지원됐다.

양 진영의 전차 비교

○ M24 대(對) T-34-85

M24 경전차는 신뢰성이 높은 전차였으나 주포는 경량형 75mm포였기 때문에 근거리나 후방 공격 등의 조건이 갖춰지지 않으면 T-34-85를 파괴할 수 없었다. 서로 10대씩 겨룬 첫 대결에서는 M24가 7 대 1의 손실로 완패했다. M24는 보병 지원 등의 임무에 쓰였다.

○ M4 대 T-34-85

M4 중형전차는 1950년 7월 말부터 전선에 배치돼 낙동강 방어선 전투에서 T-34-85와 처음으로 교전했다. 주포인 76mm포는 명중 부위에 따라서는 T-34-85를 파괴할 수 없기도 했다. 반대로 T-34-85의 85mm 포탄은 M4를 손쉽게 파괴할 수 있어서 대전차 전투의 성능은 T-34-85가 우위였다.

○ M26 대 T-34-85

M26 중형전차는 1950년 8월 한반도에 등장했다. 그달 20~24일에 걸쳐 대구 부근에서 벌어진 전차전에서는 북한군 T-34-85 20대와 SU-76 4대에 맞서 M26 40대가 요격했다. 4일간의 전투로 M26은 6대가 손실되고 T-34-85 14대와 SU-76 4대를 파괴하는 전과를 거두었다.

중·후기의 미군 전투차량

〈M29C Weasel 위젤 수송차〉

설상차로도 사용할 수 있는 수륙양용 소형 수송차.

〈M24 채피 경전차〉

〈LVT-3 Bushmaster 부시마스터 수륙양용 트랙터〉

〈M4A3E8 셔먼 중전차〉

〈LVT(A)-4 75mm 곡사포 탑재 화력지원형〉

〈LVT-3C 수륙양용 트랙터〉

〈M26 퍼싱 중전차〉

〈DUKW 수륙양용 트럭〉

야포 견인, 최전선으로의 인원과 물자 수송 등에 사용했다.

〈M39 다목적 장갑차〉

〈M37 105mm 자주포〉

〈M46 Patton 패튼 중전차〉

M7 자주포의 후계 차량.

〈M42B5 셔먼 화염방사전차〉

〈M41 고릴라 155mm 자주포〉

〈M4A3 셔먼 105mm 곡사포 화력지원형 도저 전차〉

Priest
〈M7B2 프리스트 105mm 자주곡사포〉
〈M45 중형전차 105mm 곡사포 탑재 화력지원형〉
〈M43 203mm 자주곡사포〉
〈M32 전차 회수차〉
〈M40 155mm 자주포〉
〈M19 자주대공포〉
〈M16 자주대공포〉
〈M15A1 자주대공포〉
37mm 기관포 1문과 12.7mm 기관총 2정을 탑재했다.
2연장 40mm 기관포를 탑재했다.
미군의 지상 공격기
유엔군의 지상 공격기는 대전차 전투에도 활약해 공산군 전차 3,000대, 장갑차량의 약 50%를 파괴했다.
Twin Mustang
〈F-82 트윈 머스탱 전투기〉
Shooting Star
〈F-80 슈팅스타 전투기〉
Invader
〈B-26 인베이더 경폭격기〉
Mustang
〈F-51 머스탱 전투기〉
Panther
〈F9F 팬서 전투기〉
Thunderjet
〈F-84 선더제트 전투기〉
Corsair
〈F4U 콜세어 전투기〉
Skyraider
〈AD-4 스카이레이더 전투기〉

영국과 영연방군의 전투차량

영국군이 한국에 파견한 전차는 100~140대라고 한다. 처칠 전차와 크롬웰 전차는 1952년 여름까지 회수되고 이후 센추리온 전차가 주력이 됐다. 또 벨기에군은 M4 중전차, 튀르키예군은 M4와 M24 경전차를 사용했다.

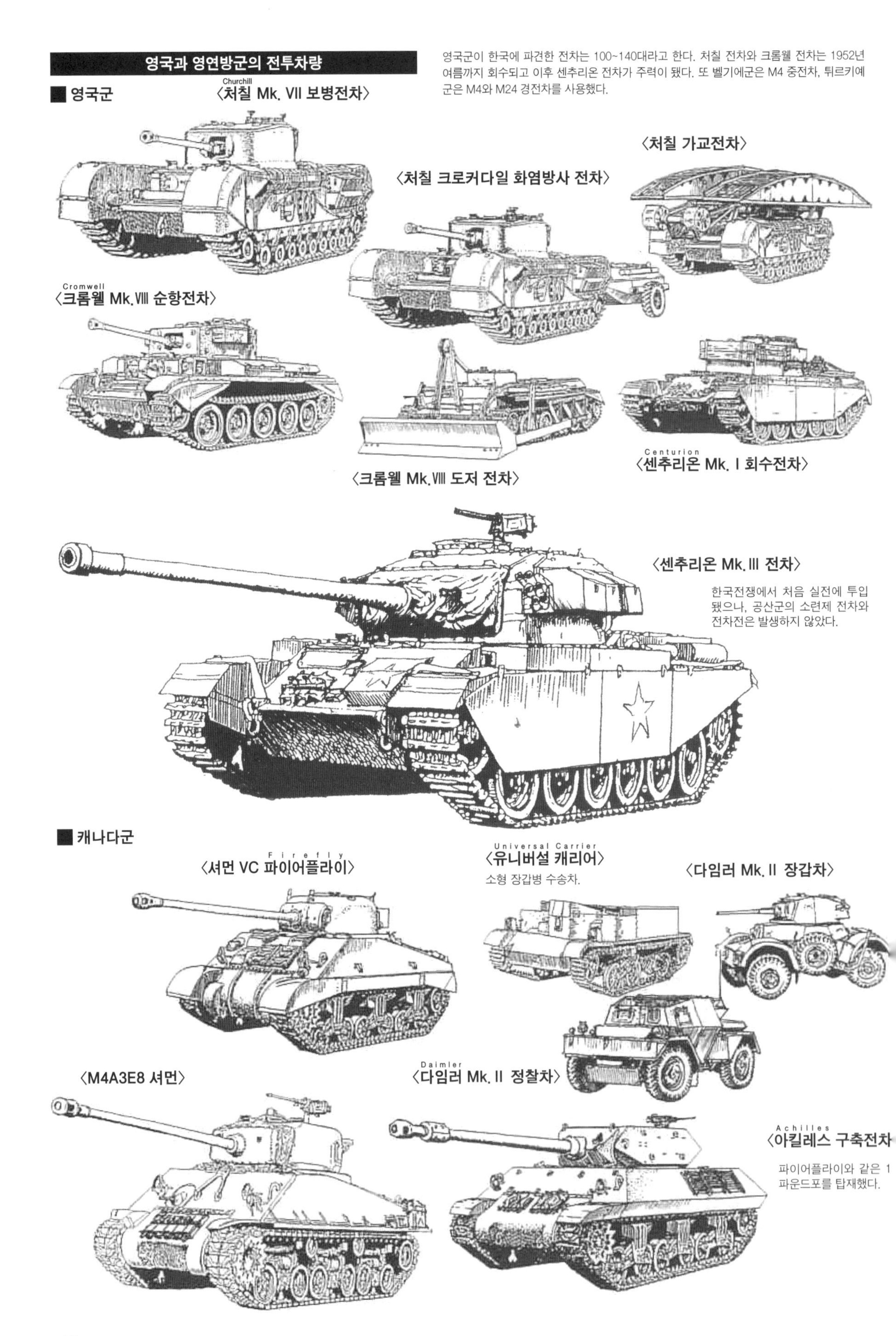

■ 한반도의 주요 전차전

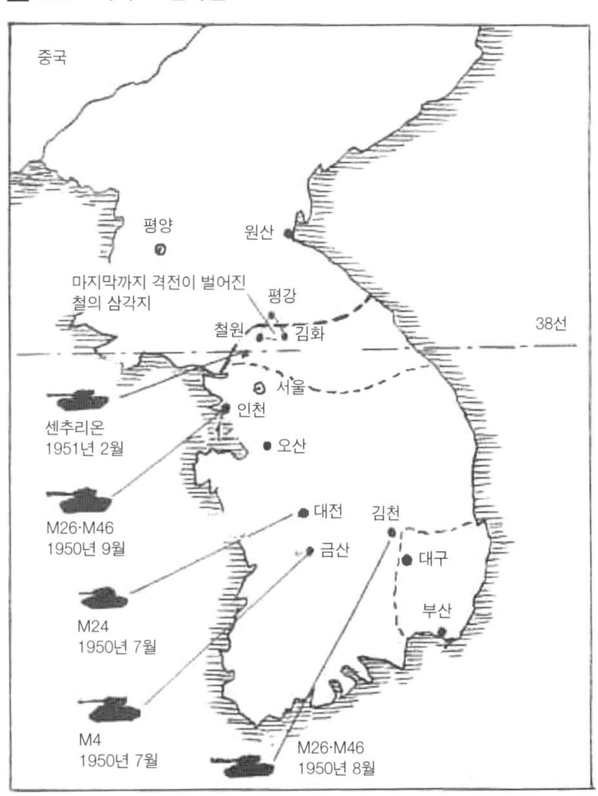

한국전쟁의 전차병

각국 전차병의 군장은 제2차 세계대전과 거의 같은 유형을 사용했으며, 한국전쟁에서도 스타일에 큰 변화는 없었다. 중국·북한군은 소련제 또는 이를 카피한 자국 제품을 사용했다.

미군 전차의 호랑이(타이거 페이스) 마킹

예로부터 한국과 중국에서 호랑이는 강함의 상징이자 악귀를 물리치는 신성한 짐승으로 여겨졌다. 미군 전차부대의 일부는 이를 흉내 내 적에게 공포심을 주기 위해 타이거 페이스를 전차에 그렸다.

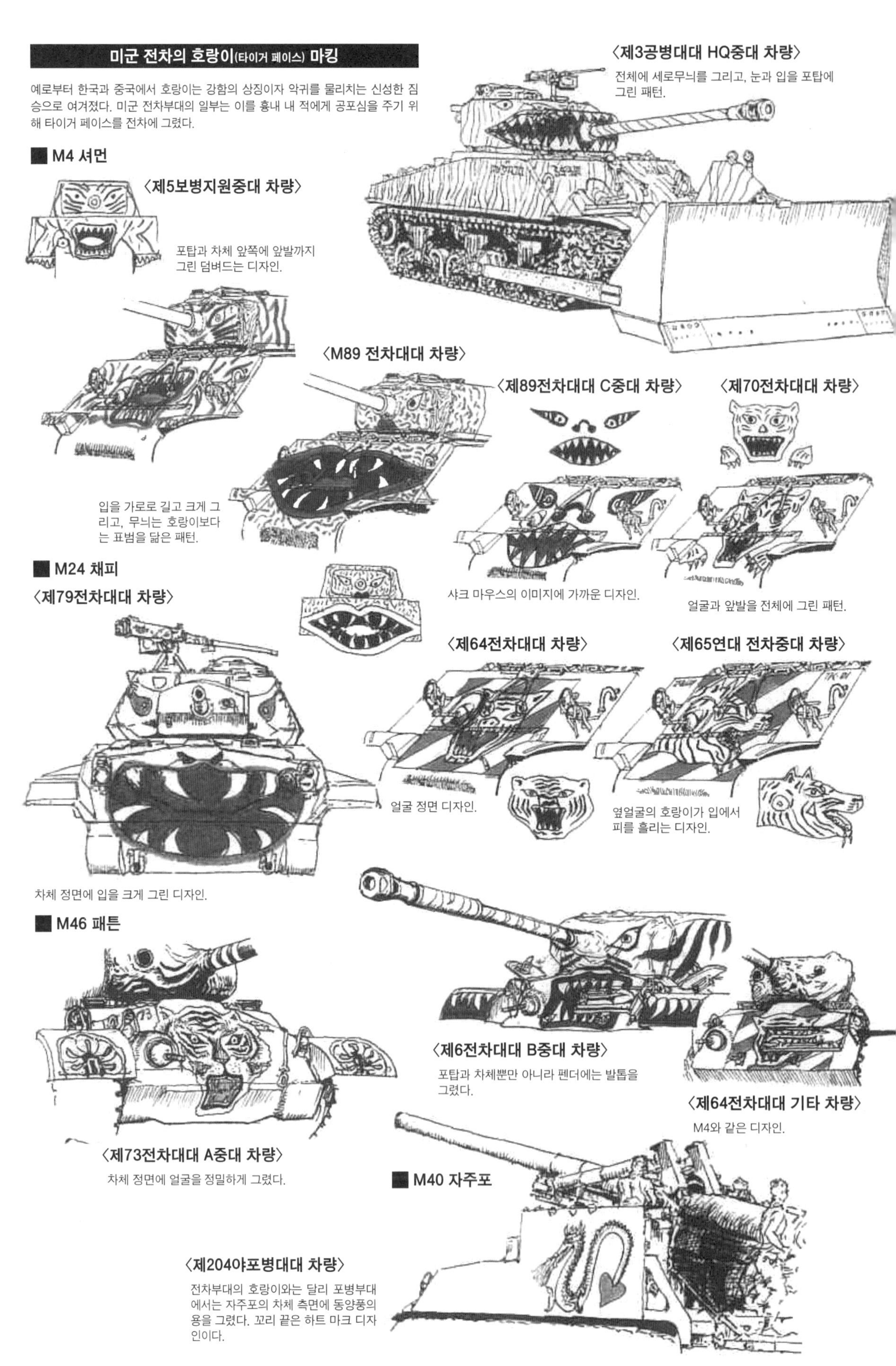

M4 셔먼

〈제5보병지원중대 차량〉

포탑과 차체 앞쪽에 앞발까지 그린 덤벼드는 디자인.

〈제3공병대대 HQ중대 차량〉

전체에 세로무늬를 그리고, 눈과 입을 포탑에 그린 패턴.

〈M89 전차대대 차량〉

입을 가로로 길고 크게 그리고, 무늬는 호랑이보다는 표범을 닮은 패턴.

〈제89전차대대 C중대 차량〉

샤크 마우스의 이미지에 가까운 디자인.

〈제70전차대대 차량〉

얼굴과 앞발을 전체에 그린 패턴.

〈제64전차대대 차량〉

얼굴 정면 디자인.

〈제65연대 전차중대 차량〉

옆얼굴의 호랑이가 입에서 피를 흘리는 디자인.

M24 채피

〈제79전차대대 차량〉

차체 정면에 입을 크게 그린 디자인.

M46 패튼

〈제73전차대대 A중대 차량〉

차체 정면에 얼굴을 정밀하게 그렸다.

〈제6전차대대 B중대 차량〉

포탑과 차체뿐만 아니라 펜더에는 발톱을 그렸다.

〈제64전차대대 기타 차량〉

M4와 같은 디자인.

M40 자주포

〈제204야포병대대 차량〉

전차부대의 호랑이와는 달리 포병부대에서는 자주포의 차체 측면에 동양풍의 용을 그렸다. 꼬리 끝은 하트 마크 디자인이다.

공수작전

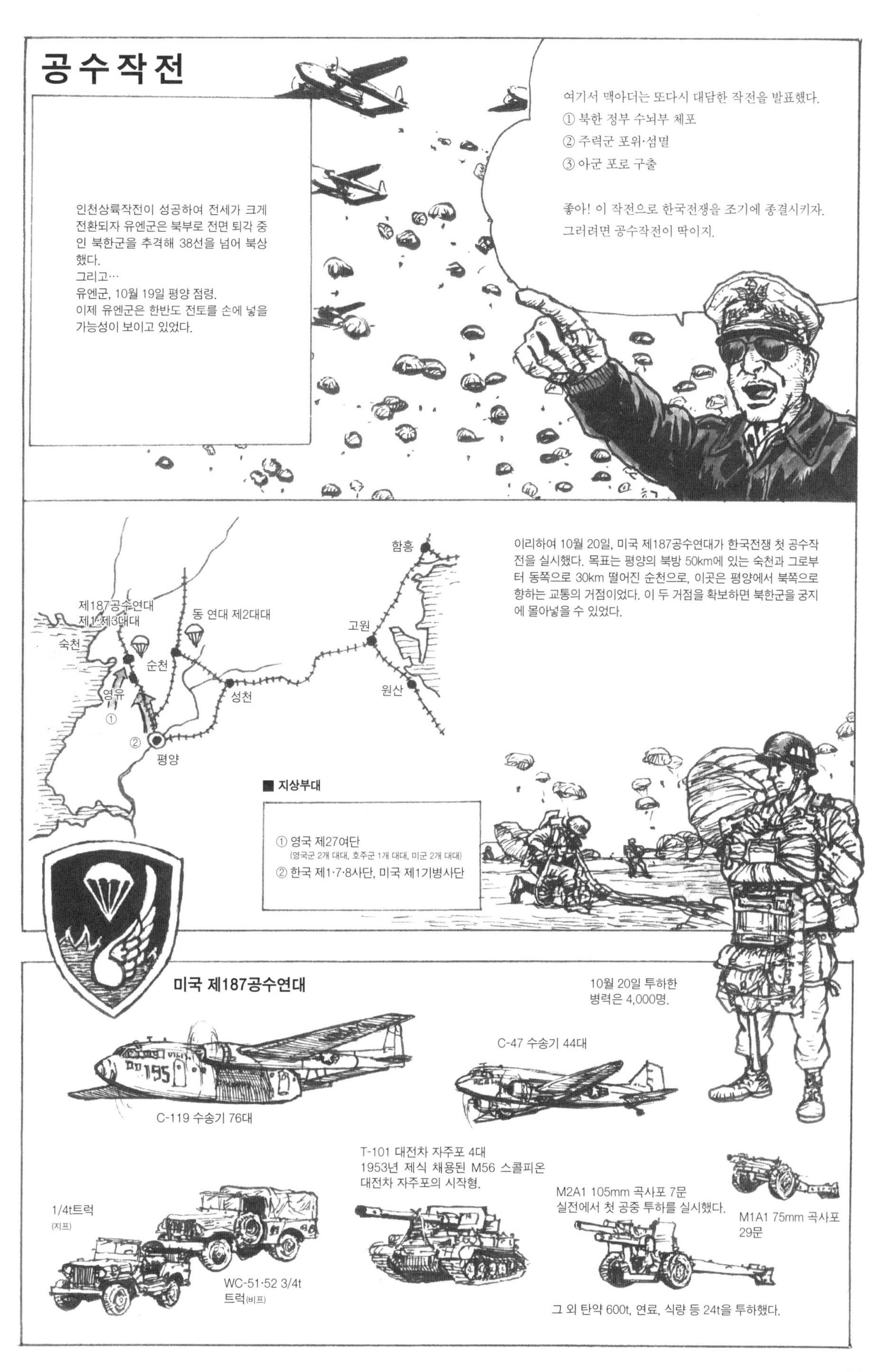

인천상륙작전이 성공하여 전세가 크게 전환되자 유엔군은 북부로 전면 퇴각 중인 북한군을 추격해 38선을 넘어 북상했다.
그리고…
유엔군, 10월 19일 평양 점령.
이제 유엔군은 한반도 전토를 손에 넣을 가능성이 보이고 있었다.
여기서 맥아더는 또다시 대담한 작전을 발표했다.
① 북한 정부 수뇌부 체포
② 주력군 포위·섬멸
③ 아군 포로 구출
좋아! 이 작전으로 한국전쟁을 조기에 종결시키자.
그러려면 공수작전이 딱이지.
이리하여 10월 20일, 미국 제187공수연대가 한국전쟁 첫 공수작전을 실시했다. 목표는 평양의 북방 50km에 있는 숙천과 그로부터 동쪽으로 30km 떨어진 순천으로, 이곳은 평양에서 북쪽으로 향하는 교통의 거점이었다. 이 두 거점을 확보하면 북한군을 궁지에 몰아넣을 수 있었다.
함흥
제187공수연대
제1·제3대대
동 연대 제2대대
고원
숙천
순천
영유
성천
원산
①
②
평양
■ 지상부대
① 영국 제27여단
(영국군 2개 대대, 호주군 1개 대대, 미군 2개 대대)
② 한국 제1·7·8사단, 미국 제1기병사단
미국 제187공수연대
10월 20일 투하한
병력은 4,000명.
C-47 수송기 44대
C-119 수송기 76대
T-101 대전차 자주포 4대
1953년 제식 채용된 M56 스콜피온
대전차 자주포의 시작형.
M2A1 105mm 곡사포 7문
실전에서 첫 공중 투하를 실시했다.
M1A1 75mm 곡사포
29문
1/4t트럭
(지프)
WC-51·52 3/4t
트럭(비프)
그 외 탄약 600t, 연료, 식량 등 24t을 투하했다.

강하부대는 약간의 저항을 받으면서도 두 거점을 확보했다. 공수부대 간의 연락도 성공해 강하작전은 성공한 듯 보였다….
기습은 성공, 적은 포위됐다.
적은 보기 좋게 함정에 걸려들었어.
하지만 사실 북한군 수뇌부는 일주일 전에 평양을 탈출했으며, 주력군도 포로를 이끌고 철수 중이었다. 맥아더의 함정에는 후위부대밖에 걸리지 않았다.

21일 야밤에 북한군의 후위에 있었던 제239연대는 주력군을 지키기 위해 공수부대에 야습을 걸었다. 장비도 좋고 사기도 높은 이 부대의 파상공격에 병력 차가 절반밖에 되지 않은 미군 공수부대는 심히 고전했다.
간신히 새벽까지 버틴 공수부대는 항공 지원과 지상부대의 구원을 받고 반격을 개시해 제239연대를 거의 전멸시켰다.
공수작전으로 적을 제압·섬멸한 것은 이 전투뿐이었다.

그리고 포로 구출에도 실패했다. 유엔군 포로는 이미 북부로 이송되었으며, 일부 포로 96명은 영유의 터널 안에서 학살당했다.

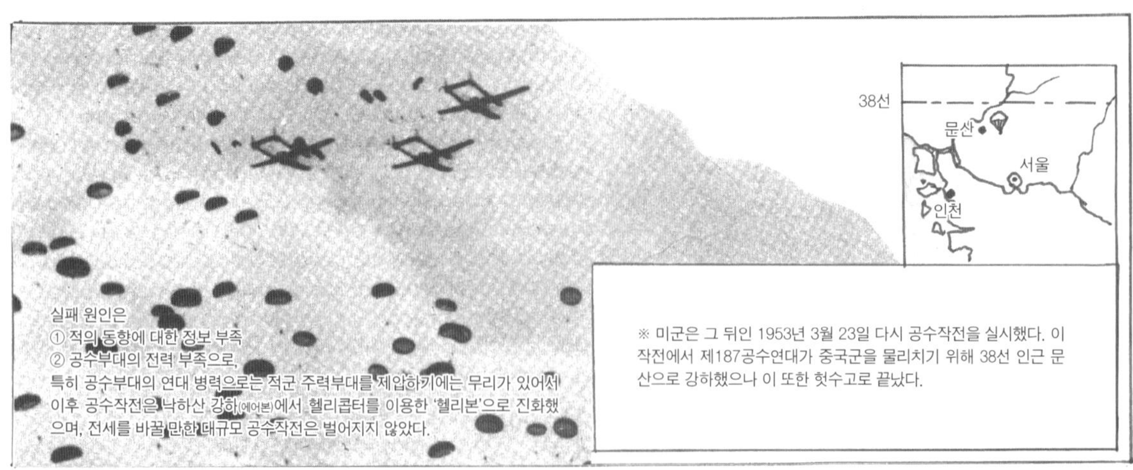
38선
문산
서울
인천
실패 원인은
① 적의 동향에 대한 정보 부족
② 공수부대의 전력 부족으로,
특히 공수부대의 연대 병력으로는 적군 주력부대를 제압하기에는 무리가 있어서 이후 공수작전은 낙하산 강하(에어본)에서 헬리콥터를 이용한 '헬리본'으로 진화했으며, 전세를 바꿀 만한 대규모 공수작전은 벌어지지 않았다.
※ 미군은 그 뒤인 1953년 3월 23일 다시 공수작전을 실시했다. 이 작전에서 제187공수연대가 중국군을 물리치기 위해 38선 인근 문산으로 강하했으나 이 또한 헛수고로 끝났다.

미 해병대

부산 공방전

1950년 6월 25일,
북한군은 갑자기 38선 경계선을
돌파해 한국에 밀어닥쳤어.
이것이 한국전쟁의 시작이야.
전차 150대를 앞세운
북한군의 침공은
완전한 기습 공격이어서
한국군은 방위선에서
패주했어.

북한군은 다섯 방면에서
공격을 개시했어.
한국군의 배후를
찌르기 위해 동해안에
상륙하기도 했지.
38선
6월 25일
개성
춘천
강릉
서울
인천
수원
한강
7월 4일
7월 10일
대전
8월 5일
포항
대구
낙동강
부산 교두보
광주
진주
마산
부산
경계선에서
직선거리로 60km인
수도 서울은
개전 3일 차에
점령돼버렸어.
미국의 해리 트루먼 대통령은
6월 26일 한국을 지원하기로 결정했어.
당시 일본에 있었던 맥아더 원수에게
미군 출동을 명령했지.
그리고 다음 날인 27일, 유엔 안보리는 미국이 제안한
'한국 원조안'을 채택해 미국의 군사 개입을 인정했어.
하지만 전황은 악화되기만 해서 자신만만했던
미군의 선발부대는
북한군의 맹공을 저지하지 못하고,
한·미군 부대는 철수할 수밖에 없어서
낙동강 방어선을 구축해.

한국군의 군장

대한민국 육군 Republic of Korean Army(ROKA)

〈상등병〉

헬멧이나 군모에 계급장을 달았다.

〈중위〉

한국 군대는 1946년 국방경비대로서 창설되고 그 뒤 육군으로 개편됐어. 부대 편성, 장비는 미군식이지만 군 간부나 하사관에 일본 육군 출신자가 많아서 미군의 지도·훈련이 두루 미치기 전까지는 일본 육군색이 아직 남아 있었어.

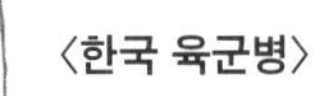

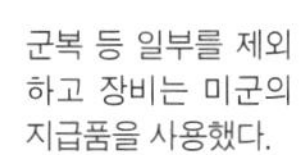

〈한국 육군병〉

군복 등 일부를 제외하고 장비는 미군의 지급품을 사용했다.

38선 방위를 맡은 5개 사단에는 M1 소총이나 M1 카빈이 지급됐으나, 후방부대 3개 사단은 일본제 99식 소총을 장비했다.

개전 당시 한국·북한군의 전력

		한국군	북한군
육군	사단	8개 (9만 8,000명)	10개, 1개 전차여단 (13만 5,438명)
	전차	M8 장갑차×27	T-34×50, SU-76 자주포×120
	야포	105mm×85	122mm×120, 76mm×240
	박격포	60mm×600, 81mm×600	120mm×180, 82mm×810, 61mm×816
	대전차포	57mm×140, M9 바주카×1,900	45mm×420
해군		초계정×4, 소해정×10, 시설함×10, LST×1	초계정×16
공군		T-6 연습기×10, 연락기×10	Yak-9 전투기×70, Il-10M 공격기

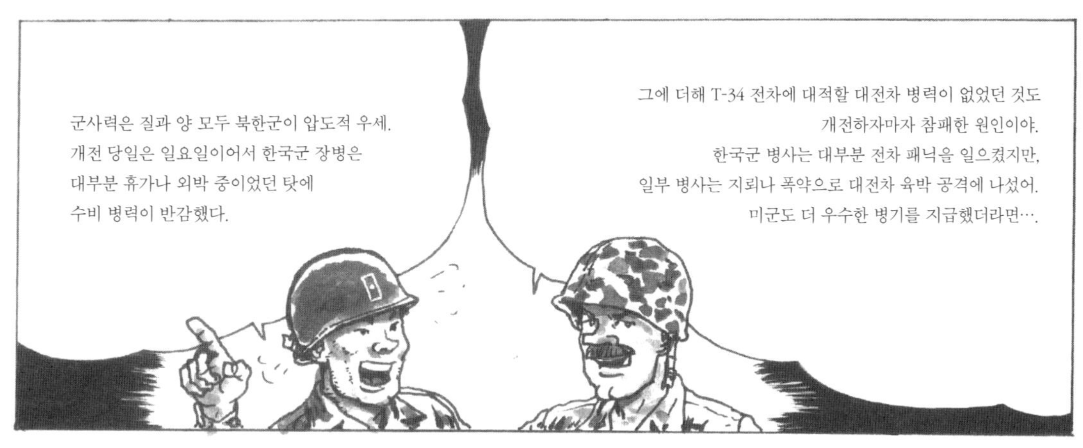

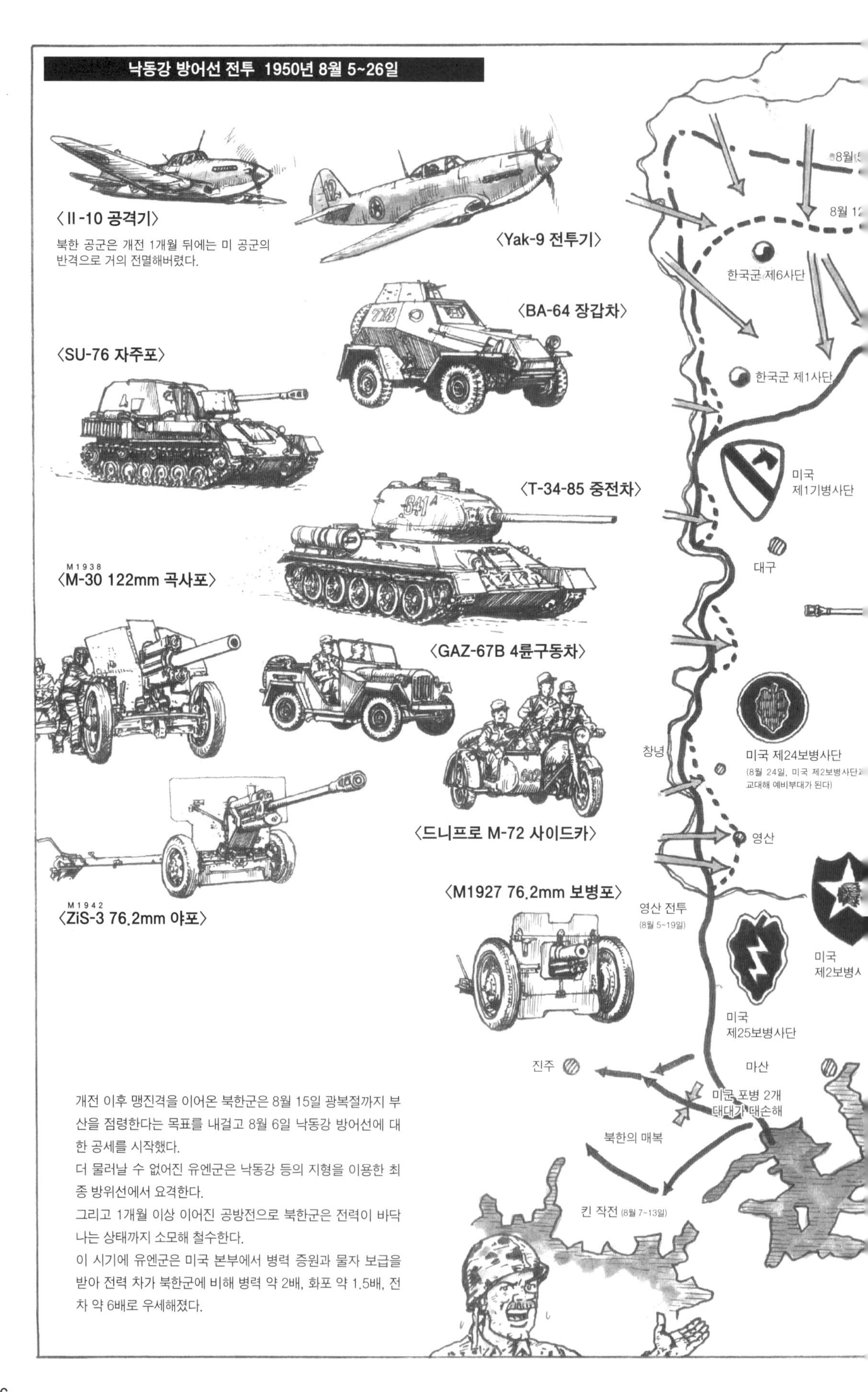

개전 이후 맹진격을 이어온 북한군은 8월 15일 광복절까지 부산을 점령한다는 목표를 내걸고 8월 6일 낙동강 방어선에 대한 공세를 시작했다.

더 물러날 수 없어진 유엔군은 낙동강 등의 지형을 이용한 최종 방위선에서 요격한다.

그리고 1개월 이상 이어진 공방전으로 북한군은 전력이 바닥나는 상태까지 소모해 철수한다.

이 시기에 유엔군은 미국 본부에서 병력 증원과 물자 보급을 받아 전력 차가 북한군에 비해 병력 약 2배, 화포 약 1.5배, 전차 약 6배로 우세해졌다.

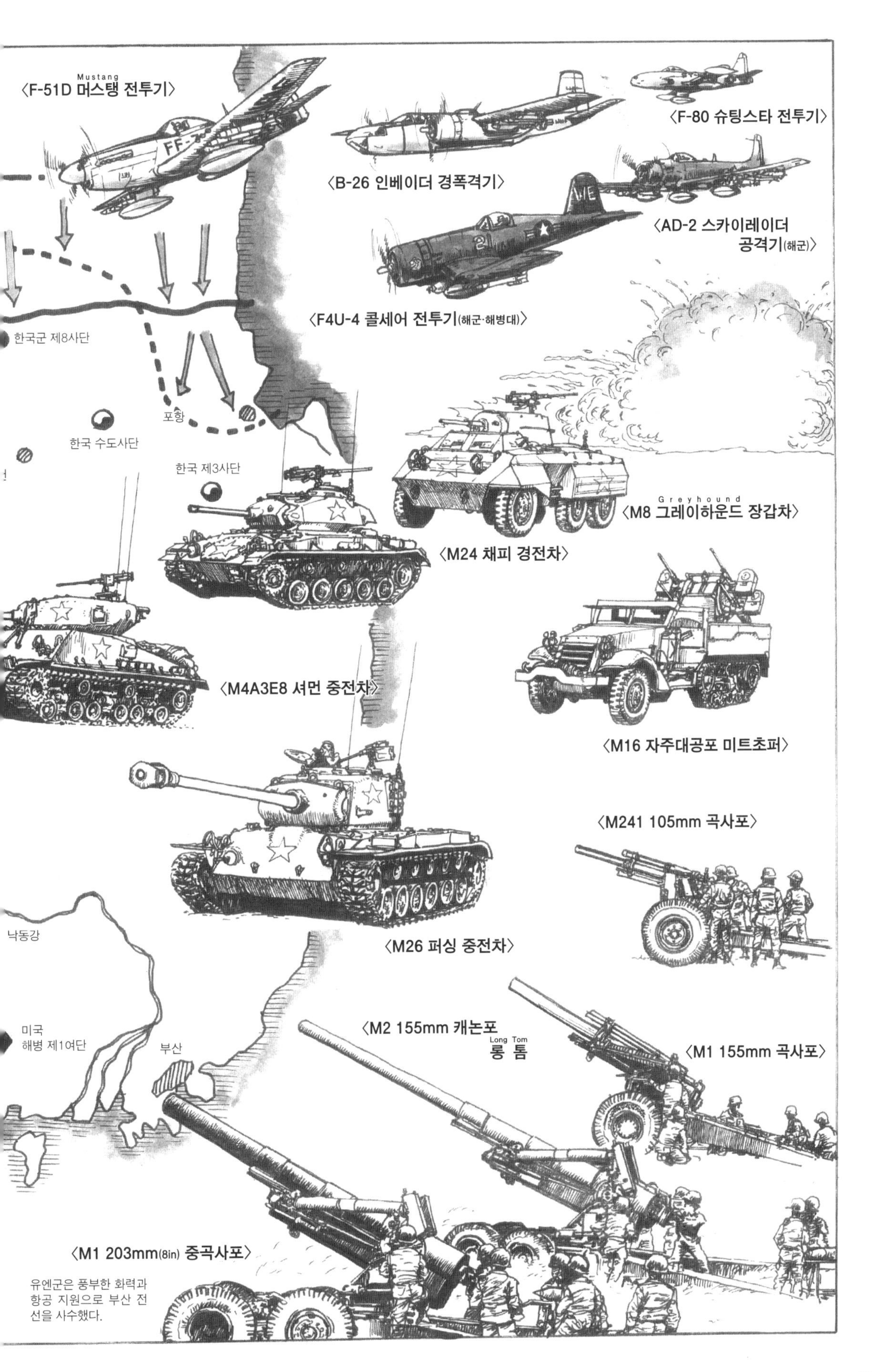

유엔군은 풍부한 화력과 항공 지원으로 부산 전선을 사수했다.

북한군의 군장

조선민주주의인민공화국 조선인민 육군 Korean People's Army(KPA)

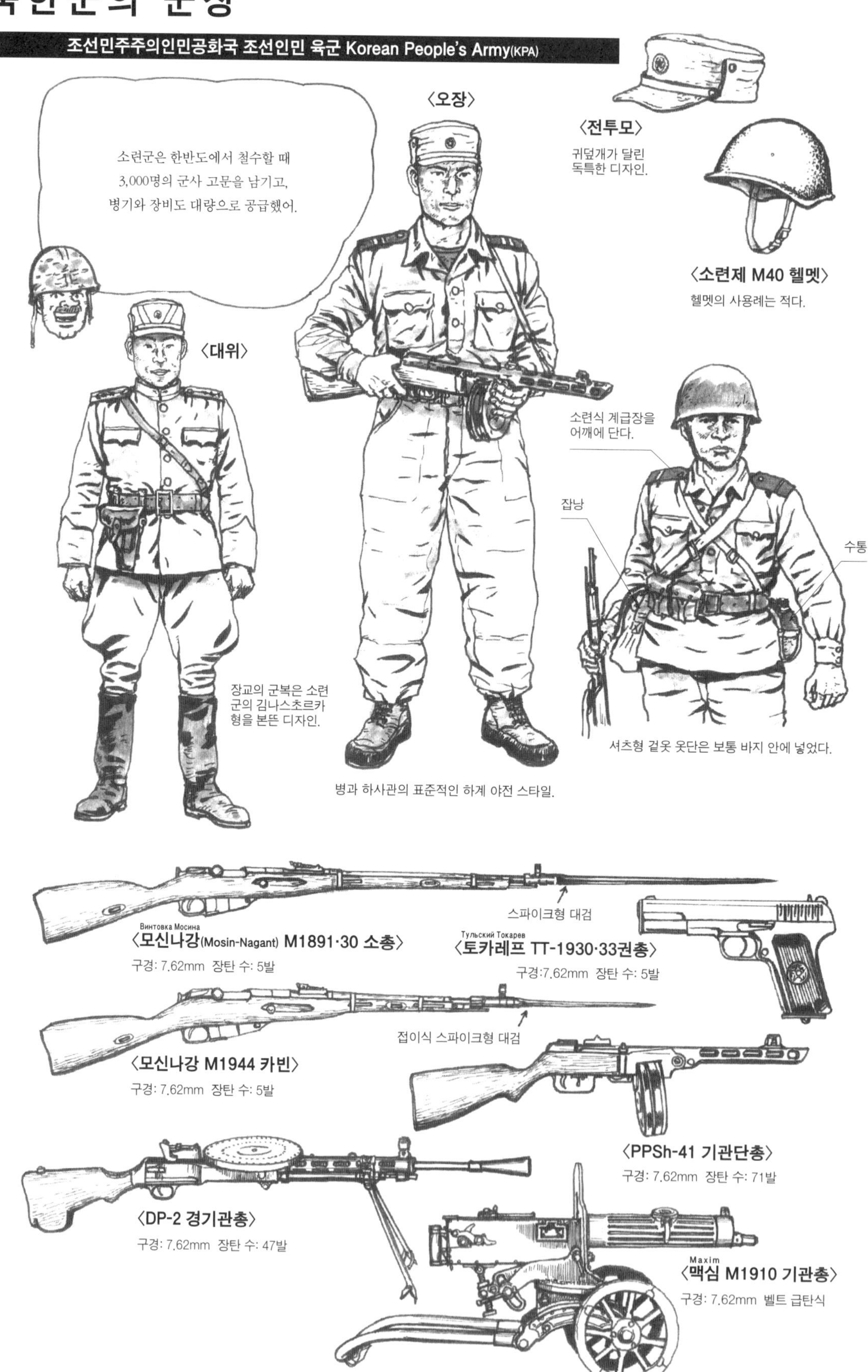

6월 29일,
전선을 시찰한 맥아더 원수는
남진하는 북한군을 저지한 뒤
그 배후에 상륙작전을 전개해
북한군을 단숨에
섬멸하는 작전 구상을
제안했어.

상륙작전에는
제1기병사단(일본 주둔)과
1개 해병 연대
(미 본토에서 파견)를 투입해
7월 22일경 인천에
상륙시킬 계획이었어.

하지만 전황이 악화돼서 제1기병사단은
북한군을 저지하기 위해
부산에 투입돼 상륙작전 계획은
일단 중지돼.

그 뒤 맥아더 원수가 주장한
상륙작전의 필요성이 인정되자,
제1해병사단은 임시로
1개 해병 여단을 편성하라는
명령을 받았지.

제1해병원정여단
(이하, 제1해병여단)은
제6해병연대를 핵심으로,
포병 1개 대대,
전차 1개 중대의 병력
약 4,000명으로 편성됐어.
별개로 항공 지원을 위해
제33해병항공대도
파견이 정해졌지.

제1해병여단은
7월 23일 새로 입안된
상륙작전을 바탕으로,
9월 중순 인천에
상륙할 예정으로
본국에서 출발했어.

하지만
이 여단은 위기가 닥친
낙동강 방어선을
확보하기 위해
8월 2일 부산에 상륙해
마산 전선에서
예비 병력이 되어버렸지.

해병대의 첫 출진은
'킨' 작전이라고
명명된 국지적
반격작전으로,
해병대는
진천을 향해
진격을
개시했어.

하지만 작전 개시로부터 5일 뒤인 8월 12일,
북한군의 매복 공격을 당한 포병대대는
200명의 전사자를 내고 괴멸.
다른 부대도 북한군의 공격을 받고 작전은 실패.
그 뒤 해병대는 기동 반격 예비대로
쓰이게 됐어.

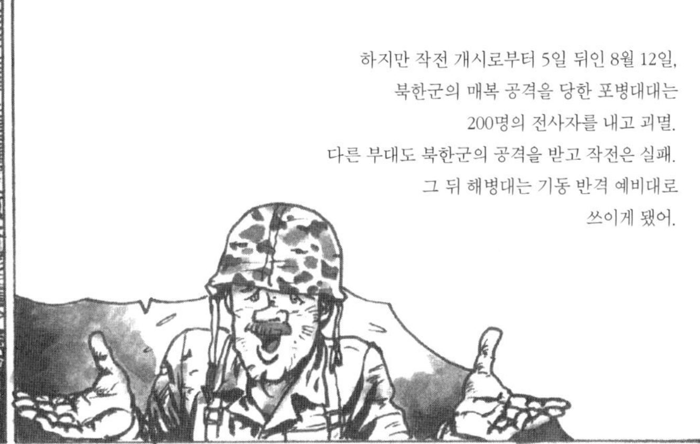

미 해병대의 군장

부산의 해병대 1950년 여름

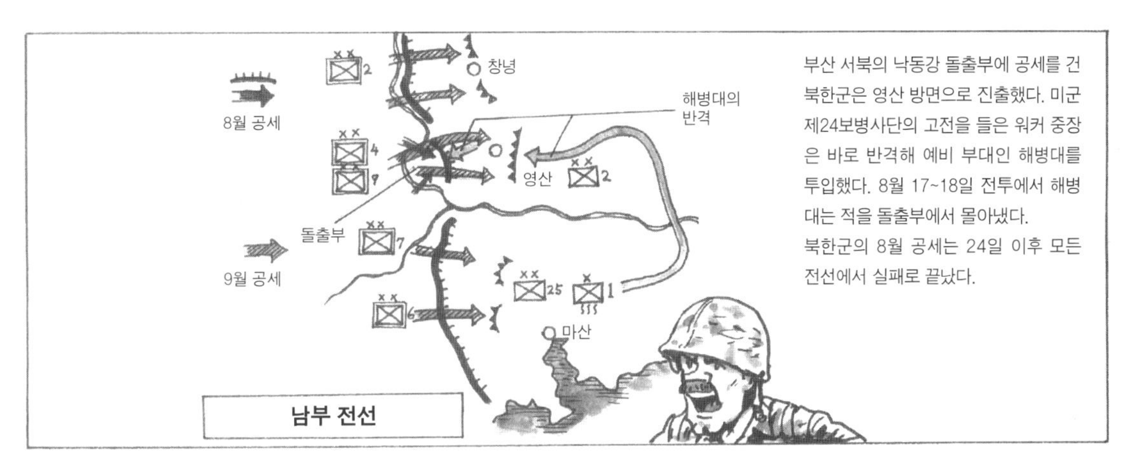
8월 공세
9월 공세
창녕
해병대의 반격
영산
돌출부
마산
남부 전선
부산 서북의 낙동강 돌출부에 공세를 건 북한군은 영산 방면으로 진출했다. 미군 제24보병사단의 고전을 들은 워커 중장은 바로 반격해 예비 부대인 해병대를 투입했다. 8월 17~18일 전투에서 해병대는 적을 돌출부에서 몰아냈다.
북한군의 8월 공세는 24일 이후 모든 전선에서 실패로 끝났다.

8월 13일, 북한군은 낙동강 방어선에 대한 공세에 나섰다.
그 결과, 영산 지구 정면의 미군 제2보병사단의 전선이 돌파당해버렸다.
조국 전토의 해방과 독립을 쟁취하기 위해 마지막 피 한 방울까지 바쳐 싸우자.

미 제8군 사령관 워커 중장은 즉시 해병대 투입을 결의!
지금 필요한 건 전차를 보면 도망치는 '초짜'가 아니라, 실전에 쓸 만한 '프로'다.
기대에 부응한 해병대는 침입해온 북한군을 격퇴!
다른 전선에서도 유엔군은 역습에 이은 역습으로 북한군을 격퇴해 낙동강 방어선을 지켜냈다.

약 한 달에 걸친 낙동강 방어선 전투에서 제1해병여단은 부상자 약 900명의 손해를 보고, 제5연대에서는 6명의 중대장 중 부상하지 않은 자는 고작 한 명뿐이었어.
이렇게 여단은 상륙 직후부터 예기치 못한 작전에 투입돼 손해도 입었지만, 실전 경험을 쌓은 든든한 부대가 됐지.

맥아더의 도박 인천상륙작전

이야기는 잠시 과거로 거슬러 올라.
제1해병사단은 7월 25일 동원을 명받아 8월 중순까지 편성이 완료돼야 했어.

하지만 낙동강 방어선의 위기로 7월 중순 제5해병연대가 핵심인 임시 제1해병여단을 급파한 결과, 병력이 3,000명으로 줄어버렸지.

거기서 미국 본토 동해안에 있었던 제2해병사단에서 약 7,000명, 제1보충교육대에서 800명, 유럽 등에서 모은 정규병 3,630명을 제1해병사단에 전속시켰지.

그래서 예비역 1만 명 이상을 소집해 그 구멍을 메웠는데, 이 동원이 얼마나 분주했는지는 지금도 해병대의 이야깃거리야.

그 뒤 해병대에는 '소총병(보병) 제일주의'라는 전통이 생겼어.

실전에 나설 때 통신병이나 운전병 등의 직무가 아니라 '반드시 소총병 지망'인 병사가 많아서 편성하는 데 애를 먹었다는 이야기도 있어.
해병대원은 당시부터 소총병이 아니면 으스댈 수 없다는 관습이 있었으니까.

인천상륙작전('크로마이트' 작전) 1950년 9월 15일

300척에 가까운 함정과 약 4만 명의 상륙 병력으로 시작된 작전은 오전 6시 33분 북한군의 포병 진지가 있는 월미도에 상륙하는 것으로 시작됐다. 상륙한 미 해병 제5연대 제3대대는 월미도에 상륙한 후 45분 만에 적 진지를 제압했다.
만조 시간이 된 오후 5시 30분, 인천의 적색해안과 청색해안에 상륙. 상륙 전 함포 사격과 항공 공격 덕에 북한군의 저항은 경미해서 당일의 예정 목표를 탈취하는 데 성공했다.

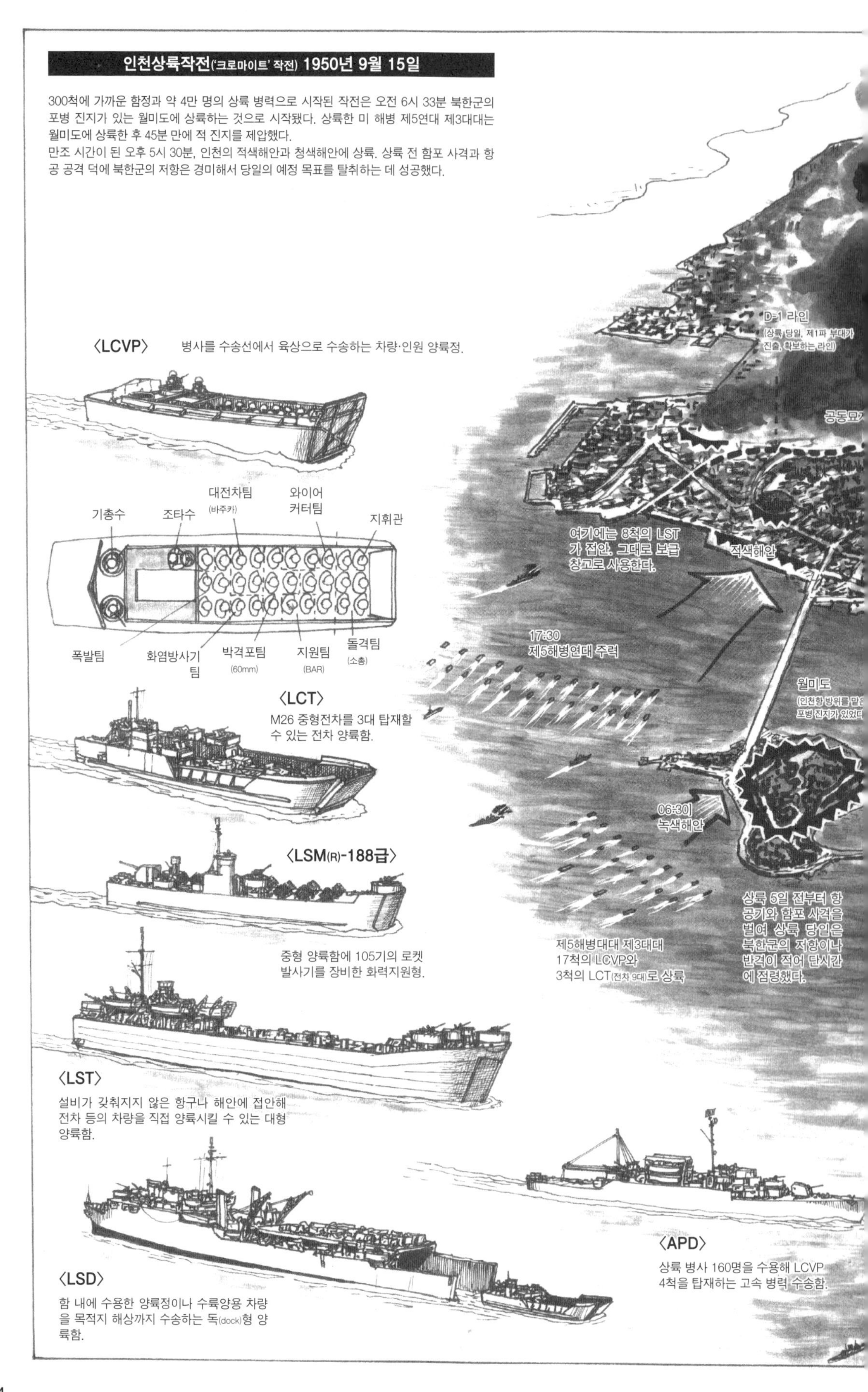

유엔군의 항모 함재기는 상륙작전 첫 날 300회 이상 출격해 인천을 중심으로 반경 40km 권내를 공격했다. 이를 통해 북한군의 인천 증원을 저지하고 순양함도 함포 사격을 가해 인천으로 통하는 도로를 폐쇄했다.
〈AD-4 스카이레이더〉
경폭격기급의 폭탄 탑재 능력을 살려 지원 공격을 했다.
북한군의 방위 진지
청색해안
9월 15일의 전선
불타는 시가지
17:32 제1해병연대 주력
로체스터 수송선단
인천항
〈F4U-4 콜세어〉
상공 경계와 지상 지원 공격을 맡았다.
제2차 세계대전에서 상륙작전의 아침 식사는 꼭 스테이크가 나왔는데, 오늘 아침은 삶은 달걀이랑 콘비프 스튜뿐이었다고.
소월미도
〈함포 사격〉
주력은 영미 2척의 순양함과 10척의 구축함. 그 외 LSM(R) 6척이 로켓탄 공격으로 지원했다.
유엔군 참가 함정은 미군 230척, 한국군 15척, 영국군 12척, 캐나다군 12척, 호주군 2척, 뉴질랜드군 2척, 프랑스군 1척, 합계 273척(이 중 상륙함정 156척).
〈북한군 Yak-9 전투기〉
Yak-9 전투기가 9월 17일 새벽에 내습해 유엔군 함정을 공격했다. 이 공격으로 영국과 미국의 순양함 각 1척이 손실을 입었다.
보라고. 성공률 5,000분의 1이라고 한 이 작전은 내 예상대로 대성공이었어.
Mount McKinley
〈양륙지휘함 마운트 매킨리〉
상륙작전 전반의 지휘·통제를 수행하는 수륙양용 부대의 기함. 수송선을 바탕으로 건조돼 각종 통신 기기와 작전실 등을 갖추었다.

인천상륙작전의 해병대원

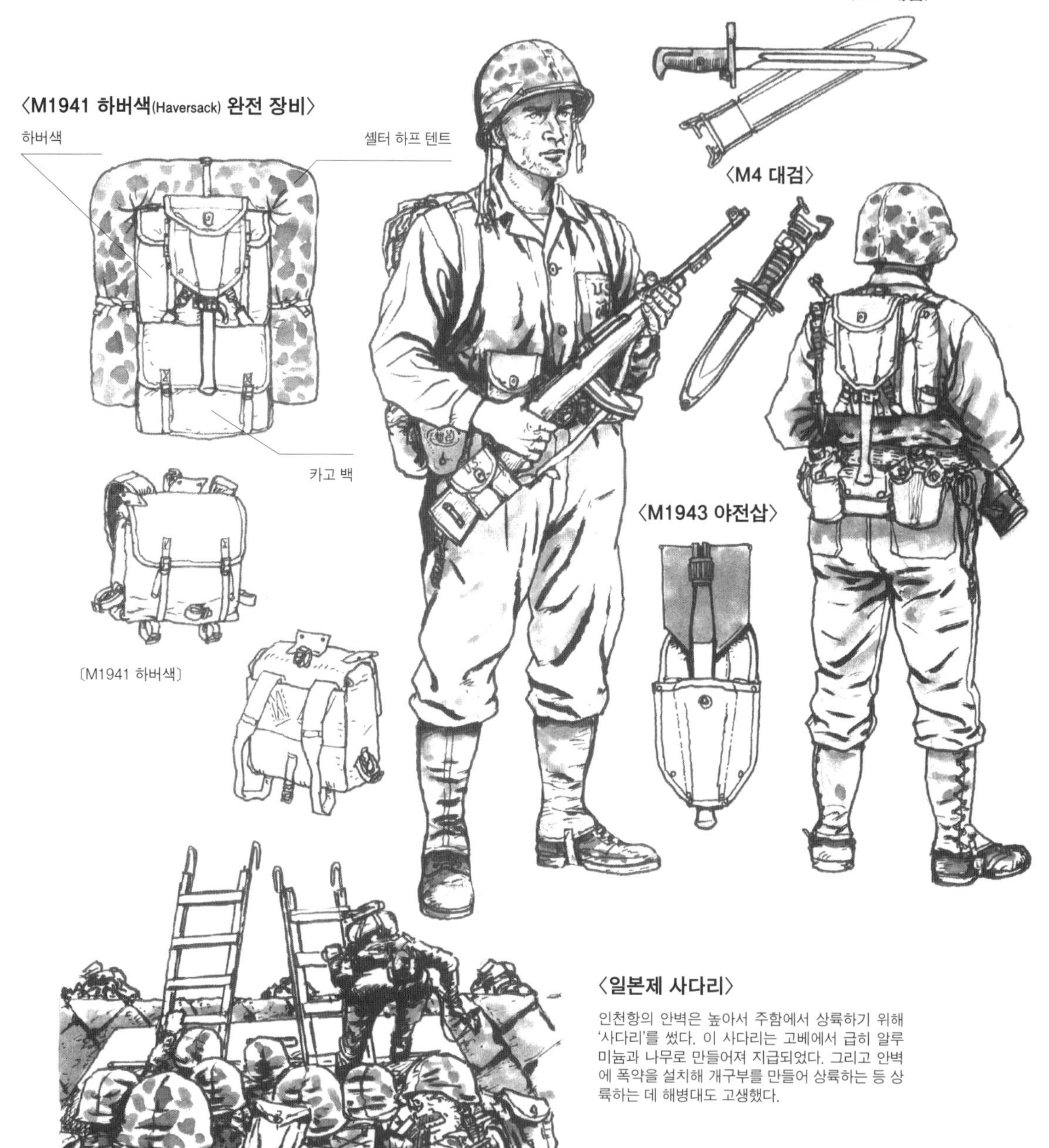

〈일본제 사다리〉

인천항의 안벽은 높아서 주함에서 상륙하기 위해 '사다리'를 썼다. 이 사다리는 고베에서 급히 알루미늄과 나무로 만들어져 지급되었다. 그리고 안벽에 폭약을 설치해 개구부를 만들어 상륙하는 등 상륙하는 데 해병대도 고생했다.

■ 제10군단 편성

군단장: 에드워드 아먼드 소장

○ 제1해병사단
제1해병연대
제5해병연대
제5해병연대는 부산 전선에서 이동.

○ 제7보병사단
정원이 부족해 사단 병력 3분의 2는 본토의 보충병과 편입한 한국군 부대로 편성했다.

○ 한국군
한국 육군 제17보병연대
한국 해군 해병연대

제1해병사단장
올리버 P 스미스 소장

9월 16일부터 북한군은
반격을 가했지만,
당시 이 주변에 있었던
북한군 부대는 훈련이 부족해
해병대의 적수가 되지 못해서
상륙군의 진격 속도가
떨어지는 일은 없었다.

여기는 개전 이전 미군이
건설한 보급기지 도시로,
보관된 미군의 각종 탄약 2,000t이
그대로 남아 있었지.

제5해병연대는 전날 밤부터
공항에 돌입.
북한군 입장에서는 기습이어서
반격도 가벼워 유엔군은
상처 없이 비행장을 탈환했다.

서울을
서쪽에서 공격하기 위해
제5해병연대는 LVT로
작전을 시작했어.

기습 도하는 실패했지만
지원 포격을 받으며
도하를 강행해
맞은편에 진출.
다음 날부터 서울을 향해
진격을 시작했지.

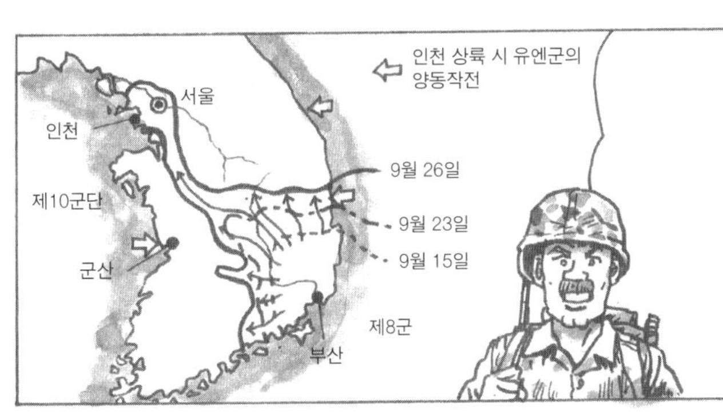

한편, 낙동강 방어선의 제8군도 인천 상륙에 호응해
총공격을 개시했지만 북한군의 강력한 방어 때문에
20일까지 전황은 진전되지 않아 맥아더 원수를 괴롭혔지.
그 뒤, 북한군의 제1선이 무너지기 시작해 23일 이후
유엔군은 적 방어 라인을 잇따라 돌파해나갔어.

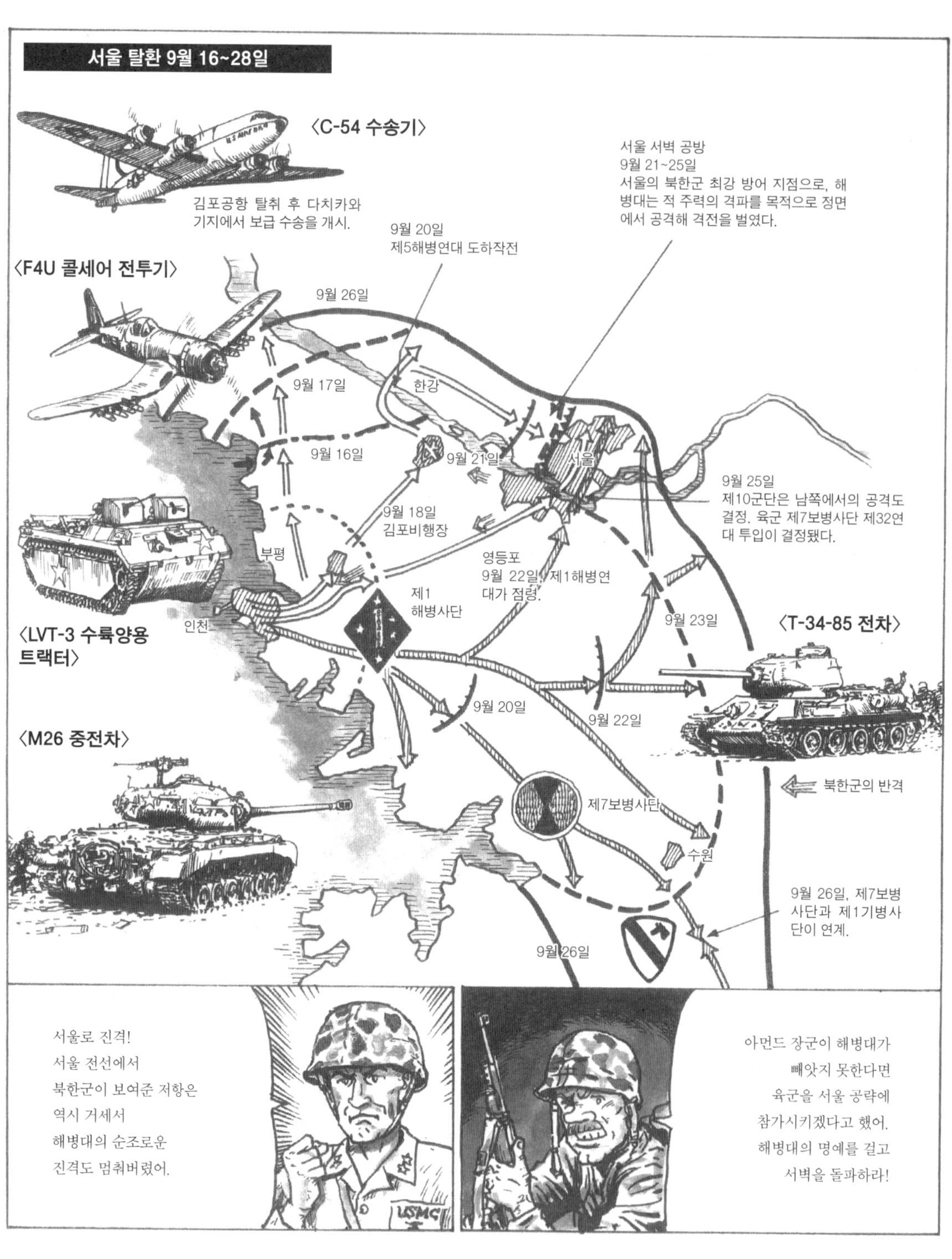

서울 탈환 9월 16~28일
〈C-54 수송기〉
김포공항 탈취 후 다치카와
기지에서 보급 수송을 개시.
〈F4U 콜세어 전투기〉
9월 20일
제5해병연대 도하작전
서울 서벽 공방
9월 21~25일
서울의 북한군 최강 방어 지점으로, 해
병대는 적 주력의 격파를 목적으로 정면
에서 공격해 격전을 벌였다.
9월 26일
9월 17일
한강
9월 16일
9월 21일
서울
9월 25일
제10군단은 남쪽에서의 공격도
결정. 육군 제7보병사단 제32연
대 투입이 결정됐다.
9월 18일
김포비행장
부평
영등포
9월 22일, 제1해병연
대가 점령.
제1
해병사단
인천
〈LVT-3 수륙양용
트랙터〉
9월 23일
〈T-34-85 전차〉
9월 20일
9월 22일
〈M26 중전차〉
북한군의 반격
제7보병사단
수원
9월 26일, 제7보병
사단과 제1기병사
단이 연계.
9월 26일
USMC
서울로 진격!
서울 전선에서
북한군이 보여준 저항은
역시 거세서
해병대의 순조로운
진격도 멈춰버렸어.
아먼드 장군이 해병대가
빼앗지 못한다면
육군을 서울 공략에
참가시키겠다고 했어.
해병대의 명예를 걸고
서벽을 돌파하라!

9월 26일,
해병대와 한국 육군 제32연대,
그리고 한국 해병대는
서울로 돌입해 28일
서울을 점령했다.
28일, 수도 서울 탈환
인천 상륙부터
서울 탈환까지,
해병대의
전사는 421명,
부상 2,029명
이었다.

'T-34 킬러' 3.5인치 바주카포
개전 당초,
멀쩡한 대전차 병기가 없었던
한국군은 T-34가 오자
패닉을 일으키며 패주했다.
'이건 한심하네'라고 하던
미군이었지만…
KLANK
KLANK
KLANK
전차 떴다!
도망쳐!!
전차 떴다!
도망쳐!!
미 본국에서 배치가 시작됐던
신형 3.5인치 바주카는
교육부대용 런처도 포함해
대량 조달해 시급히 한국으로
공수, 대전을 지키던 부대에
지급됐어.
헉,
15m 거리에서
22발이나 쐈는데
효과가 없잖아!!
당초 미군의 선발대가
장비했던 2.36인치
로켓 런처는 탄약이 낡아
불량이 생기는 등의
이유도 있었고
T-34를 상대로는 위력이
부족하다는 것이 밝혀져
미군에게도 충격을 줬어.
〈M9A1 로켓 런처〉
구경 2.36인치(60mm)
〈M20 로켓 런처〉
구경 3.5인치(89mm)
닉네임은 '슈퍼 바주카'
아자~.
대전 공방전에서는 보란 듯이
T-34를 녹아웃.
보병도 전차를 격파할 수 있어!
해병대에도 M20이 지급돼
서울 근교의 작전에서는
누가 가장 많이
T-34를 파괴하는지
내기가 벌어졌을 정도로
T-34에 대한 충격은 사라졌어.
잘 노려!
슈퍼 바주카가
맞히는 곳이라도
각도가 안 좋으면
격파가 안 되니까.
〈해병대의 바주카 팀〉
사수와 탄약수로 한 팀을 꾸리지만
호위병이 따로 붙는다.

중국군의 개입

※ 미국의 침략에 저항해 북한을 원조한다는 의미.

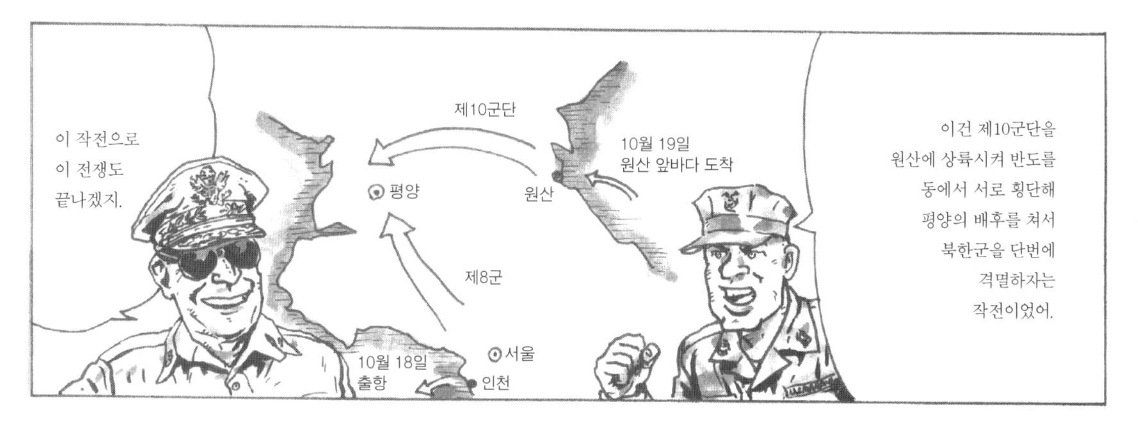

※ 원산 앞바다의 기뢰 소해작전에는 일본의 해상보안청 특별소해대도 파견됐다.

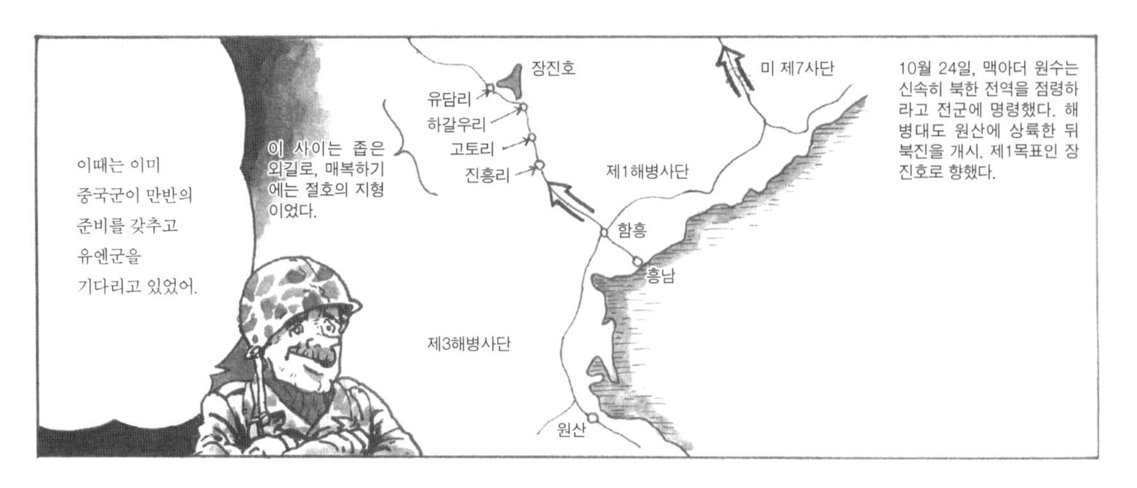

해병대
담당 지역에서는
게릴라 활동이 활발해서,
미 제3사단이
상륙할 때까지
해병 제7연대가 전진하고,
해병 제1, 제5연대는
후방 지역을
확보하기로 했어.

해병 제7연대는
중국군의 저항을 물리치면서
장진호까지 진출했지.
하지만 이건 중국군의
함정이었어.

중국군은 10월 25일
공세로 유엔군에
큰 손해를 입혔으나
11월 6일에는
일제히 퇴각했는데
이것이 유엔군의
오판을 불렀다.

11월 24일,
유엔군의 공격이
시작됐으나
오히려 중국군의
제2차 공세에 직면했다.
유엔군은 완패했다.

해병대원의 군장(1950년 겨울)
〈파일캡(방한모)〉
차양 뒷면에 단 계급장
이만큼 방한 장비를 입었는데 야외에서 설사라도 했다간 한없이 비참해져. 방심하면 엉덩이, 항문까지 동상을 입고, 바지를 늦게 벗었다간 하반신이 완전히 얼어버려.
〈M1948 파카 셸〉
방한의류는 육군과 같은 것을 사용한다.
〈벨트와 서스펜더〉
M43 서스펜더)
탄창 벨트)
탄창을 12개 수납.
〈M1950 야전상의〉
수통에는 물을 절반밖에 넣지 않는다. 진동으로 물이 얼지 않도록 하기 위함이다.
M1944 슈팩(방한 부츠)
〈미튼 글러브〉
방아쇠를 당길 수 있도록 검지는 별도다.
■ 야전 방한 의류
모직 내의
양말은 일반 양말 위에 헤비 울 양말을 겹쳐 신는다.
모직 셔츠와 모직 트라우저
파일 캡
하이넥 스웨터
슈 백
모직 바지 위에 필드 트라우저를 입는다.
모직 머플러를 감고 파일 재킷을 입는다.
야전상의를 입고 모직 글러브를 찬다.
헬멧을 쓰고 그 위에 파카를 착용한다.
방한 후드
방한 후드 필드 파카
미튼 글러브를 차고, 이 위에 장비를 찬다.

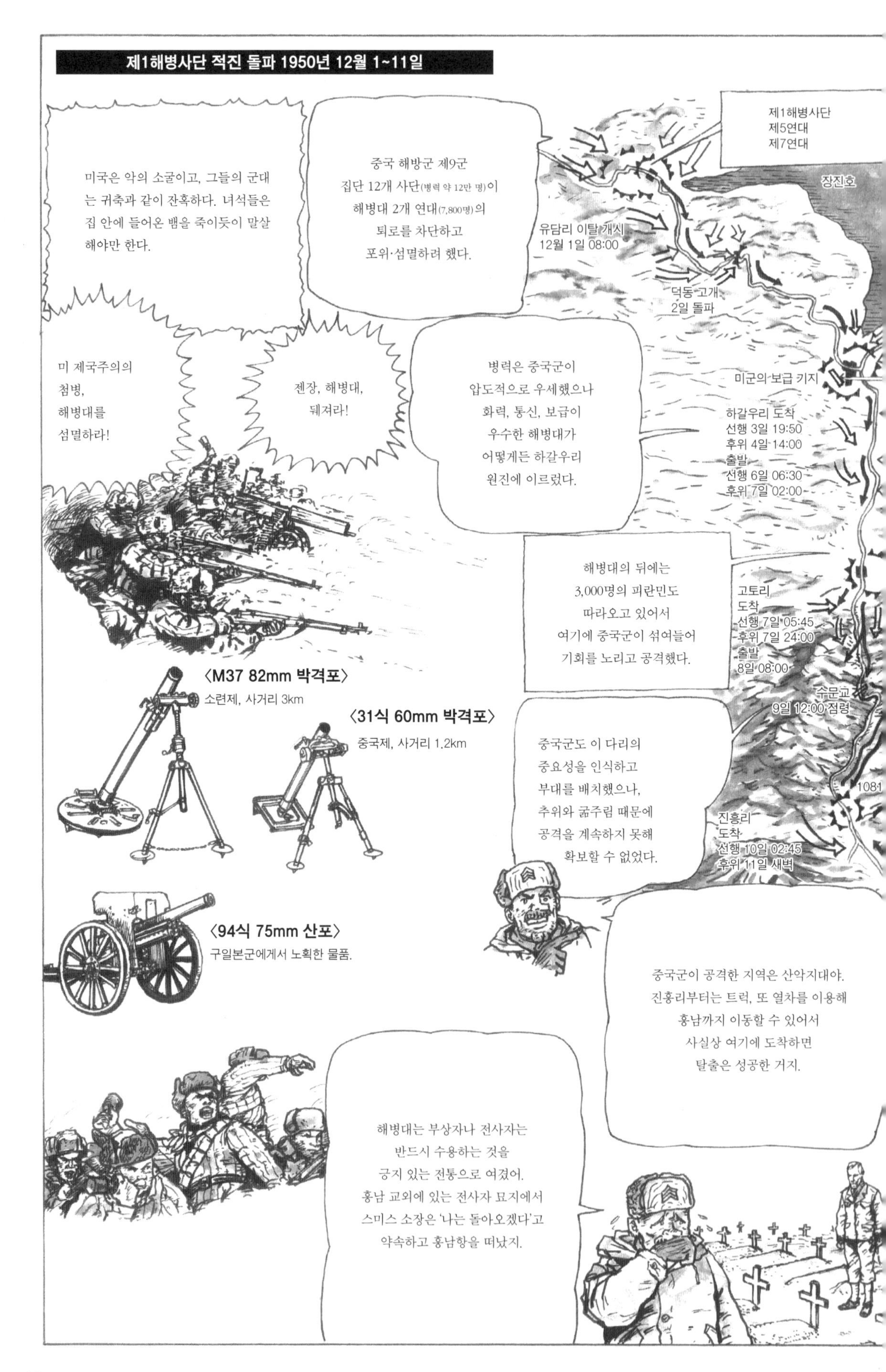
제1해병사단 적진 돌파 1950년 12월 1~11일
미국은 악의 소굴이고, 그들의 군대는 귀축과 같이 잔혹하다. 녀석들은 집 안에 들어온 뱀을 죽이듯이 말살해야만 한다.
중국 해방군 제9군 집단 12개 사단(병력 약 12만 명)이 해병대 2개 연대(7,800명)의 퇴로를 차단하고 포위·섬멸하려 했다.
제1해병사단
제5연대
제7연대
장진호
유담리 이탈 개시
12월 1일 08:00
덕동 고개
2일 돌파
미 제국주의의 첨병, 해병대를 섬멸하라!
젠장, 해병대, 뒈져라!
병력은 중국군이 압도적으로 우세했으나 화력, 통신, 보급이 우수한 해병대가 어떻게든 하갈우리 원진에 이르렀다.
미군의 보급 기지
하갈우리 도착
선행 3일 19:50
후위 4일 14:00
출발
선행 6일 06:30
후위 7일 02:00
해병대의 뒤에는 3,000명의 피란민도 따라오고 있어서 여기에 중국군이 섞여들어 기회를 노리고 공격했다.
고토리
도착
선행 7일 05:45
후위 7일 24:00
출발
8일 08:00
〈M37 82mm 박격포〉
소련제, 사거리 3km
〈31식 60mm 박격포〉
중국제, 사거리 1.2km
수문교
9일 12:00 점령
중국군도 이 다리의 중요성을 인식하고 부대를 배치했으나, 추위와 굶주림 때문에 공격을 계속하지 못해 확보할 수 없었다.
1081
진흥리
도착
선행 10일 02:45
후위 11일 새벽
〈94식 75mm 산포〉
구일본군에게서 노획한 물품.
중국군이 공격한 지역은 산악지대야. 진흥리부터는 트럭, 또 열차를 이용해 홍남까지 이동할 수 있어서 사실상 여기에 도착하면 탈출은 성공한 거지.
해병대는 부상자나 전사자는 반드시 수용하는 것을 긍지 있는 전통으로 여겼어. 홍남 교외에 있는 전사자 묘지에서 스미스 소장은 '나는 돌아오겠다'고 약속하고 홍남항을 떠났지.

제1해병항공단
F4U-4 접근 지원은 야간 전투기까지 출동해 이루어졌다.
〈C-47 수송기〉
〈C-119 수송기〉
수송 커맨드가 보급품을 공중 투하. 얼어붙은 땅에서는 투하된 물자의 파손이 많아 탄약류도 6할 이상이 사용할 수 없었다.
〈M2A1 155mm 곡사포〉
추위로 공기 밀도가 높아져 사거리가 단축됐다. 또 긴 원통 모양의 강철로 되어 있고 포탄이 나가는 방향을 잡아주는 포열을 제자리로 돌리는 데도 시간이 걸려 발사 속도가 떨어졌다.
보병, 전차, 포병, 항공기 간의 협력이 긴밀해 중국군의 공격을 받아쳤다.
〈M1 105mm 곡사포〉
12월 1일 완성된 수송기용 활주로. 이것이 있었던 덕에 부상자 약 500명을 부대가 이동하기 전에 후송할 수 있었다. 이후 작전 중 후송에는 헬리콥터가 활약했다.
이 작전은 후퇴가 아니다!! 포위한 후방의 적을 향해 전진, 배후의 적을 격파하라!
〈M20 75mm 무반동포〉
〈M2 4.2인치 중박격포〉
사거리 4km
제1연대가 수비하고 있으며, 제5, 제7연대가 여기까지 후퇴하여 사단의 전 연대가 집결했다.
12월 6일 스미스 사단장
〈M1 81mm 박격포〉
사거리 3km
로는 좁고 험해 이 루트를 제외하면
량 통행은 불가능하다.
괴된 다리는 가교해 간신히 돌파했다.
〈M1 60mm 박격포〉
사거리 1.2km
〈M4A3E8 셔먼·도저 전차〉
산악전에서는 박격포가 위력을 발휘했다. 혹한기에도 가동률은 좋았으나 지면이 얼어붙어 발사 반동으로 지반이 부서지는 경우가 있었다.
고토리 원진에는 미 해병대(1만 1,686명), 육군 임시 편성 연대(2,353명), 영국 해병 커맨드(150명), 한국 야전 경찰(40명)이 있었다.
〈M26 퍼싱 중전차〉
미 제3보병사단 해병대의 탈출 지원을 위해 진흥리로 전진. 8일, 요지 1081 고지를 확보했다.
제1해병사단은 원산에 상륙한 뒤 중국군과의 지상전투에서 전사 1만 5,000명, 부상 7,500명, 그리고 공중폭격으로 전사 1만 명, 부상 5,000명의 손실을 입혔다고 추산했어. 하지만 해병대의 손실도 커서 전사 114명, 행방불명 192명, 부상 3,500명, 그 외 병상자 7,313명으로 병력의 약 50%가 손실되고 말았지.
함흥
12월 11일
제1해병사단의 전 병력은 함흥~흥남 사이의 집결지에 도착했다.
12월 14일
사단은 승선을 완료. 15일 아침 출항해 같은 날 부산에 상륙했다.
흥남

중국군의 군장(겨울)
복장은 방한모에 솜옷, 그리고 쌀 주머니와 콩기름이 들어간 병을 휴대했어. 또 당시 중국군에는 계급이 없어서 분대장부터 사령관까지 모두 '지령원'이라고 불렀어.
중국군의 미군에 대한 공격은 대부분 야간 공격으로, 우선 가볍게 공격해 병력 배치를 확인. 박격포 등의 포격 사이에 적에게 육박해 신호(대개는 신호 피리 세 번)를 주어 일제 돌격을 가했어.
탄띠
쌀 주머니
〈솜 방한복 상의〉
이 아래에 면 군복도 착용했다.
지령원 중에서 장교는 옷자락, 소맷부리, 바지 솔기에 붉은 장식이 들어갔다.
각반
고무창 즈크화
(또는 전통적인 헝겊신)
〈중국군의 폭파수〉
폭파수는 장애물이나 적 전투차량을 폭파·제거했다. 선두가 폭파통을 들고 그 뒤에 PPSh-41 기관단총을 든 원호수, 포장 장약을 든 병사가 뒤를 따른다.
중국군 병사는 '미군을 격멸해야 한다'는 결의가 타올라 사기가 높았어. 위장이 능숙하고 야간 전투력이 우수했지.

혹한 상황의 전투
카빈총은 추위에 약해서 바로 사격 불능이 되고, 개머리판이 추위로 물러져서 백병전에서는 타격을 하면 부러지기도 했어.
11월 말부터 북한의 추위는 혹독해서 한낮에도 영하 20~25℃. 날이 저물면 급격히 기온이 내려가서 새벽 4시경에는 영하 28~45℃ 정도까지 떨어져버려. 모든 게 얼어붙지.
M1 소총은 카빈보다는 나았지만 오일이 얼어붙어 사격 불능이 됐다.
M1 소총 클립은 최종탄 발사 후에 약협(총탄에서 화약을 넣은 놋쇠 통)과 함께 배출되기 때문에 얼어붙은 지면에 떨어졌을 때 큰 소리를 내 적군에게 탄이 떨어졌다는 것을 알려준다고 했다.
COON
클립
부동액이 없으면 물을 안 넣고 공랭식으로 사용했어.
얼어붙으면 불발이 돼서 2시간 간격으로 사격해.

트럭이랑 전차는 2시간마다 15분 정도 난방기 운전을 안 하면 엔진이 금방 시동 불능이 돼버려.
탄약이나 수류탄 불발도 많았지.

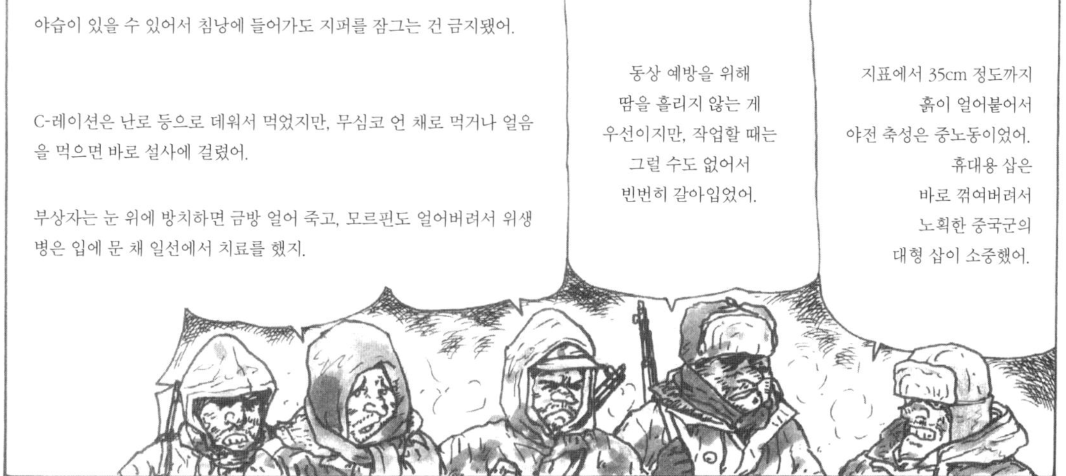

야습이 있을 수 있어서 침낭에 들어가도 지퍼를 잠그는 건 금지됐어.
C-레이션은 난로 등으로 데워서 먹었지만, 무심코 언 채로 먹거나 얼음을 먹으면 바로 설사에 걸렸어.
부상자는 눈 위에 방치하면 금방 얼어 죽고, 모르핀도 얼어버려서 위생병은 입에 문 채 일선에서 치료를 했지.
동상 예방을 위해 땀을 흘리지 않는 게 우선이지만, 작업할 때는 그럴 수도 없어서 빈번히 갈아입었어.
지표에서 35cm 정도까지 흙이 얼어붙어서 야전 축성은 중노동이었어. 휴대용 삽은 바로 꺾여버려서 노획한 중국군의 대형 삽이 소중했어.

대(對)게릴라전과 헬리콥터의 활약

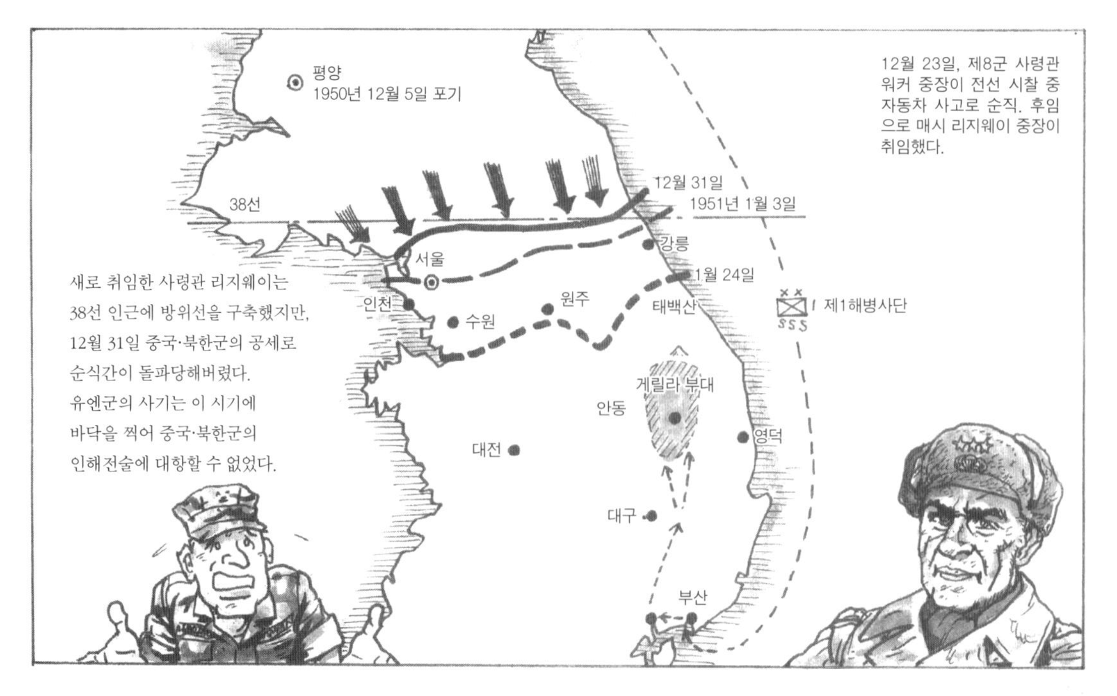

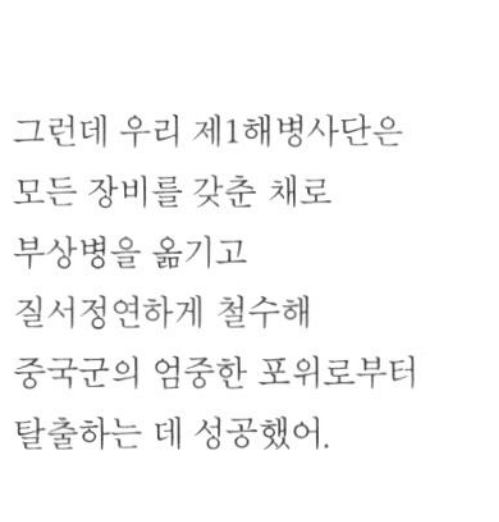

그런데 우리 제1해병사단은
모든 장비를 갖춘 채로
부상병을 옮기고
질서정연하게 철수해
중국군의 엄중한 포위로부터
탈출하는 데 성공했어.

오히려 해병대의 격멸을 노린
중국 제9군 집단은 큰 손실을 입고
전력 회복에 시간이 필요해
새해 공세에 참가할 수 없었지.

중국·북한군은 대공세로
서울을 재점령해 유엔군을
평택~안성 부근까지
후퇴시켰는데…,

만약 이때
제9군 집단이
투입됐다고
생각하면
오싹하지.
제9군 집단이
전선으로
복귀한 건
1951년
3월경부터야.

북한 권역에서
철수한 뒤
해병대는 제8군의
지휘하(※)에 들어가
예비 병력으로서
마산 지구에
배속돼 있었어.

제1해병사단의 최초 임무는
안동~영덕 지구의
북한 게릴라 토벌이었어.

※ 맥아더 원수 직속이었던 제10군단은 제8군에 편입됐다.

유엔군의 인천 상륙 때
도망치지 못한 일부
북한군 부대가 산속으로 들어가
게릴라 부대로서 제2 전선을
편성하는 바람에
유엔군은 내내 후방 지대를
위협받았지.

중국·북한군의 새해 공세에 기세를 얻은
태백산맥 안의 약1개 사단 규모 게릴라가
남하해 대구~안동~원주의 유엔군 보급로를
차단하려고 했어.

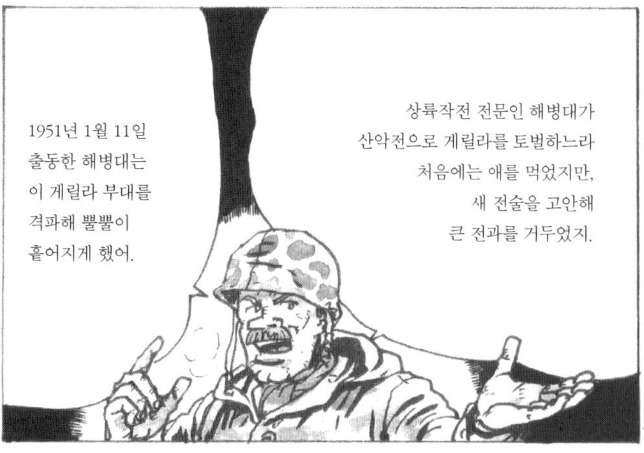

지리 지형에 대한 지식도 없고
말도 통하지 않아
정보 수집은 주민에게 기대지 않고
항공 정찰에 주력을 뒀어.

게릴라를 상공에서
발견하기는 어렵지만,
한겨울에는 게릴라도
촌락에 머물러 탐색은
쉬운 편이었지.

게릴라가 잠복하고 있는 촌락은
상공에서 봐도 어딘가 달랐어.
밥 짓는 연기가 이상하게 많고,
사람의 출입이 잦고,
비행기나 헬리콥터에 호기심이 많을
아이들이 밖에 나오지 않는 등….

그러한 다양한
상황을 검토해
수상한 마을을
선정해.

모든 방면을
포위할 전력이 없으면
예상되는 퇴로에
매복부대를 배치하고
남은 부대는 화력과
헬리콥터로 커버하지.

매복부대의
배치가 끝나면,
마을 주민에게 퇴거를,
게릴라에게는
투항을 권고해.
그 뒤 항공·지상 전력을
동원해 공격을 개시!

그때 공격은 일부러
포위의 일부를
비워서 하는구나.
게릴라는
그 틈을 통해
도주를 꾀하지만
우리는
그 너머에서
매복해.
패주하는 게릴라
매복부대
패주하는 게릴라
헬리콥터에 의한 선행부대
매복부대가 없는 방향으로 패주하는 게릴라는 헬리콥터의 유도에 따라 부대가 선행해 포착해서 공격한다.
주변을 무인으로 두어
게릴라를 고립시키기 위해
산간부의 촌락에는
경고를 한 뒤
네이팜탄으로 태워버려!
원래 태백산 일대는
가난한 지역이어서
식량도 머무를 촌락도 없으니
아무리 게릴라라도
서서히 북쪽으로
퇴각할 수밖에 없었어.

해병대의 토벌작전은
2월 중순까지 실시돼
2만 명은 있었다고 하는
게릴라에게 3,000명의 손실을
입혔다고 추정됐어.
큰 전과지만
이 요란한 전술은
지역 주민을 생각하면
그다지 좋게 볼 수 없지.

한국전쟁에 참가한 해병대 항공부대
〈F2H-2P 밴시 사진 정찰기〉
1951년 취역. 이 기체 이전에는 콜세어의 사진 정찰형 F4U-5P를 사용했다. 일러스트는 VMJ-1 소속기.
〈F4U의 테일 레터〉
LD
VMA-212
WE
VMA-214
WR
VMA-312
WS
VMA-323
WF
VMA(N)-513
WH
VMA(N)-542
〈AD-3의 테일 레터〉
AK
VMA-212
AL
VMA-251
2차 세계대전 때 많은 에이스를 배출한 '블랙시프 비행대(VMA-214)'의 스쿼드론 마크.
〈AD-3 스카이레이더 공격기〉
〈F4U-5N 야간 전투기〉
야간 공격이나 방공 전투에 활약했다.
〈F4U-4 콜세어 전투기〉
일러스트는 VMF-312 소속기.
〈AD-2Q ECM형〉
일러스트는 VMC-1 소속기.
〈OY-2 정찰 관측기(VMO-6)〉
해병대 항공부대의 주요 임무는 포병이 상륙하기까지 지상부대를 근접 지원하는 것이어서 항공·지상 공동 작전의 숙련도가 높았지. 조종사 출신 전선통제관이 각 보병대대에 2명씩 배치돼 부대의 요구에 따라 지상에서 무선으로 근접지원기를 직접 유도했어.
자체 항공대를 가지고 있다는 것이 해병대의 강점이지. 지상부대의 든든한 파트너야.

■ 해병대 비행기 코드

HEDRON	해병사령부 비행대
VMC	해병 혼성비행대
VMJ	해병 사진정찰비행대
MAMS	해병 항공정비비행대
VMO	해병 관측비행대
VMR	해병 수송비행대
VMF	해병 전투비행대
VMF(N)	해병 전투비행대(야간)
VMA	해병 공격비행대

동계 전투의 군장

〈북한 게릴라〉

공산군 게릴라대의 주력은 북한군으로, 방한의는 일반적으로 솜 퀼팅식이었다. 일부 대원은 나중에 주민과 같은 복장으로 활동하게 된다.

〈한국군〉

국산 퀼팅 방한의를 착용한 병사. 그 외 미군의 야전상의 등도 사용했다.

〈미 해병대〉

해병대는 눈 속에서도 카무플라주 커버를 단 헬멧을 썼다.

게릴라 거점 공격

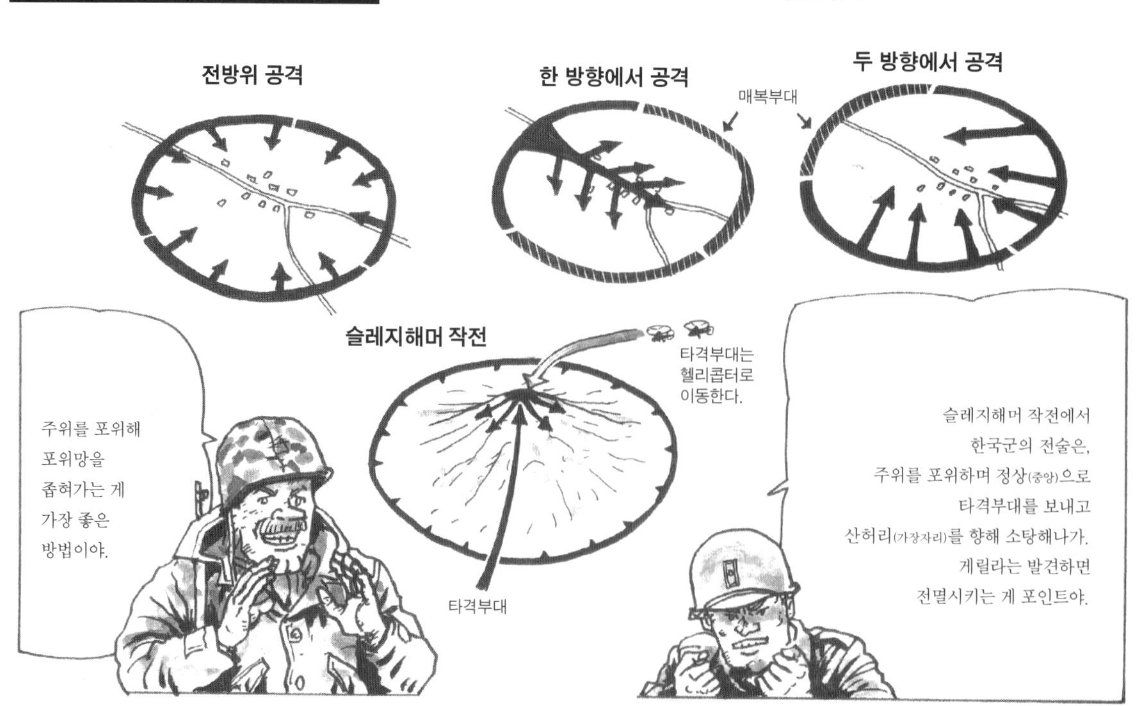

헬리콥터의 활약

해병대가 한국에
처음 파견한
헬리콥터는
MAG33 소속
VMO 제6비행중대의
HO3S-1이다.

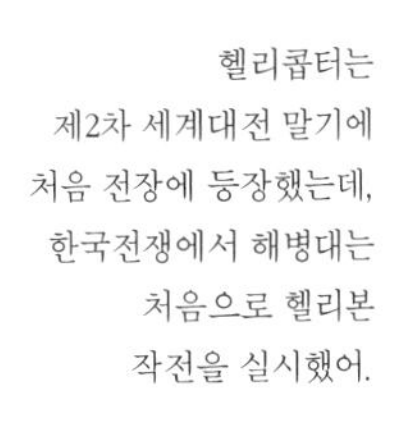

헬리콥터는
제2차 세계대전 말기에
처음 전장에 등장했는데,
한국전쟁에서 해병대는
처음으로 헬리본
작전을 실시했어.

1950년 8월 2일,
부산에 도착한 헬리콥터는
다음 날 해병대
크레이그 준장을 태운
정찰 임무를 수행해
전선 지휘의 가능성을
보여줬어.

〈HO3S-1〉
부상병을 옮길 수 있도록
기체 양옆에 들것용 랙을
달 수도 있었다.

그때까지
과소평가됐던
헬리콥터는
막상 사용해보니
생각했던 것보다
더 큰 활약을
보였지.

헬리콥터는
적의 총격에
약하지 않다는 것도
실전에서 증명했다.

BAM BAM

정찰·관측 임무와 물자·병력 수송,
부상자 후송 등 제1선의 요구에 따라
유연하게 대응하는 능력을 보여
군용 헬리콥터의 평가를 높였다.

〈HRS-1〉
1951년 9월 13일에 첫 물자 수송 임무를 맡고, 21일에 서밋 작전에서 최초의 헬리본을 실시했다. 이 작전에는 224명의 인원과 8t의 화물을 펀치볼 지역으로 수송했다.

1951년 9월, 해병대는 입체 전투 지원과 더 큰 공수 능력의 필요성을 인정하고 수송 헬리콥터 중대 HMR-161을 한국에 파견했다.

적지에 강하한 조종사를
구출하는 컴뱃 레스큐도
공군 헬리콥터가
1950년 9월 4일에
성공시켰어.

육·해군도 헬리콥터부대를 파견해
각종 임무에서 활약했지.

킬러 작전과 휴전협정 성립

■ 유엔군의 재반격

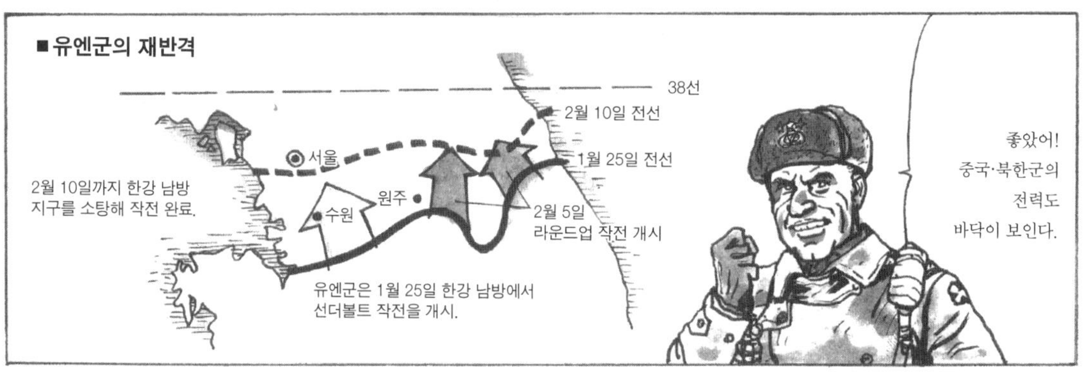

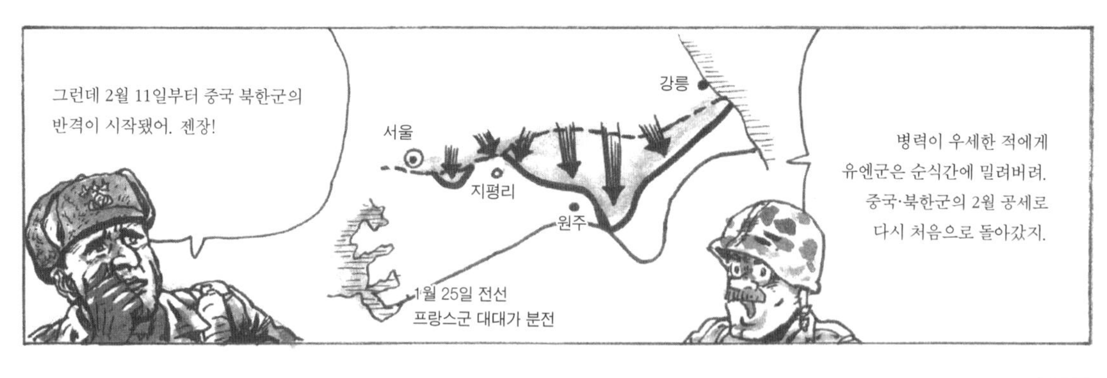

※1 '킬러'는 살인 청부업자라는 의미로, 적을 되도록 많이 살상하는 작전이라는 뜻을 담아 지어졌으나 노골적이라는 비판도 있었다.
※2 '리퍼'는 '가르다', '째다'라는 의미 말고도 '살인귀'라는 의미도 있다.

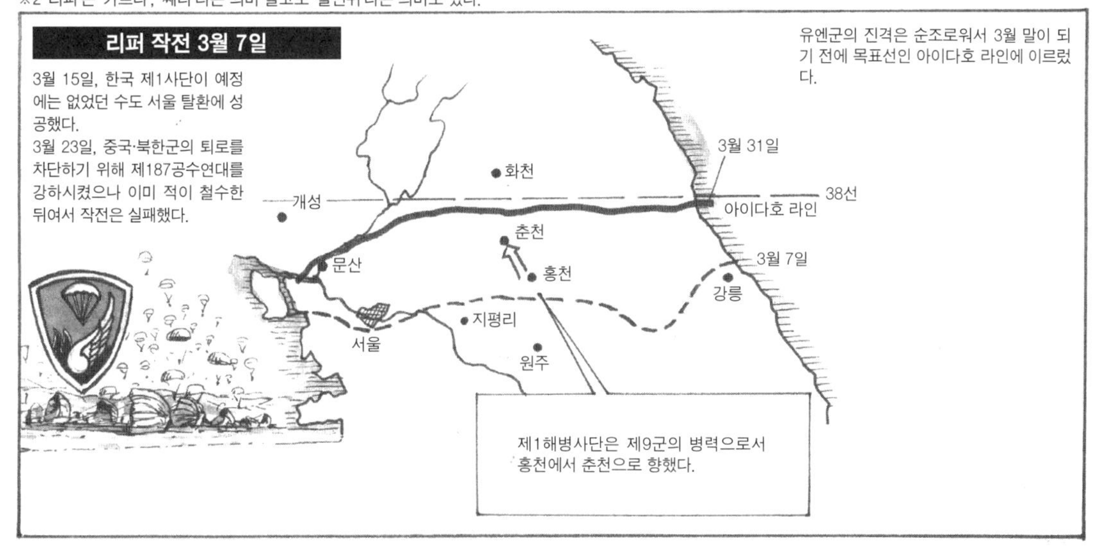

중국·북한군의 공세

중국·북한군의 4월 공세는 4시간에 걸친 표준 포격으로 시작해 주된 공격은 서울로 향했다. 유엔군도 이번에는 서울 사수를 결의해 압도적인 화력과 공군력으로 밀어붙여 중국·북한군을 서울 코앞에서 간신히 틀어막았다.

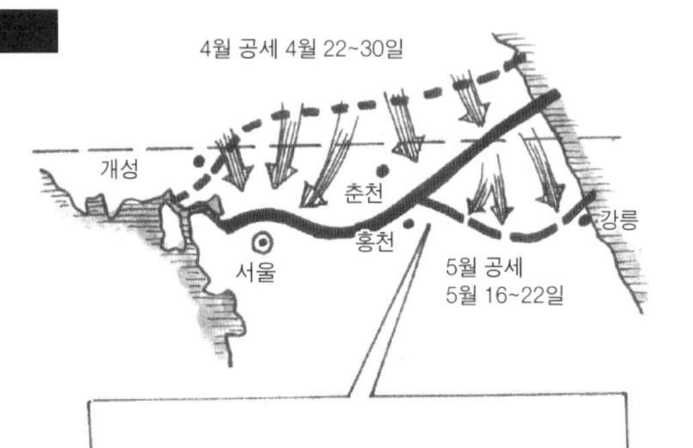

제1해병사단은 5월 공세 전의 편성 교체로 제10군단에 배속돼 중국군의 공세를 밀어냈다.

4월 공세로부터 약 2주 뒤 개시된 5월 공세는 동부의 한국군을 향했으나, 유엔군의 반격으로 중국·북한군의 공세는 고작 5일 만에 종식됐다. 이 두 공세에서 중국·북한군의 인적 피해는 추정 20만 명이라고 한다.

전선 고정 1952년 7월

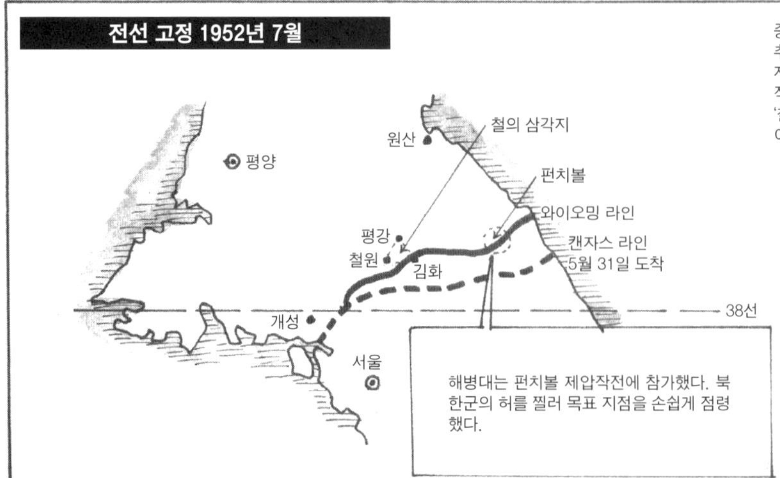

해병대는 펀치볼 제압작전에 참가했다. 북한군의 허를 찔러 목표 지점을 손쉽게 점령했다.

중국·북한군의 5월 공세에 이은 유엔군의 추격은 주저항선으로 정한 '캔자스 라인'까지 진출했다. 그리고 방어를 확실히 하고 적의 공세 준비 지구로 추정된 '펀치볼'과 '철의 삼각지'를 제압하기 위해 전초선 '와이오밍 라인'까지 전진했다.

갑작스러운 명령이지만, 해병대는 예비가 아니라 제1기병사단을 대신해 선두에 서주게. 하루 만에 준비해줄 수 있겠나?

각하, 저희 해병대의 모토는 준비에 한 시간 이상 안 걸린다는 겁니다. 걱정하지 마십시오.
중국·북한군은 퇴각 중이야. 철의 삼각지에서 적이 공세를 준비 중이라고 해. 38선을 넘어 전진하는 러기드 작전을 개시하기 위해서야.

해병대에게 '어려움'이란 쉬운 일보다 30분 더 시간을 쓰는 일이고, '불가능'이란 어려움보다 30분 더 걸린다는 뜻이다. 즉 한 시간만 있으면 안 되는 일은 아무것도 없다. 얘들아! 출격이다!!

러기드 작전 4월 4일
화천
댐
38선
북한강
춘천
해병대는 춘천 북방에서 북한강을 건너 화천으로 향했어. 중국군이 댐 수문을 열어서 홍수를 일으켜 전진이 늦어졌지만, 유엔군은 38선을 넘어 계속 북진했어.

유엔군이 북상하던 즈음, 맥아더 원수와 미국 정부의 갈등이 깊어졌다.
무모한 짓을 해서 제3차 세계대전을 유발할 셈인가.
1. 만주 기지 공격
2. 중국 본토 연안 봉쇄
3. 대만 정부의 중국 대륙 반격 등…
더 적극적인 작전으로 승리를.
결국 트루먼 대통령은 4월 11일 원수 해임을 결정했다.
트루먼 대통령
맥아더 원수
제8군 사령관으로는 제임스 밴 플리트 중장이 임명되고
리지웨이 중장이 유엔군 총사령관으로 승격했다.

진지전의 병사 1953년

1951년 3월 말부터 전선이 교착돼 진지전이 시작됐다.

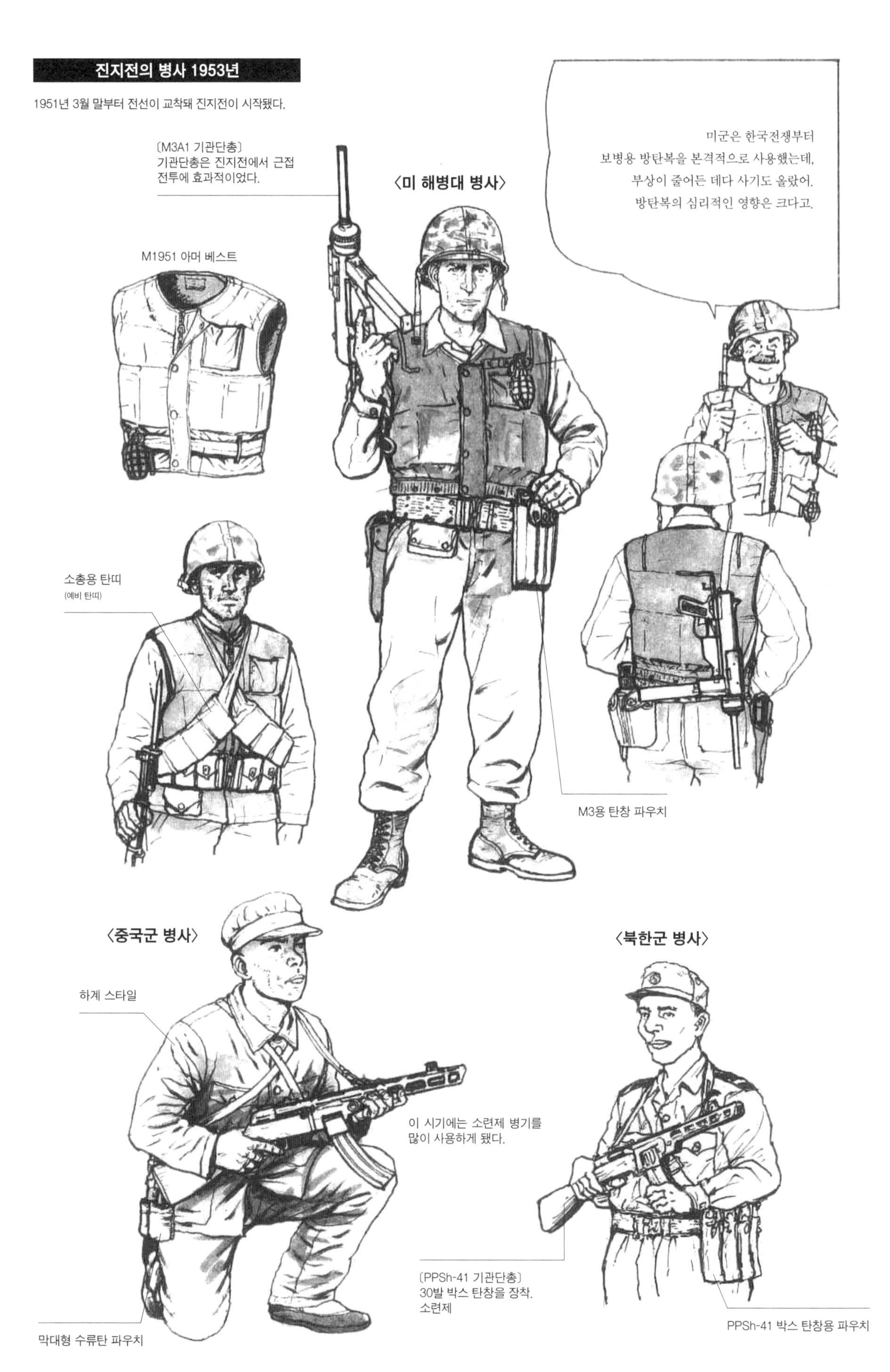

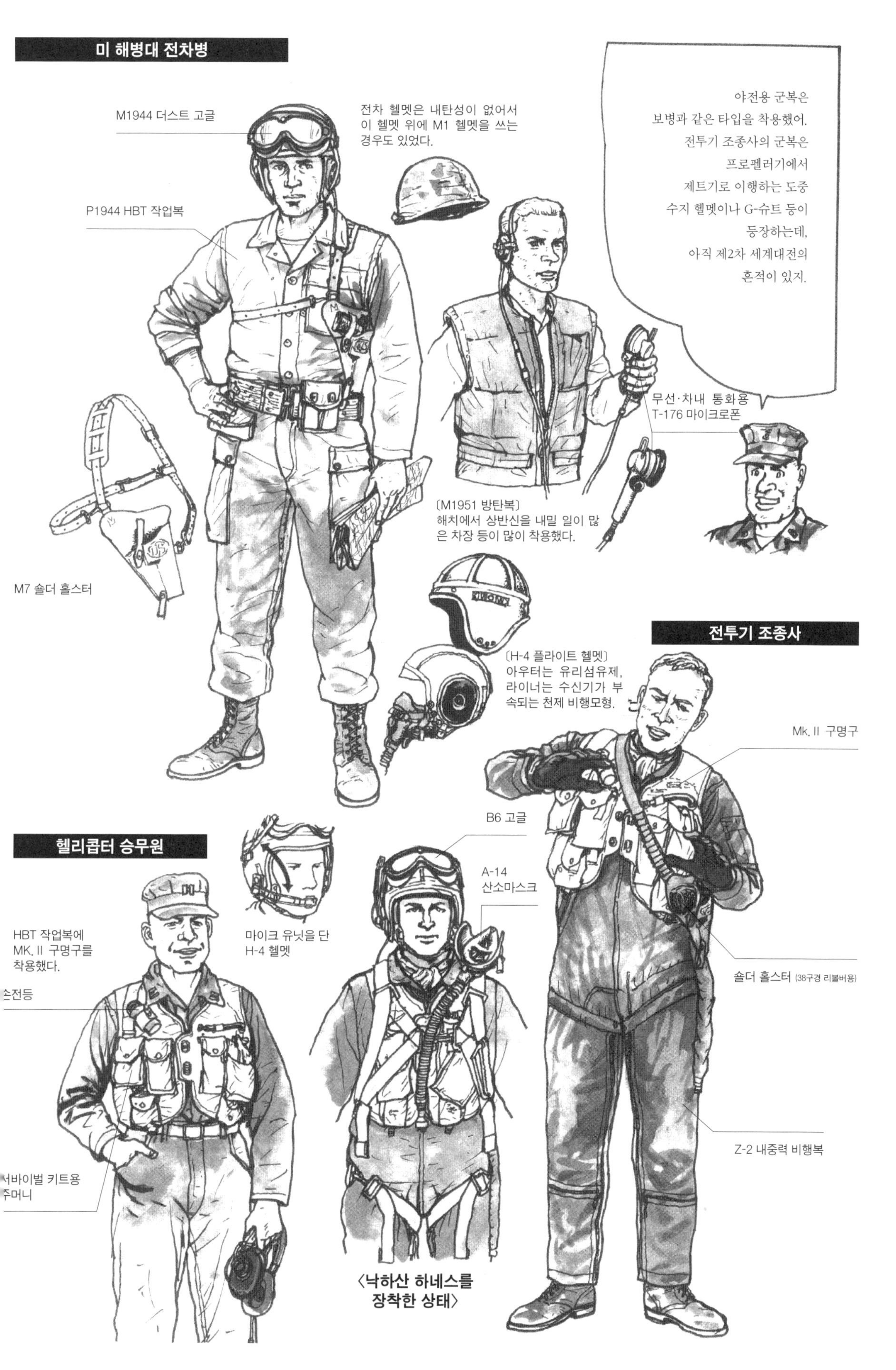
미 해병대 전차병
M1944 더스트 고글
전차 헬멧은 내탄성이 없어서 이 헬멧 위에 M1 헬멧을 쓰는 경우도 있었다.
야전용 군복은 보병과 같은 타입을 착용했어. 전투기 조종사의 군복은 프로펠러기에서 제트기로 이행하는 도중 수지 헬멧이나 G-슈트 등이 등장하는데, 아직 제2차 세계대전의 흔적이 있지.
P1944 HBT 작업복
무선·차내 통화용 T-176 마이크로폰
〔M1951 방탄복〕 해치에서 상반신을 내밀 일이 많은 차장 등이 많이 착용했다.
M7 숄더 홀스터
전투기 조종사
〔H-4 플라이트 헬멧〕 아우터는 유리섬유제, 라이너는 수신기가 부속되는 천제 비행모형.
Mk. II 구명구
B6 고글
헬리콥터 승무원
A-14 산소마스크
HBT 작업복에 MK. II 구명구를 착용했다.
마이크 유닛을 단 H-4 헬멧
손전등
숄더 홀스터 (38구경 리볼버용)
Z-2 내중력 비행복
서바이벌 키트용 주머니
〈낙하산 하네스를 장착한 상태〉

캔자스 라인

캔자스 라인은 사실상 휴전선으로 간주돼
주저항선과 불퇴각선에 깊은 참호선과 엄폐 진지를 구축했지.
그 길이는 임진강부터 동해안까지 200km에 이르렀어.
만리장성과도 비슷한 참호 진지대로서 완성됐지.
어둠 속에서 노랫소리와 콧노래,
말소리가 울리고 '일어나라, 해병!'이라는
영어가 들리고는 했어.

이어서 갑자기
심벌즈 소리가 울리고
마지막에 신조차 두려워할
고함 소리가 나고
수백 발의 수류탄이 날아와.
이것이
중국군이 자랑하는
인해전술이란 거다.
한번 해치워도
녀석들은 밤이 되면
반드시 대군으로
다시 찾아와.
우리는
수류탄을 되던지고
마구 쏘면서
50야드, 60야드,
적당한 지점으로
퇴각해
포병대의 지원을
기다렸지.

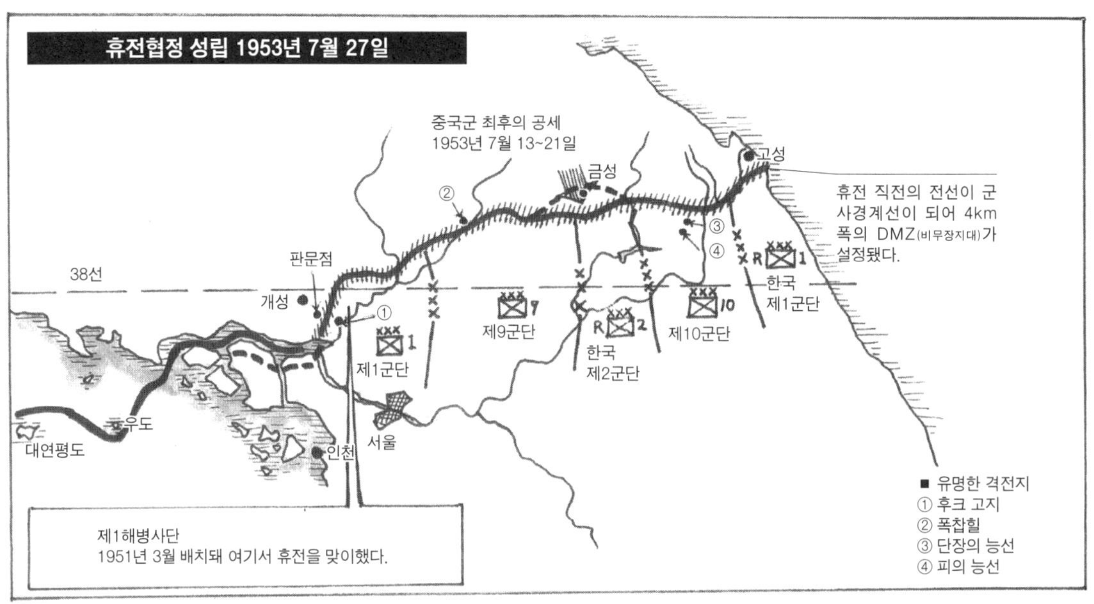

휴전협정 성립 1953년 7월 27일
중국군 최후의 공세
1953년 7월 13~21일
금성
고성
휴전 직전의 전선이 군사경계선이 되어 4km 폭의 DMZ(비무장지대)가 설정됐다.
판문점
38선
개성
①
②
③
④
제1군단
제9군단
한국
제2군단
제10군단
한국
제1군단
우도
대연평도
인천
서울
제1해병사단
1951년 3월 배치돼 여기서 휴전을 맞이했다.
■ 유명한 격전지
① 후크 고지
② 폭찹힐
③ 단장의 능선
④ 피의 능선

앞으로는
휴전선을 둘러싼
진지 빼기
싸움이야.
저희는 원래
수륙양용작전이 전문입니다.
섬 쟁탈전은
맡겨주십시오.
해병대는 서부의 제1군단으로
이동해주게.
이것으로 서울 방어는
확실해지지.
판문점에서
휴전 교섭회담이
이루어지는
중에도
양군은 격전을
벌였다.
회담은 중단과 재개를 반복했으며
그사이에 유엔군 총사령관은
리지웨이 대장에서
클라크 대장(1952년 5월 21일)으로,
대통령도 아이젠하워(1952년 11월 5일)로
교체됐다.
전투와 교섭이 번갈아 벌어진 결과 1953년 7
월 27일 마침내 휴전협정이 조인됐다.

1950년 6월 25일 오전 4시 격발된 개전으로부터
3년 1개월 2일 18시간여, 드디어 전투는 끝났다.
휴전 당시 병력은 유엔군 77만 명, 중국·북한군
100만 명.
3년간의 양측 손해는 유엔군 약 99만 7,000명, 중
국·북한군 약 142만 명이라고 한다.
해병대는 전사 4,262명, 부상 2만 38명을 기록했다.
그리고 7월 27일 오전 10시 휴전협정이 발령됐다….
진짜
휴전하는 거야?
27일 밤은 밤새 경계했지만
한 발의 총성도 들리지 않았어.

스카우트 스나이퍼(정찰·저격병)

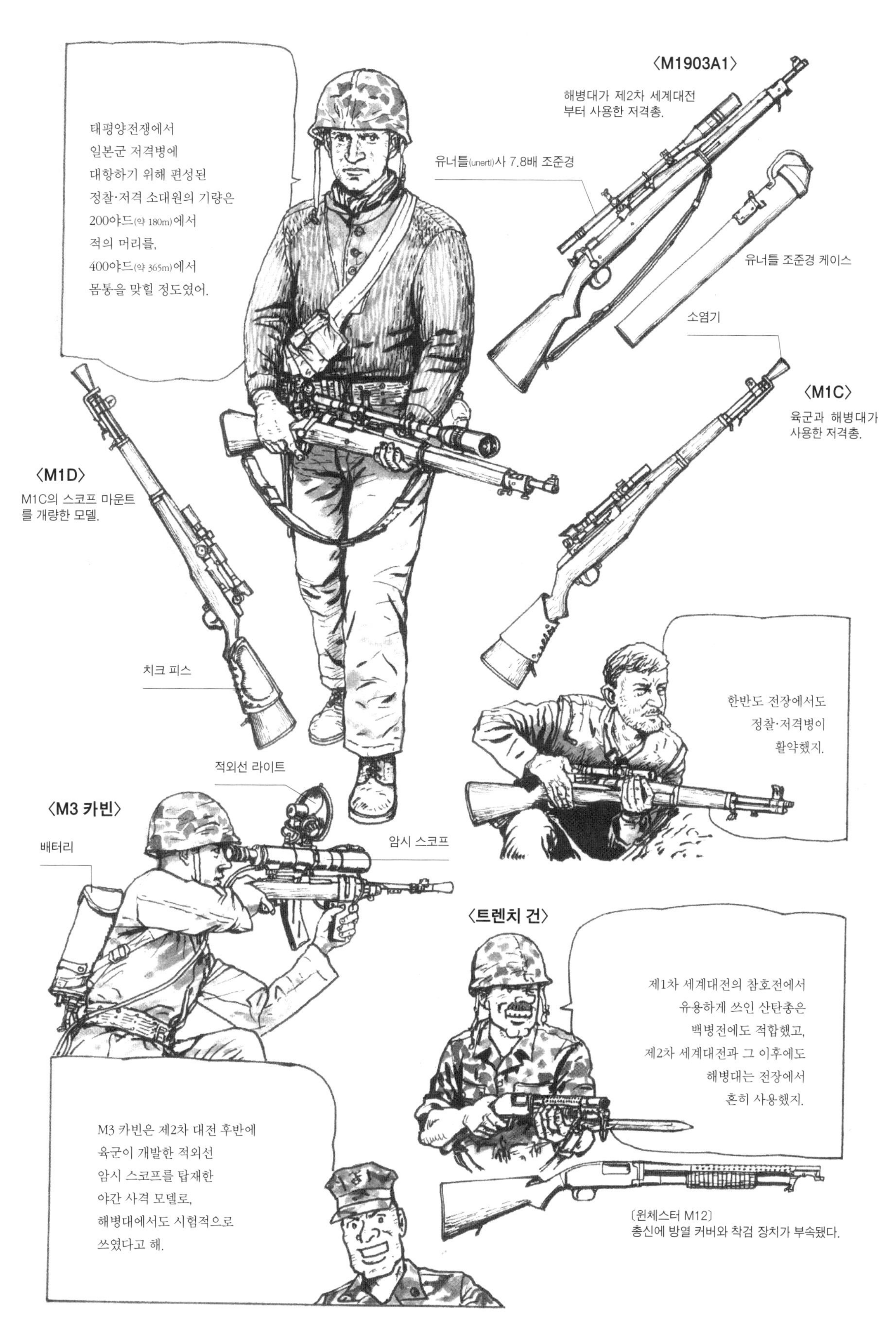

LVT도 실전에서 교훈을 얻어
방패 달린 기총을 증설했어.
후속 전차가 상륙할 때까지 보병을 지원해.

제2차 세계대전 이후 해병대는
주로 태평양 방면에서 많은 작전을 벌였고,
그 경험을 살려 상륙작전의 전술을 향상시켜왔어.

미군의 상륙작전용 함정

상륙부대 수송부터 상륙까지는 각종 함정과 차량이 사용됐다.
이들 병기도 상륙작전용으로 개발·채용되고 개량된 것이다.

미 해병대의 수륙양용전

상륙작전은 해로에서 육상부대를 수송하고 적지로 보내는 것이다. 대규모 상륙작전을 벌일 경우, 상륙 지점은 적의 지배하에 있으며 상륙을 저지하기 위해 강력한 장애물과 수비대가 배치돼 있다.
차폐물이 없는 수상상륙부대는 그런 불리한 상황에서 상륙해야 한다.
미군은 이 약점을 커버하기 위해 제2차 세계대전에서는 전함과 순양함 등의 함선과 지원함정, 항공기를 이용해 상륙부대를 화력으로 지원했다. 그리고 이 전술로 태평양 전역의 도서상륙작전을 성공시키면서 능률적으로 상륙하는 전술과 기술을 향상시켰다.
한국전쟁 당시 인천 등에서도 미 해병대의 전술은 잘 기능해 상륙작전을 성공시켰다.

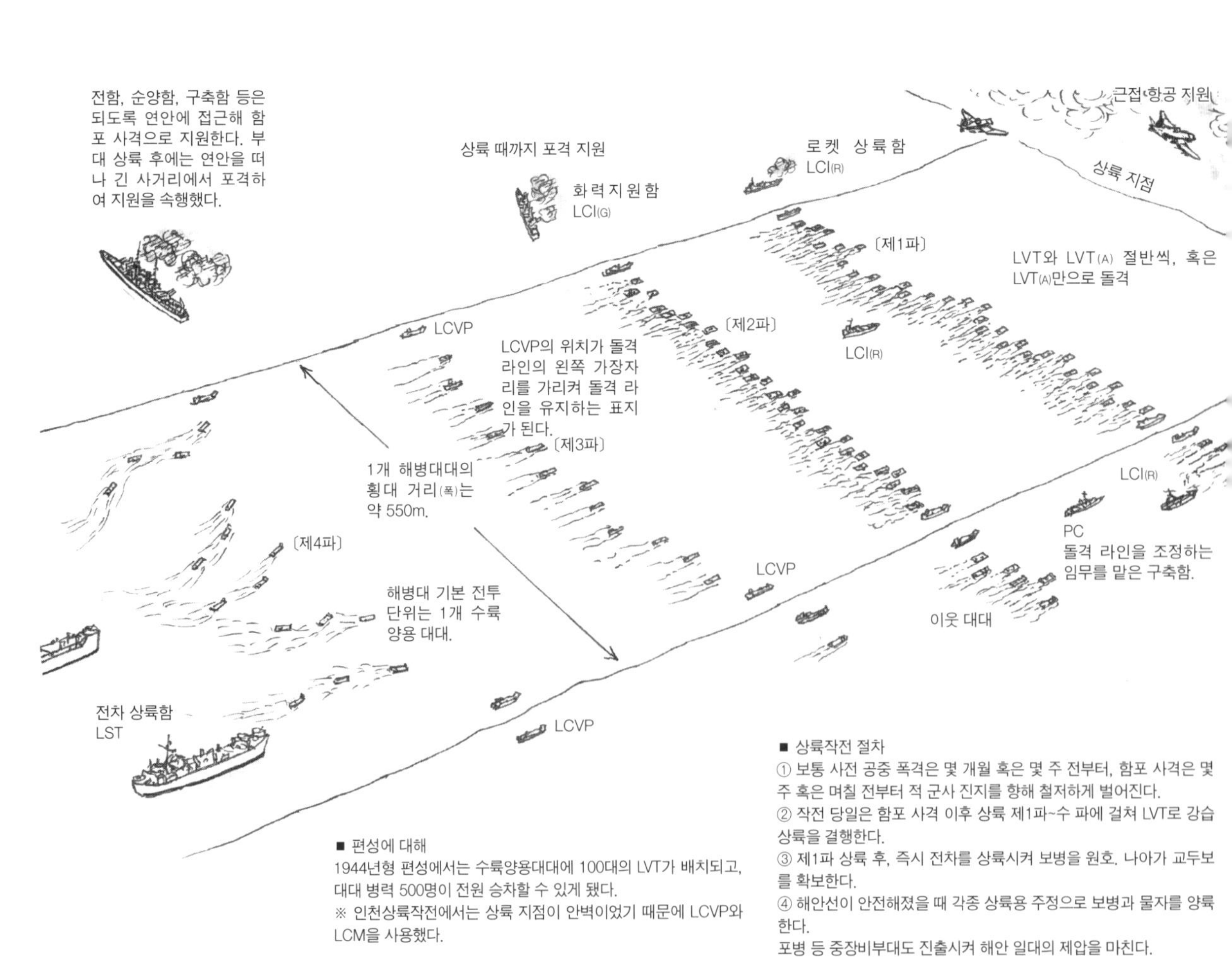

■ 편성에 대해
1944년형 편성에서는 수륙양용대대에 100대의 LVT가 배치되고, 대대 병력 500명이 전원 승차할 수 있게 됐다.
※ 인천상륙작전에서는 상륙 지점이 안벽이었기 때문에 LCVP와 LCM을 사용했다.

■ 상륙작전 절차
① 보통 사전 공중 폭격은 몇 개월 혹은 몇 주 전부터, 함포 사격은 몇 주 혹은 며칠 전부터 적 군사 진지를 향해 철저하게 벌어진다.
② 작전 당일은 함포 사격 이후 상륙 제1파~수 파에 걸쳐 LVT로 강습상륙을 결행한다.
③ 제1파 상륙 후, 즉시 전차를 상륙시켜 보병을 원호. 나아가 교두보를 확보한다.
④ 해안선이 안전해졌을 때 각종 상륙용 주정으로 보병과 물자를 양륙한다.
포병 등 중장비부대도 진출시켜 해안 일대의 제압을 마친다.
필요에 따라 육군 부대에 인수하고 후방에서 다음 상륙작전을 대비해 휴양, 보충, 훈련에 들어간다.

유엔군의 병기와 군장

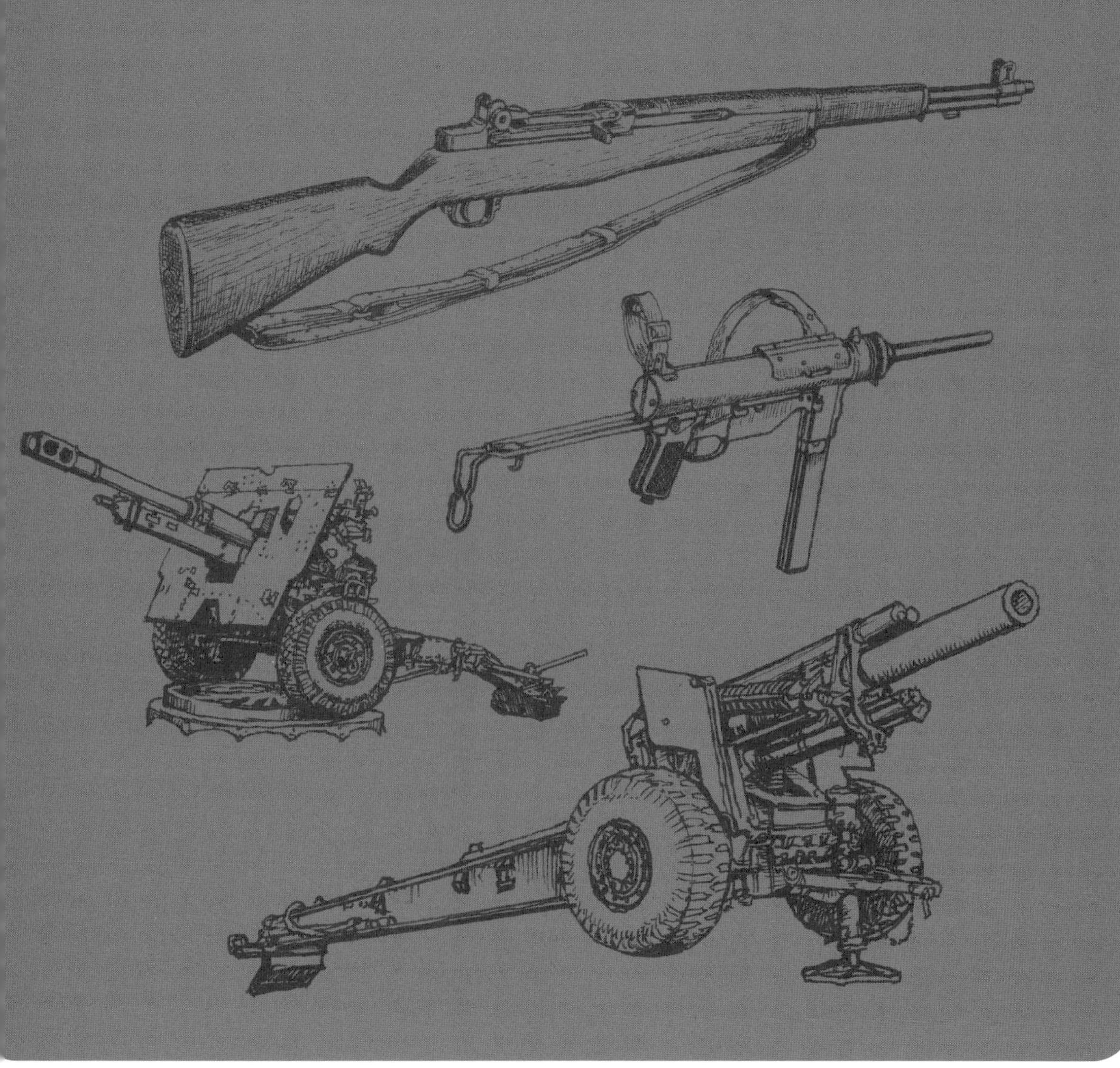

소화기(小火器)

제2차 세계대전이 종결되고 5년 뒤 발발한 한국전쟁에서 유엔군이 장비한 소화기는 제2차 세계대전과 거의 같은 모델이 주류였다. 미국, 영국 이외의 유엔군 부대가 사용한 소화기는 한국, 튀르키예, 태국, 필리핀, 에티오피아, 네덜란드 등이 미국제, 영연방 등이 영국제였다.

미군의 권총

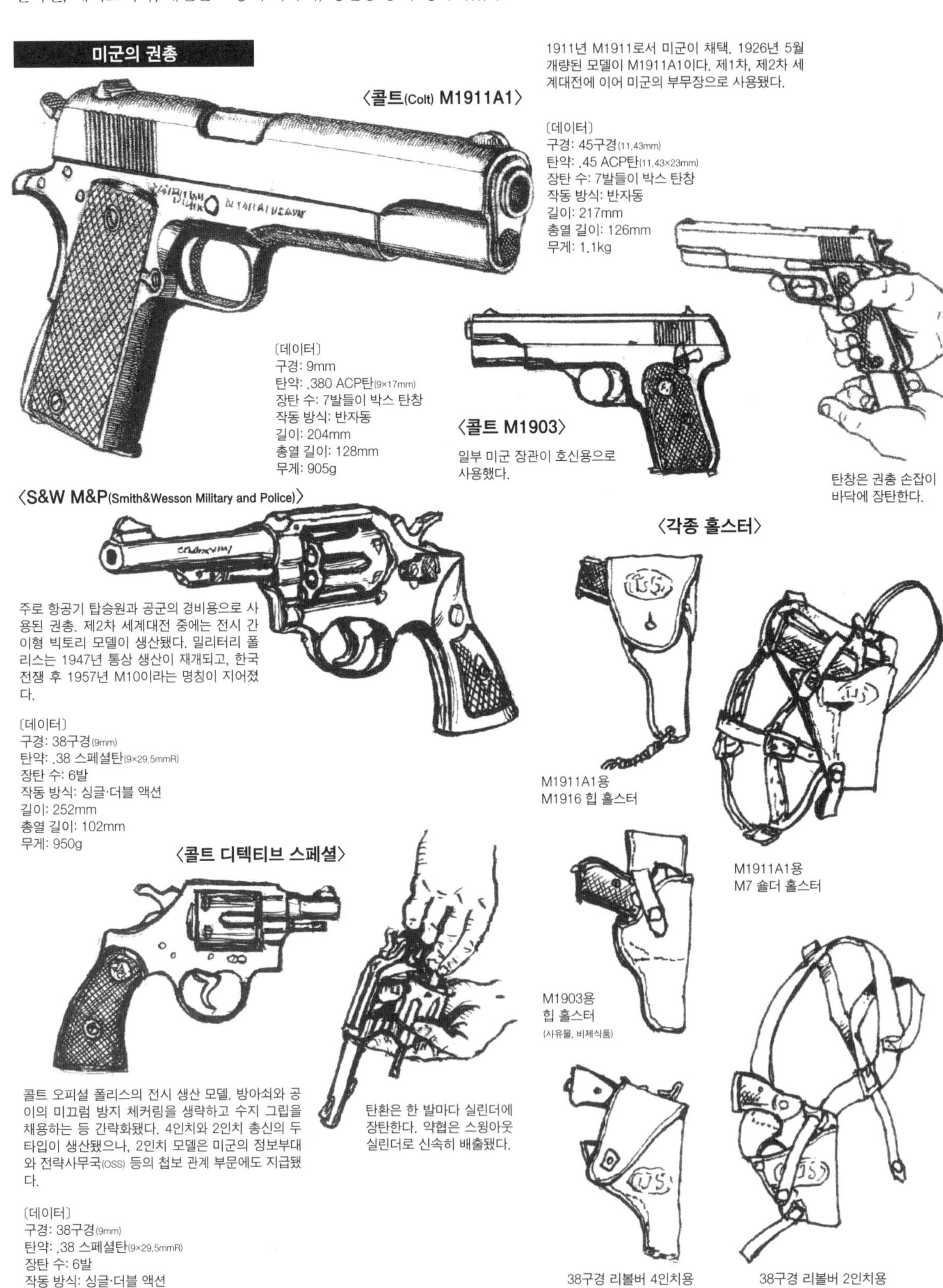

〈콜트(Colt) M1911A1〉

1911년 M1911로서 미군이 채택. 1926년 5월 개량된 모델이 M1911A1이다. 제1차, 제2차 세계대전에 이어 미군의 부무장으로 사용됐다.

〔데이터〕
구경: 45구경(11.43mm)
탄약: .45 ACP탄(11.43×23mm)
장탄 수: 7발들이 박스 탄창
작동 방식: 반자동
길이: 217mm
총열 길이: 126mm
무게: 1.1kg

탄창은 권총 손잡이 바닥에 장탄한다.

〈콜트 M1903〉

일부 미군 장관이 호신용으로 사용했다.

〔데이터〕
구경: 9mm
탄약: .380 ACP탄(9×17mm)
장탄 수: 7발들이 박스 탄창
작동 방식: 반자동
길이: 204mm
총열 길이: 128mm
무게: 905g

〈S&W M&P(Smith&Wesson Military and Police)〉

주로 항공기 탑승원과 공군의 경비용으로 사용된 권총. 제2차 세계대전 중에는 전시 간이형 빅토리 모델이 생산됐다. 밀리터리 폴리스는 1947년 통상 생산이 재개되고, 한국전쟁 후 1957년 M10이라는 명칭이 지어졌다.

〔데이터〕
구경: 38구경(9mm)
탄약: .38 스페셜탄(9×29.5mmR)
장탄 수: 6발
작동 방식: 싱글·더블 액션
길이: 252mm
총열 길이: 102mm
무게: 950g

〈콜트 디텍티브 스페셜〉

콜트 오피셜 폴리스의 전시 생산 모델. 방아쇠와 공이의 미끄럼 방지 체커링을 생략하고 수지 그립을 채용하는 등 간략화됐다. 4인치와 2인치 총신의 두 타입이 생산됐으나, 2인치 모델은 미군의 정보부대와 전략사무국(OSS) 등의 첩보 관계 부문에도 지급됐다.

〔데이터〕
구경: 38구경(9mm)
탄약: .38 스페셜탄(9×29.5mmR)
장탄 수: 6발
작동 방식: 싱글·더블 액션
총열 길이: 50.8mm

탄환은 한 발마다 실린더에 장탄한다. 약협은 스윙아웃 실린더로 신속히 배출됐다.

〈각종 홀스터〉

M1911A1용 M1916 힙 홀스터

M1911A1용 M7 숄더 홀스터

M1903용 힙 홀스터 (사유물, 비제식품)

38구경 리볼버 4인치용 힙 홀스터

38구경 리볼버 2인치용 숄더 홀스터

영국군과 영연방군 권총

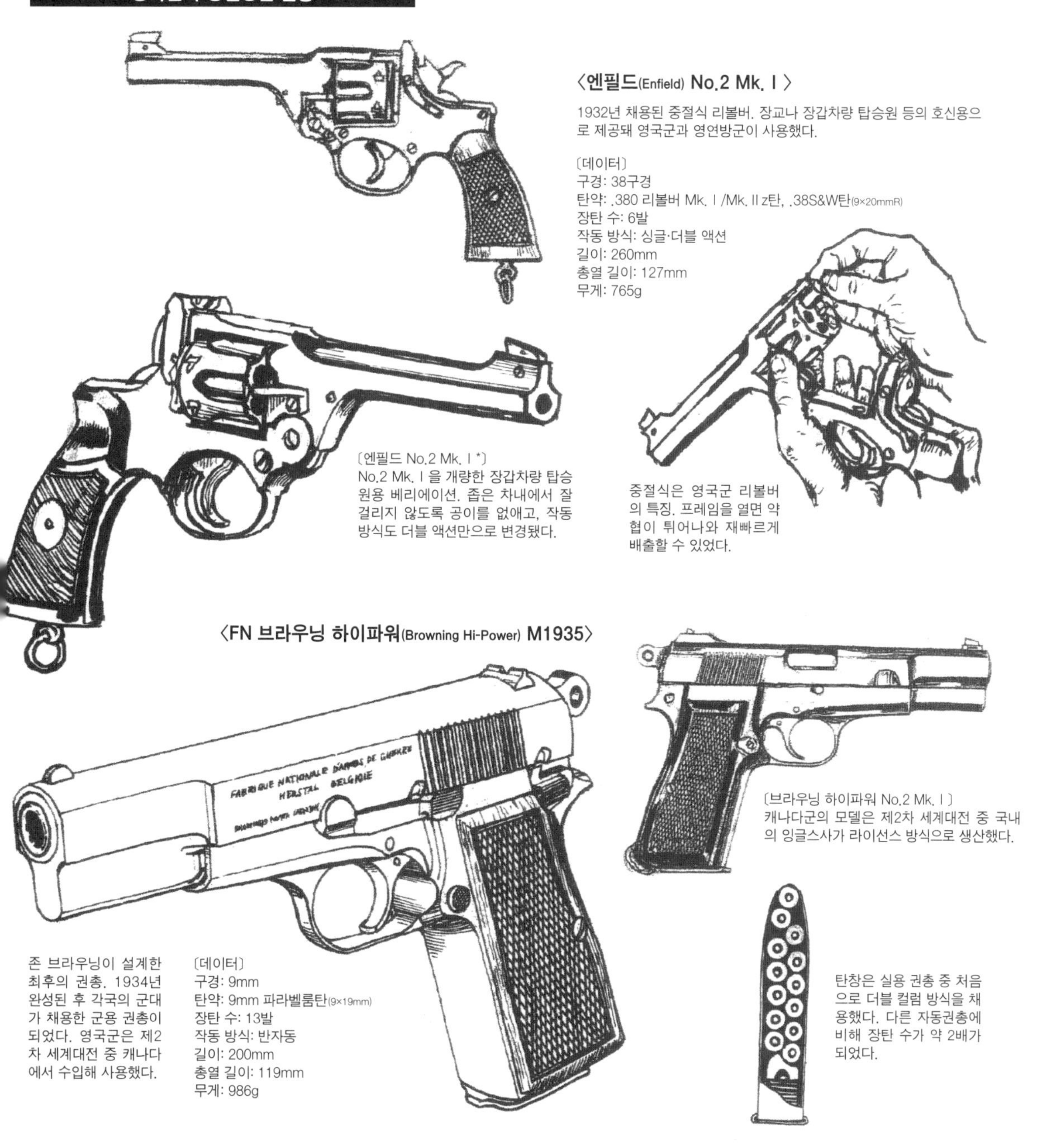

〈엔필드(Enfield) No.2 Mk. I〉

1932년 채용된 중절식 리볼버. 장교나 장갑차량 탑승원 등의 호신용으로 제공돼 영국군과 영연방군이 사용했다.

〔데이터〕
구경: 38구경
탄약: .380 리볼버 Mk. I /Mk. II z탄, .38S&W탄(9×20mmR)
장탄 수: 6발
작동 방식: 싱글·더블 액션
길이: 260mm
총열 길이: 127mm
무게: 765g

〔엔필드 No.2 Mk. I *〕
No.2 Mk. I 을 개량한 장갑차량 탑승원용 베리에이션. 좁은 차내에서 잘 걸리지 않도록 공이를 없애고, 작동 방식도 더블 액션만으로 변경됐다.

중절식은 영국군 리볼버의 특징. 프레임을 열면 약협이 튀어나와 재빠르게 배출할 수 있었다.

〈FN 브라우닝 하이파워(Browning Hi-Power) M1935〉

〔브라우닝 하이파워 No.2 Mk. I〕
캐나다군의 모델은 제2차 세계대전 중 국내의 잉글스사가 라이선스 방식으로 생산했다.

존 브라우닝이 설계한 최후의 권총. 1934년 완성된 후 각국의 군대가 채용한 군용 권총이 되었다. 영국군은 제2차 세계대전 중 캐나다에서 수입해 사용했다.

〔데이터〕
구경: 9mm
탄약: 9mm 파라벨룸탄(9×19mm)
장탄 수: 13발
작동 방식: 반자동
길이: 200mm
총열 길이: 119mm
무게: 986g

탄창은 실용 권총 중 처음으로 더블 컬럼 방식을 채용했다. 다른 자동권총에 비해 장탄 수가 약 2배가 되었다.

〈각종 힙 홀스터〉

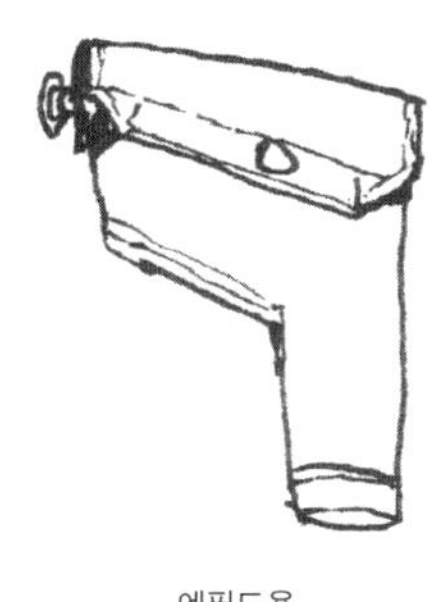
엔필드용

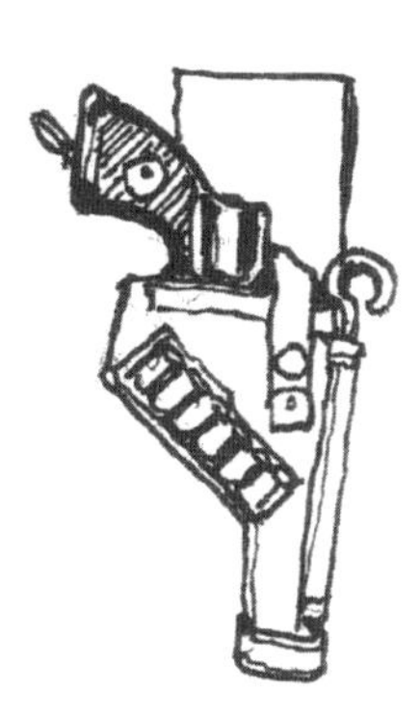
엔필드 장갑차량 탑승원용

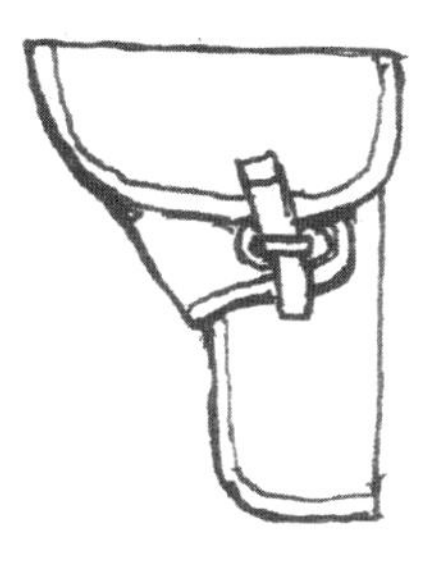
브라우닝 하이파워 No.2 Mk. II 용

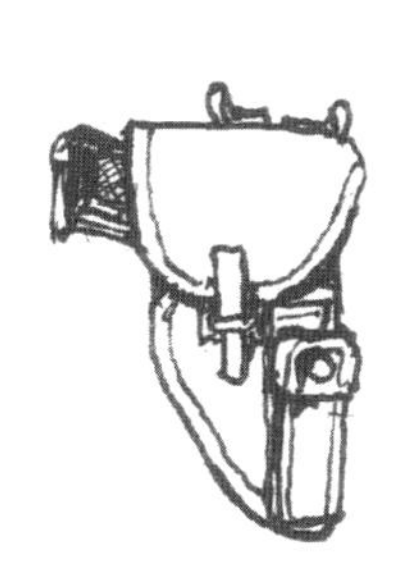
캐나다군 브라우닝 하이파워용

소총

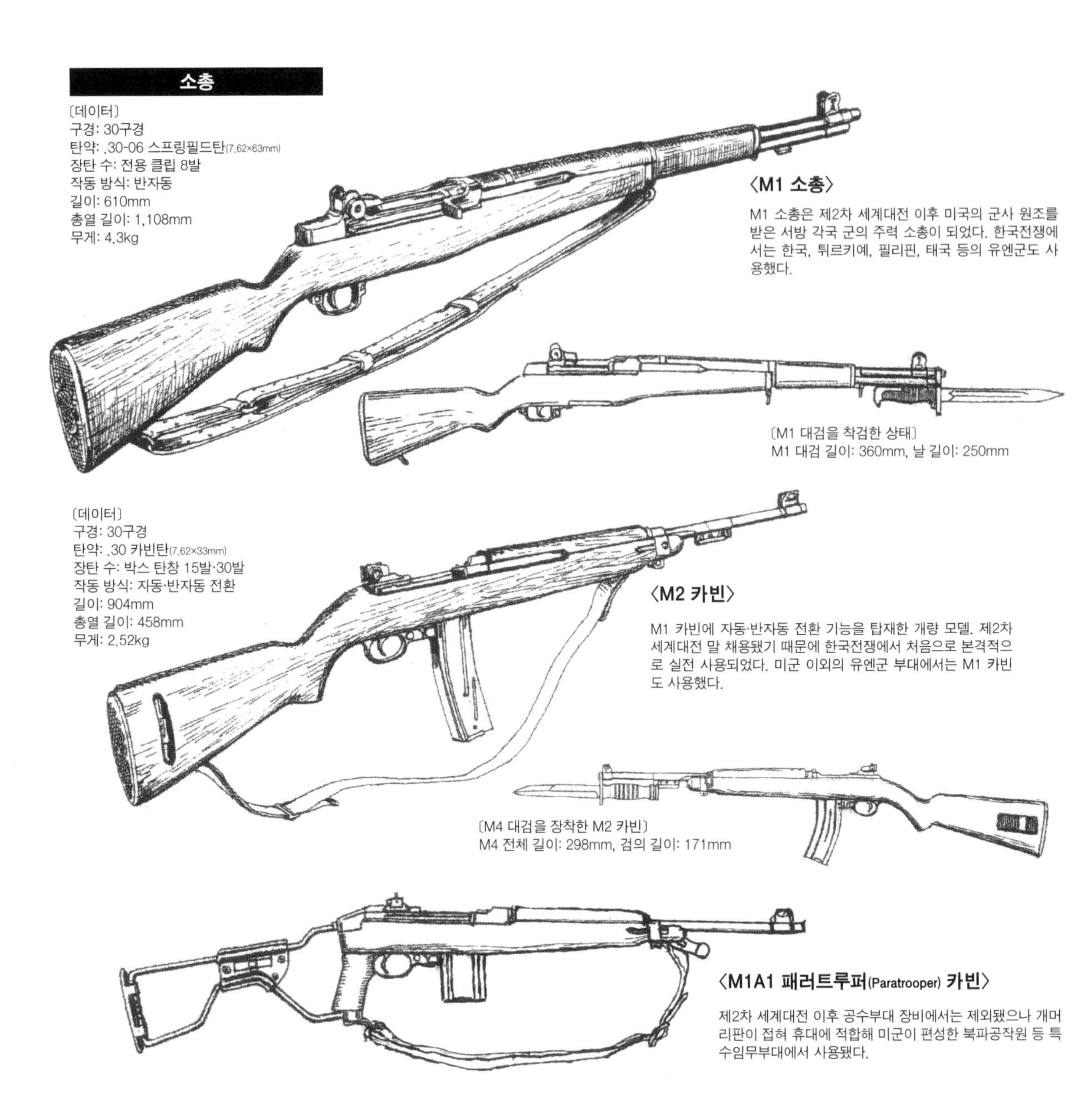

〔데이터〕
구경: 30구경
탄약: .30-06 스프링필드탄(7.62×63mm)
장탄 수: 전용 클립 8발
작동 방식: 반자동
길이: 610mm
총열 길이: 1,108mm
무게: 4.3kg

〈M1 소총〉

M1 소총은 제2차 세계대전 이후 미국의 군사 원조를 받은 서방 각국 군의 주력 소총이 되었다. 한국전쟁에서는 한국, 튀르키예, 필리핀, 태국 등의 유엔군도 사용했다.

〔M1 대검을 착검한 상태〕
M1 대검 길이: 360mm, 날 길이: 250mm

〔데이터〕
구경: 30구경
탄약: .30 카빈탄(7.62×33mm)
장탄 수: 박스 탄창 15발·30발
작동 방식: 자동·반자동 전환
길이: 904mm
총열 길이: 458mm
무게: 2.52kg

〈M2 카빈〉

M1 카빈에 자동·반자동 전환 기능을 탑재한 개량 모델. 제2차 세계대전 말 채용됐기 때문에 한국전쟁에서 처음으로 본격적으로 실전 사용되었다. 미군 이외의 유엔군 부대에서는 M1 카빈도 사용했다.

〔M4 대검을 장착한 M2 카빈〕
M4 전체 길이: 298mm, 검의 길이: 171mm

〈M1A1 패러트루퍼(Paratrooper) 카빈〉

제2차 세계대전 이후 공수부대 장비에서는 제외됐으나 개머리판이 접혀 휴대에 적합해 미군이 편성한 북파공작원 등 특수임무부대에서 사용됐다.

미군의 저격소총

M1C는 육군이 1944년 7월 채용한 M1 소총이 베이스인 최초의 저격총. 해병대는 이 C형 4배율 MC-1 조준경을 탑재해 MC1952 저격소총으로서 1952년 제식화했다. 착검 손잡이를 이용해 장착하는 소염기는 사격 정밀도가 떨어진다고 해서 빼고 사용하는 경우가 많았다. 일러스트는 2.2배율인 M82 조준경을 장착한 모델. M1D는 M1C에 이어 채용된 저격총의 베리에이션으로, C형과는 조준경 장착 방식이 다르다. M1C와 D는 제2차 세계대전부터 한국전쟁 때 대량 생산돼 배치됐다. 일러스트의 M1D는 2.2배율의 M84 조준경을 장착.

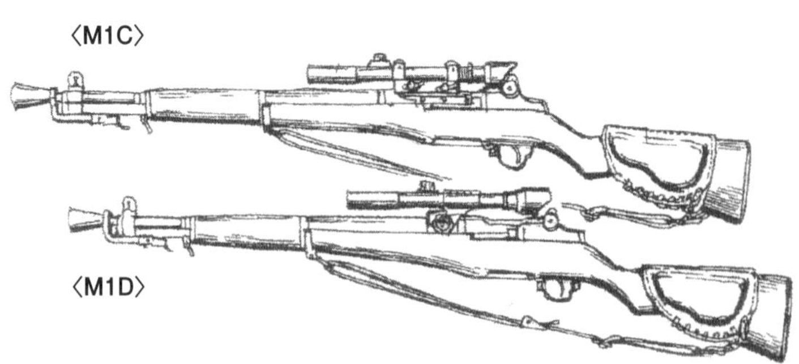

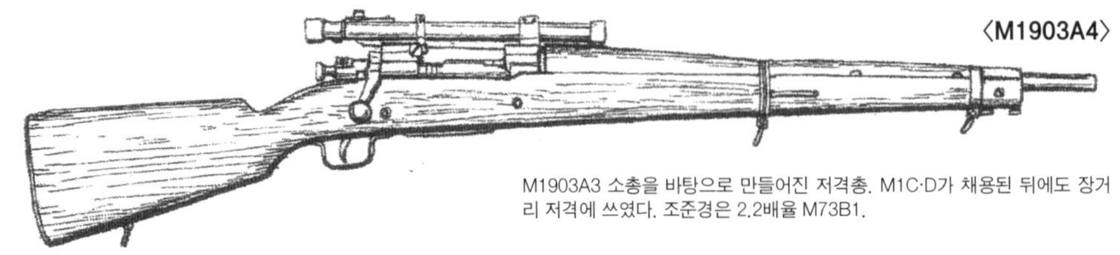

〈M1903A4〉

M1903A3 소총을 바탕으로 만들어진 저격총. M1C·D가 채용된 뒤에도 장거리 저격에 쓰였다. 조준경은 2.2배율 M73B1.

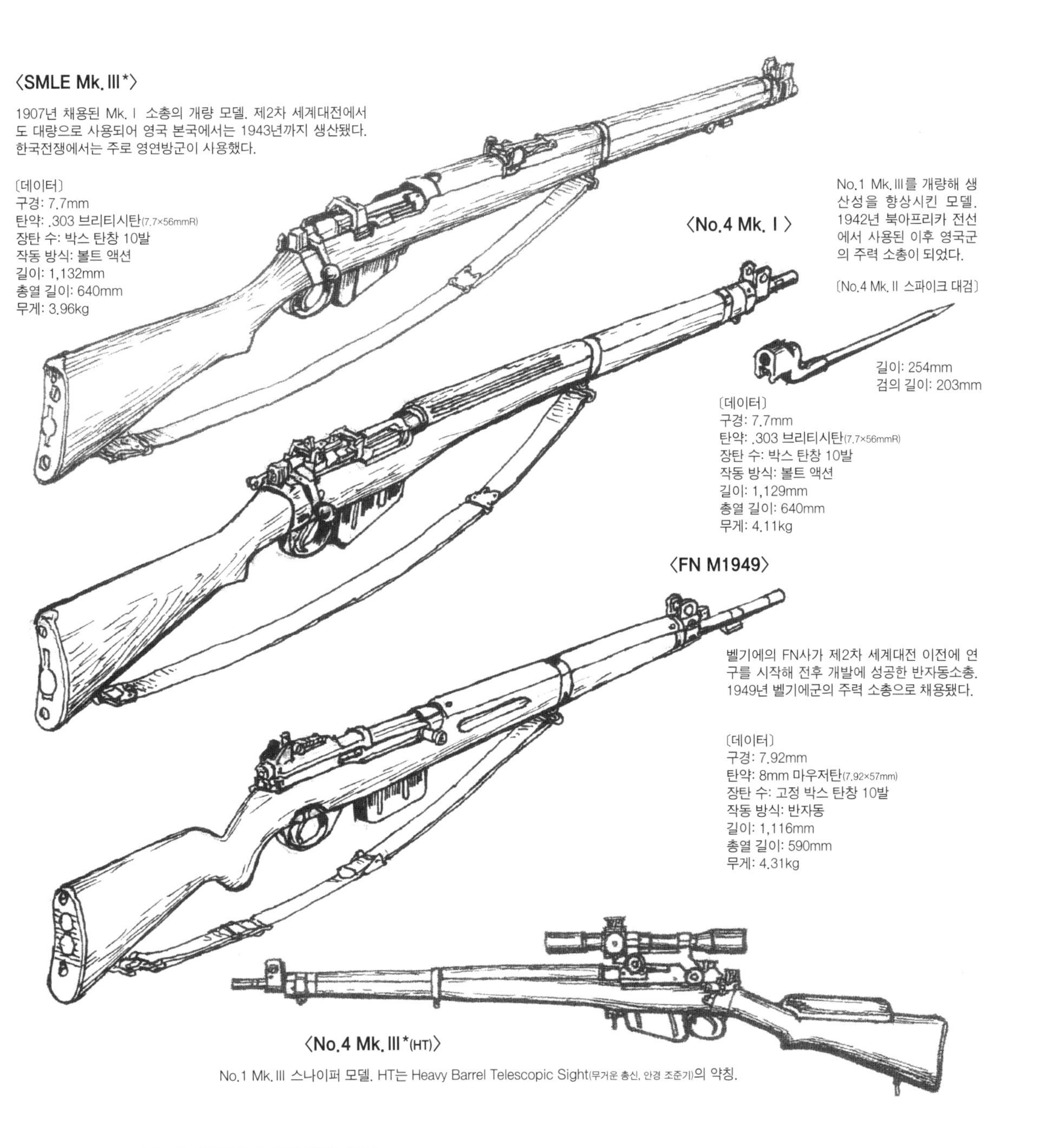

〈SMLE Mk.Ⅲ*〉

1907년 채용된 Mk. Ⅰ 소총의 개량 모델. 제2차 세계대전에서도 대량으로 사용되어 영국 본국에서는 1943년까지 생산됐다. 한국전쟁에서는 주로 영연방군이 사용했다.

〔데이터〕
구경: 7.7mm
탄약: .303 브리티시탄(7.7×56mmR)
장탄 수: 박스 탄창 10발
작동 방식: 볼트 액션
길이: 1,132mm
총열 길이: 640mm
무게: 3.96kg

〈No.4 Mk. Ⅰ〉

No.1 Mk.Ⅲ를 개량해 생산성을 향상시킨 모델. 1942년 북아프리카 전선에서 사용된 이후 영국군의 주력 소총이 되었다.

〔No.4 Mk.Ⅱ 스파이크 대검〕
길이: 254mm
검의 길이: 203mm

〔데이터〕
구경: 7.7mm
탄약: .303 브리티시탄(7.7×56mmR)
장탄 수: 박스 탄창 10발
작동 방식: 볼트 액션
길이: 1,129mm
총열 길이: 640mm
무게: 4.11kg

〈FN M1949〉

벨기에의 FN사가 제2차 세계대전 이전에 연구를 시작해 전후 개발에 성공한 반자동소총. 1949년 벨기에군의 주력 소총으로 채용됐다.

〔데이터〕
구경: 7.92mm
탄약: 8mm 마우저탄(7.92×57mm)
장탄 수: 고정 박스 탄창 10발
작동 방식: 반자동
길이: 1,116mm
총열 길이: 590mm
무게: 4.31kg

〈No.4 Mk.Ⅲ*(HT)〉

No.1 Mk.Ⅲ 스나이퍼 모델. HT는 Heavy Barrel Telescopic Sight(무거운 총신, 안경 조준기)의 약칭.

미군의 샷건

미군이 기지 경비용으로 배치한 12게이지 모델.

〈윈체스터(Winchester) M97 트렌치 건〉

〈레밍턴(Remington) M10 라이엇 건〉

〈윈체스터 M12 라이엇 건〉

〈레밍턴 M1931 라이엇 건〉

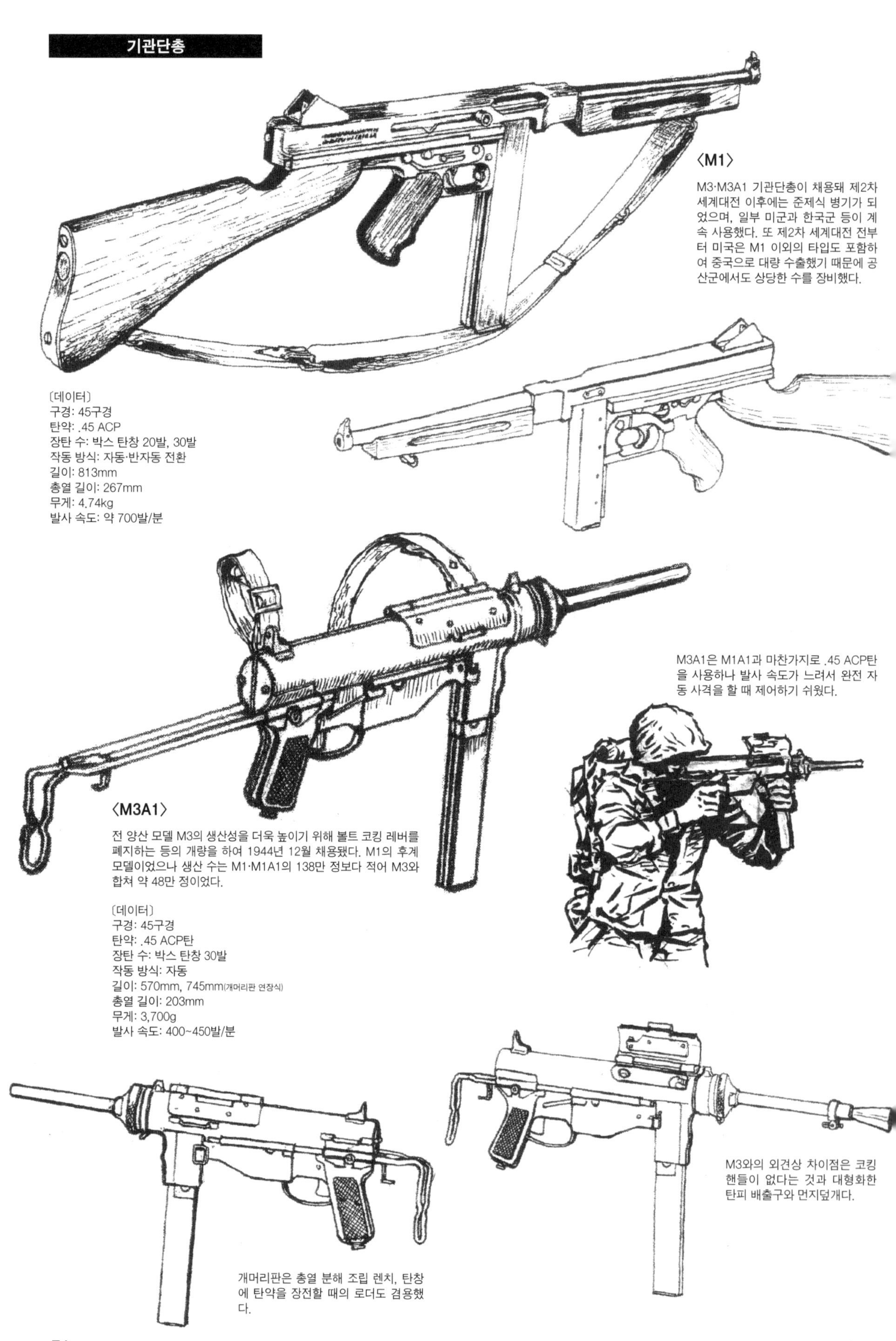

〈M1〉

M3·M3A1 기관단총이 채용돼 제2차 세계대전 이후에는 준제식 병기가 되었으며, 일부 미군과 한국군 등이 계속 사용했다. 또 제2차 세계대전 전부터 미국은 M1 이외의 타입도 포함하여 중국으로 대량 수출했기 때문에 공산군에서도 상당한 수를 장비했다.

〔데이터〕
구경: 45구경
탄약: .45 ACP
장탄 수: 박스 탄창 20발, 30발
작동 방식: 자동·반자동 전환
길이: 813mm
총열 길이: 267mm
무게: 4.74kg
발사 속도: 약 700발/분

M3A1은 M1A1과 마찬가지로 .45 ACP탄을 사용하나 발사 속도가 느려서 완전 자동 사격을 할 때 제어하기 쉬웠다.

〈M3A1〉

전 양산 모델 M3의 생산성을 더욱 높이기 위해 볼트 코킹 레버를 폐지하는 등의 개량을 하여 1944년 12월 채용됐다. M1의 후계 모델이었으나 생산 수는 M1·M1A1의 138만 정보다 적어 M3와 합쳐 약 48만 정이었다.

〔데이터〕
구경: 45구경
탄약: .45 ACP탄
장탄 수: 박스 탄창 30발
작동 방식: 자동
길이: 570mm, 745mm(개머리판 연장식)
총열 길이: 203mm
무게: 3,700g
발사 속도: 400~450발/분

M3와의 외견상 차이점은 코킹 핸들이 없다는 것과 대형화한 탄피 배출구와 먼지덮개다.

개머리판은 총열 분해 조립 렌치, 탄창에 탄약을 장전할 때의 로더도 겸용했다.

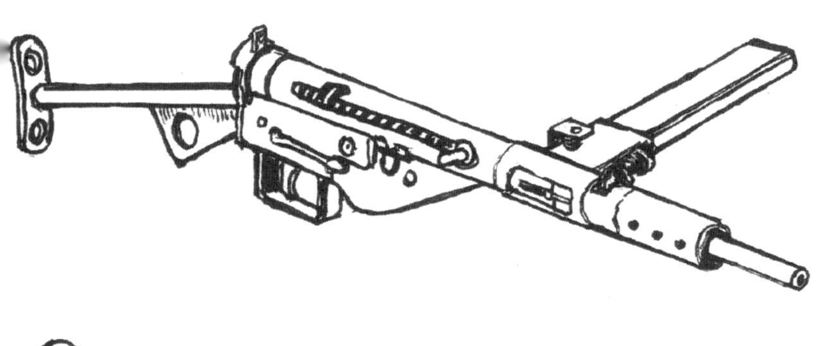

〈스텐(Sten) Mk. II〉

Mk. I 을 개량해 가늠쇠와 개머리판 단순화, 총열덮개 단축 등으로 간략화한 모델. 시리즈 중에서 가장 많이 생산돼 1942~1944년 사이에 약 200만 정이 만들어졌다. 한국전쟁에서는 영연방군이 사용했다.

〔데이터〕
구경: 9mm
탄약: 9mm 파라벨룸탄(9×19mm)
장탄 수: 박스 탄창 32발, 50발
작동 방식: 자동·반자동 전환
길이: 760mm
총열 길이: 196mm
무게: 3.18kg
발사 속도: 약 500발/분

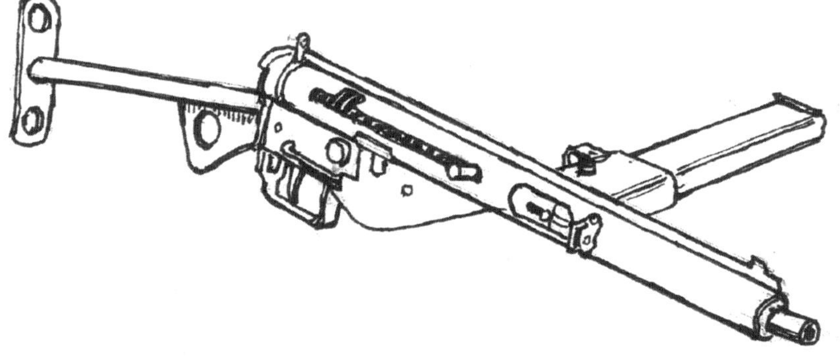

〈스텐 Mk. III〉

부품 개수를 줄이고, 총몸과 총열덮개를 일체화했으며, 용접 가공으로 고정하는 등 Mk. II 를 더욱 간략화한 모델. 전시 간이 생산이었기 때문에 지난 전쟁에서 평가는 낮았으며, 대전 후 영국군은 장비에서 제외했으나 영연방군 일부는 계속 사용했다.

〈스텐 Mk. V〉

1943년 채용된 스텐 기관단총의 최종 모델. 개머리판을 목제로 변경하고 착검 장치가 추가돼 스파이크 대검(오른쪽 하단 그림)을 장착할 수 있게 되었다.

〔데이터〕
길이: 762mm
총열 길이: 198mm
무게: 3.85kg
발사 속도: 약 500발/분

〔No.4 Mk. II 스파이크 대검〕

〈오웬(Owen) Mk. II 43〉

1942년 채용된 Mk. I 42의 개량 모델. 호주군과 뉴질랜드군, 네덜란드군도 사용했다.

〔데이터〕
구경: 9mm
탄약: 9mm 파라벨룸탄(9×19mm)
장탄 수: 박스 탄창 32발
작동 방식: 자동
길이: 940mm
총열 길이: 250mm
무게: 3.47kg
발사 속도: 600발/분

기관총

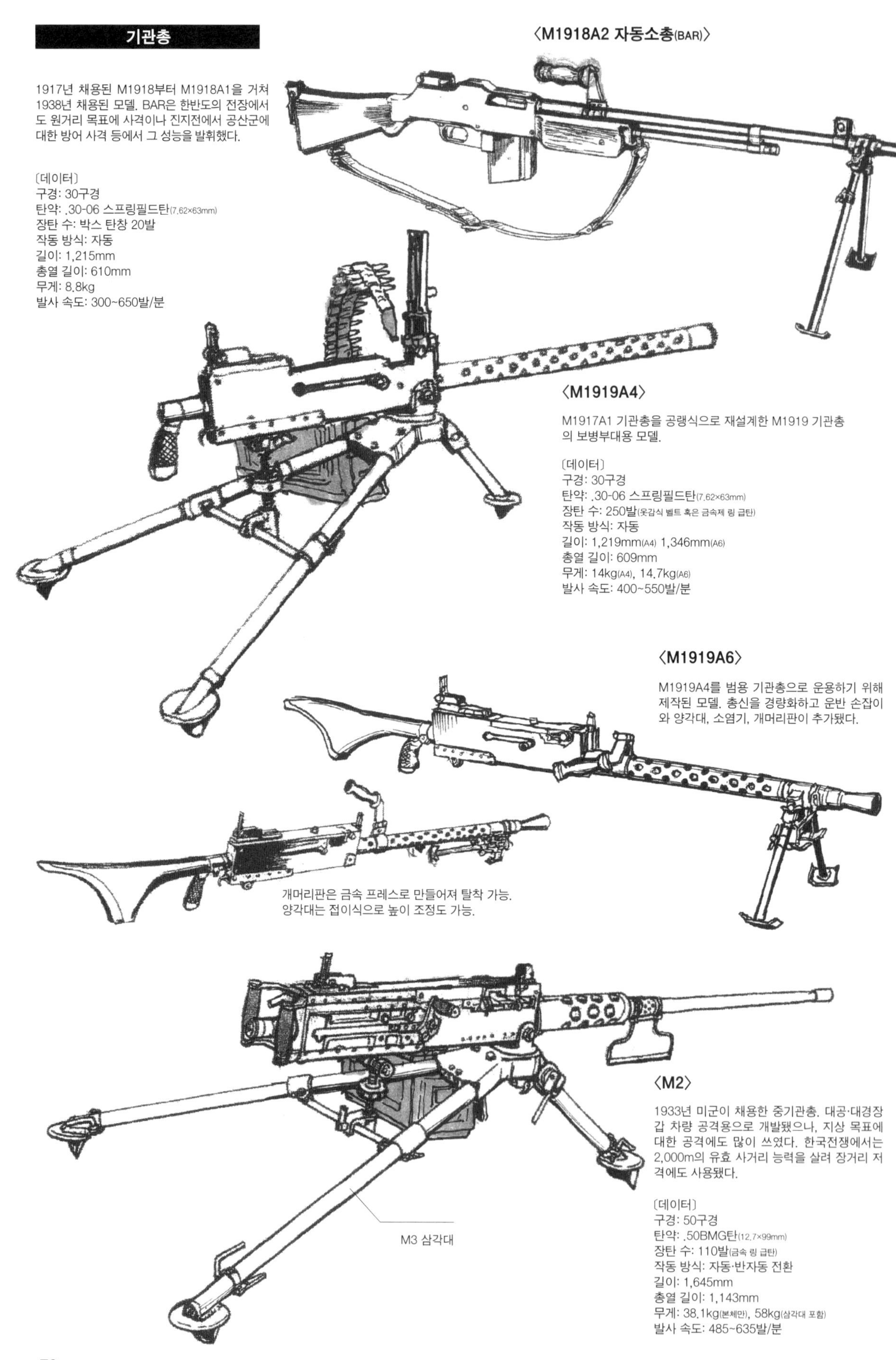

〈M1918A2 자동소총(BAR)〉

1917년 채용된 M1918부터 M1918A1을 거쳐 1938년 채용된 모델. BAR은 한반도의 전장에서도 원거리 목표에 사격이나 진지전에서 공산군에 대한 방어 사격 등에서 그 성능을 발휘했다.

〔데이터〕
구경: 30구경
탄약: .30-06 스프링필드탄(7.62×63mm)
장탄 수: 박스 탄창 20발
작동 방식: 자동
길이: 1,215mm
총열 길이: 610mm
무게: 8.8kg
발사 속도: 300~650발/분

〈M1919A4〉

M1917A1 기관총을 공랭식으로 재설계한 M1919 기관총의 보병부대용 모델.

〔데이터〕
구경: 30구경
탄약: .30-06 스프링필드탄(7.62×63mm)
장탄 수: 250발(옷감식 벨트 혹은 금속제 링 급탄)
작동 방식: 자동
길이: 1,219mm(A4) 1,346mm(A6)
총열 길이: 609mm
무게: 14kg(A4), 14.7kg(A6)
발사 속도: 400~550발/분

〈M1919A6〉

M1919A4를 범용 기관총으로 운용하기 위해 제작된 모델. 총신을 경량화하고 운반 손잡이와 양각대, 소염기, 개머리판이 추가됐다.

개머리판은 금속 프레스로 만들어져 탈착 가능.
양각대는 접이식으로 높이 조정도 가능.

〈M2〉

1933년 미군이 채용한 중기관총. 대공·대경장갑 차량 공격용으로 개발됐으나, 지상 목표에 대한 공격에도 많이 쓰였다. 한국전쟁에서는 2,000m의 유효 사거리 능력을 살려 장거리 저격에도 사용됐다.

〔데이터〕
구경: 50구경
탄약: .50BMG탄(12.7×99mm)
장탄 수: 110발(금속 링 급탄)
작동 방식: 자동·반자동 전환
길이: 1,645mm
총열 길이: 1,143mm
무게: 38.1kg(본체만), 58kg(삼각대 포함)
발사 속도: 485~635발/분

〈브렌(Bren) Mk. II〉

브렌 경기관총은 1938년 영국군에 제식 채용됐다. '브렌'이라는 명칭은 브루노(Brno)와 엔필드(Enfield)의 문자를 합친 것. 최초의 양산형 Mk. I 에 이어 1941년부터 각 부품을 단순화해 작업 공정을 줄인 Mk. II 가 생산됐다.

〔데이터〕
구경: 7.7mm
탄약: 7.7×56mmR(.303 브리티시탄)
장탄 수: 박스 탄창 30발, 드럼 탄창 100발(대공용)
작동 방식: 자동
길이: 1,158mm(Mk. II), 1,082mm(Mk. III)
총열 길이: 635mm(Mk. II), 565mm(Mk. III)
무게: 10.15kg(Mk. II), 8.68kg(Mk. III)
발사 속도: 500~520발/분

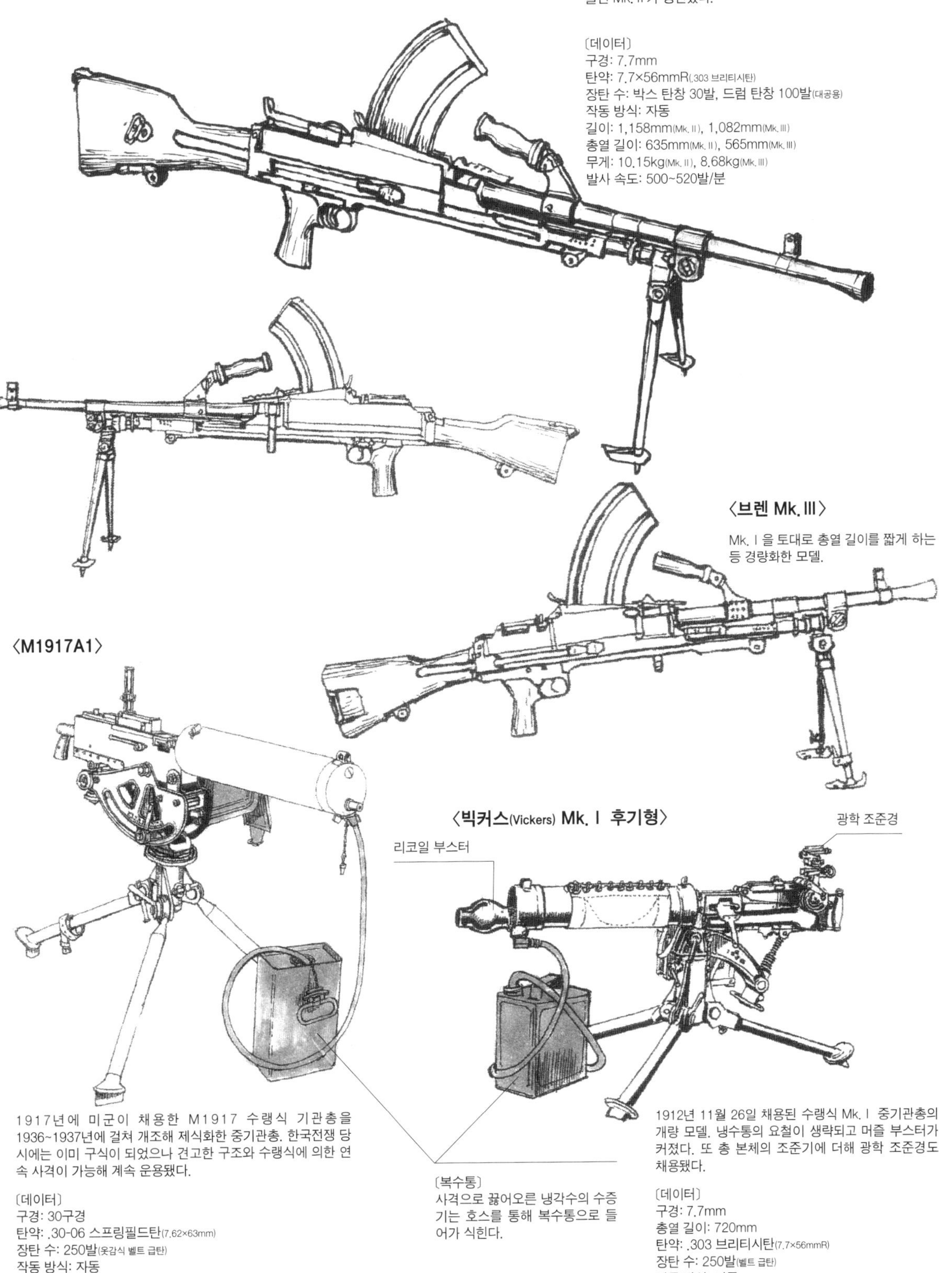

〈브렌 Mk. III〉

Mk. I 을 토대로 총열 길이를 짧게 하는 등 경량화한 모델.

〈M1917A1〉

1917년에 미군이 채용한 M1917 수랭식 기관총을 1936~1937년에 걸쳐 개조해 제식화한 중기관총. 한국전쟁 당시에는 이미 구식이 되었으나 견고한 구조와 수랭식에 의한 연속 사격이 가능해 계속 운용됐다.

〔데이터〕
구경: 30구경
탄약: .30-06 스프링필드탄(7.62×63mm)
장탄 수: 250발(옷감식 벨트 급탄)
작동 방식: 자동
길이: 965mm
총열 길이: 610mm
무게: 14.8kg(총 본체), 32.2kg(총받침)
발사 속도: 600발/분

〔복수통〕
사격으로 끓어오른 냉각수의 수증기는 호스를 통해 복수통으로 들어가 식힌다.

〈빅커스(Vickers) Mk. I 후기형〉

1912년 11월 26일 채용된 수랭식 Mk. I 중기관총의 개량 모델. 냉수통의 요철이 생략되고 머즐 부스터가 커졌다. 또 총 본체의 조준기에 더해 광학 조준경도 채용됐다.

〔데이터〕
구경: 7.7mm
총열 길이: 720mm
탄약: .303 브리티시탄(7.7×56mmR)
장탄 수: 250발(벨트 급탄)
작동 방식: 자동
길이: 1,100mm
무게: 33kg(총), 50kg(냉각수 포함)
발사 속도: 450~600발/분

수류탄

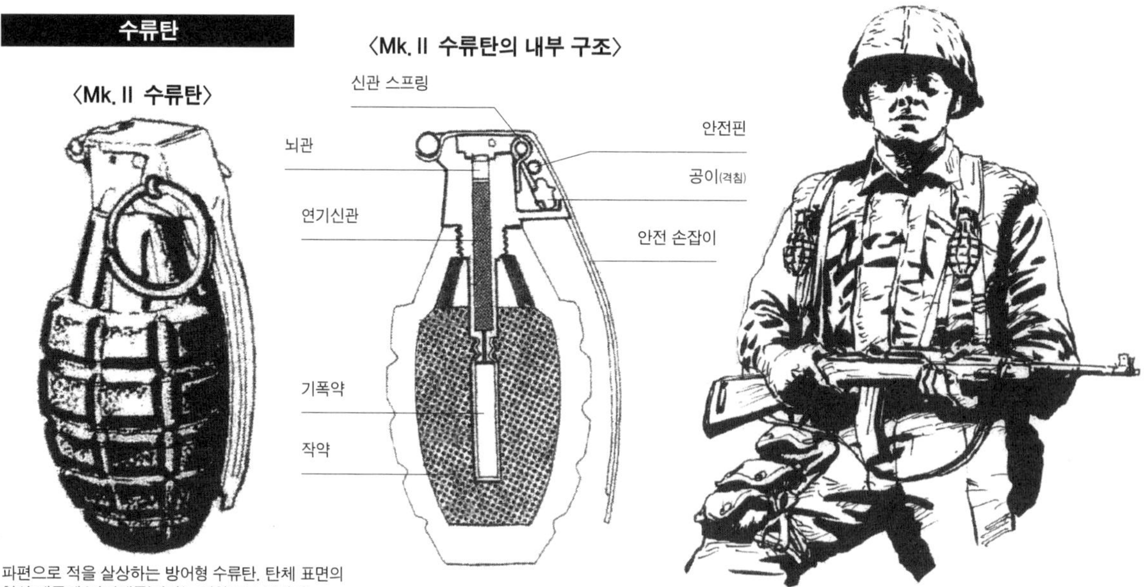

파편으로 적을 살상하는 방어형 수류탄. 탄체 표면의 형상 때문에 '파인애플'이라는 애칭으로 불렸다.

〔데이터〕
전고: 114mm
직경: 58mm
무게: 595g
작약: TNT 56g

수류탄은 특히 전쟁 중반부터 시작된 진지전에서는 빼놓을 수 없는 무기였다. 일반적으로 멜빵의 쇠 장식 등에 안전 손잡이를 끼워 휴대했다. 또 수류탄 파우치(일러스트의 병사는 오른쪽 넓적다리에 장착)도 사용됐다.

〈Mk. II 수류탄의 작동 그림〉

③ 점화 후 4~5초 뒤 폭발해 파편이 흩날린다. 살상 유효 범위는 4.5~9m.

〈M26 수류탄〉

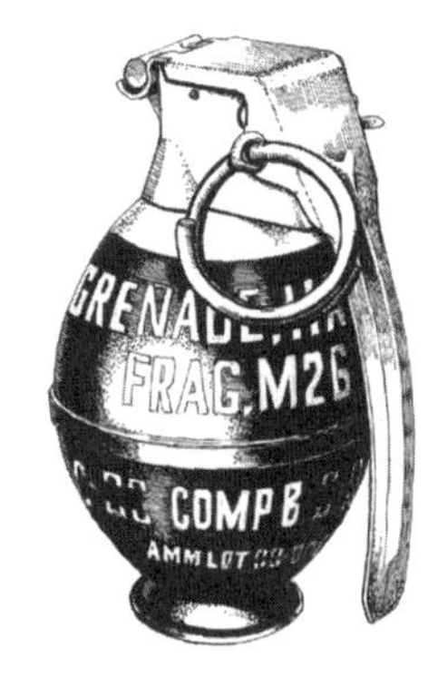

Mk. II의 후계 모델. 제2차 세계대전 말에 개발돼 한국전쟁에서는 1952년부터 보급됐다.

〈Mk. III A1 수류탄〉

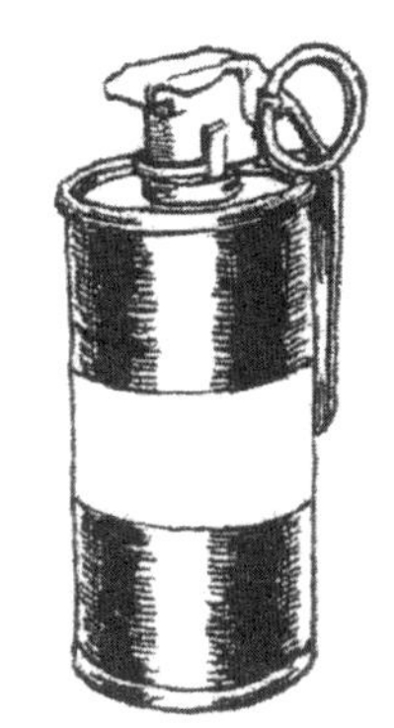

폭풍으로 적을 살상하는 공격형 수류탄.

〈Mk. I 조명 수류탄〉

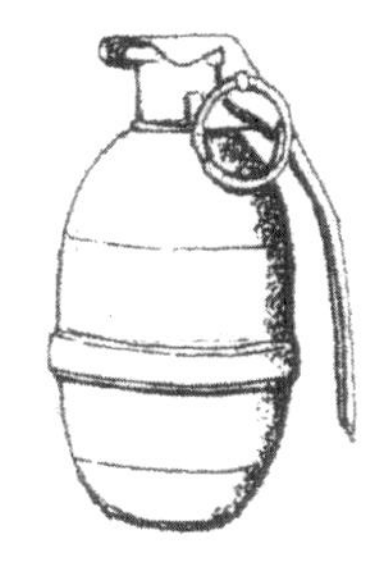

발화하면 탄체가 위아래로 분리돼 아래쪽 부분이 연소해 발광한다. 1944년 채용됐다.

〈M6CN-DM 수류탄〉

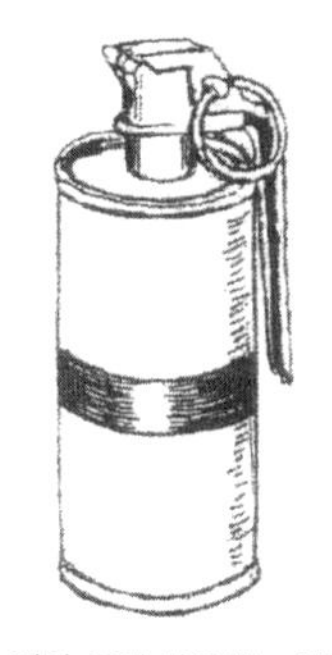

폭동 진압 등에 사용하는 최루구토 가스탄. 발화 후 연막형 가스가 25~35초 동안 연소해 분출한다.

〈M15 WP 발연 수류탄〉

연막뿐만 아니라 백린 발화에 의한 소이탄으로도 사용된다.

〈M18 발연 수류탄〉

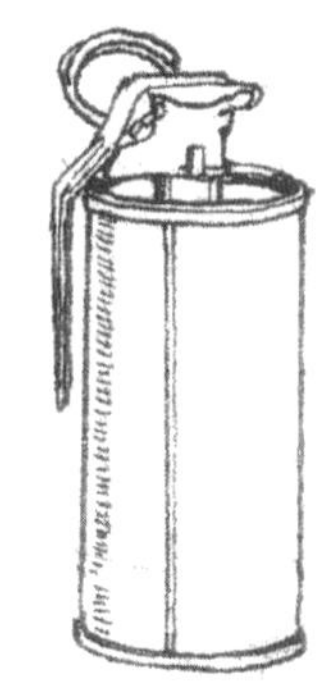

연막이나 신호용으로 사용한다. 연기의 색은 흰색, 검은색, 빨간색, 녹색, 보라색, 노란색의 6색. 발화 후 최대 약 90초 동안 연소해 발연한다.

〈No.36M Mk. Ⅰ, Mk. Ⅱ 수류탄(밀즈 수류탄)〉

1915년 영국군이 채용한 지연신관식 수류탄. 최초의 모델 No.5 Mk. Ⅰ에서 개량을 거듭해 9종류가 만들어졌다.

〔데이터〕
무게: 765g 길이 95.2mm 직경 61mm 작약: 바라톨 71g

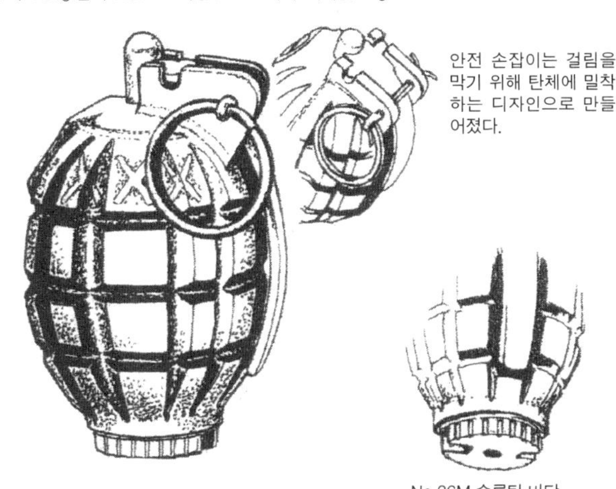

안전 손잡이는 걸림을 막기 위해 탄체에 밀착하는 디자인으로 만들어졌다.

No.36M 수류탄 바닥

〈No.36M 수류탄의 내부 구조〉

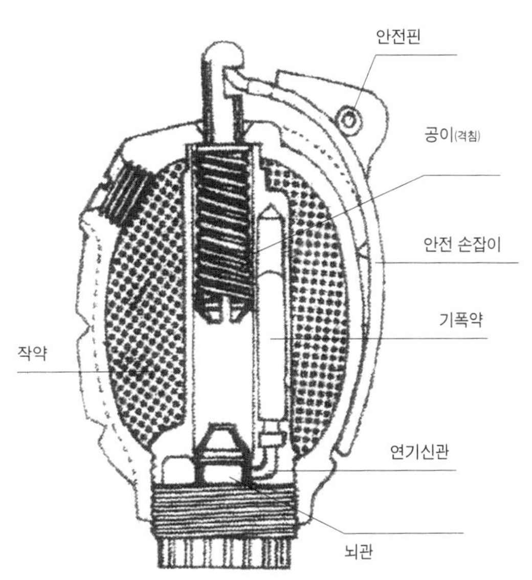

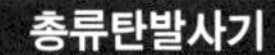

총류탄발사기

발사할 때 큰 반동이 따르기 때문에 사격할 때는 어깨에 얹지 않고 소총의 개머리판 부분을 지면 등에 접지해 발사한다. 유탄을 발사할 때는 공포를 사용했다.

〈M7 총류탄발사기〉

M1 소총용 유탄발사기. 보병 분대의 대원이 휴대하며 공격 지원이나 대전차 전투에 사용했다.

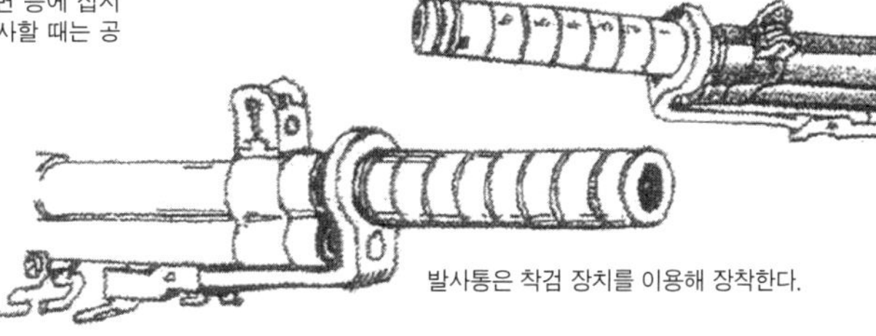

발사통은 착검 장치를 이용해 장착한다.

〈M15 총류탄 조준기〉

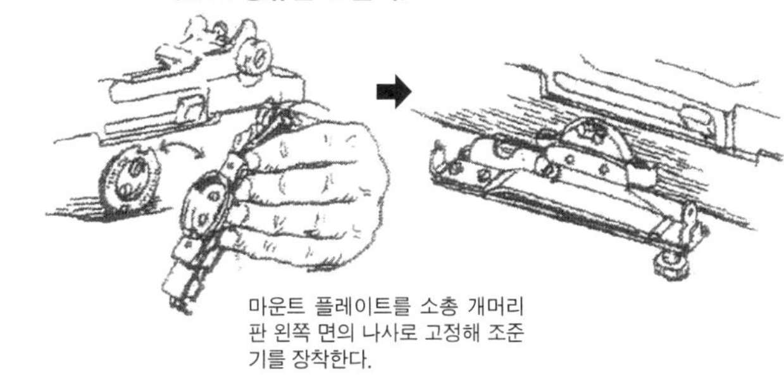

마운트 플레이트를 소총 개머리판 왼쪽 면의 나사로 고정해 조준기를 장착한다.

〈M9A1 HEAT탄〉 대전차 유탄

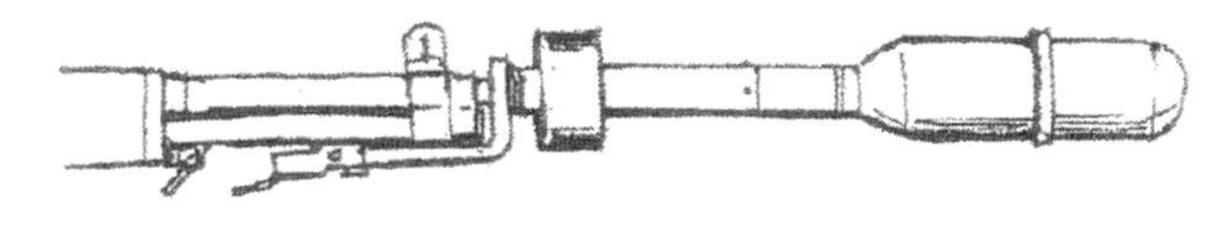

〈M3 총류탄 격발탄〉

총류탄 발사 전용 공포탄.

〈M19A1 조명탄〉

〈M1 어댑터〉

Mk. Ⅱ 수류탄 발사용 어댑터(오른쪽은 Mk. Ⅱ 장착 상태). M1 소총으로 발사했을 때의 최대 사거리는 약 160m. 발사 거리는 발사통에 탄을 끼우는 깊이와 발사 각도로 조정한다.

보병 휴대형 대전차 병기

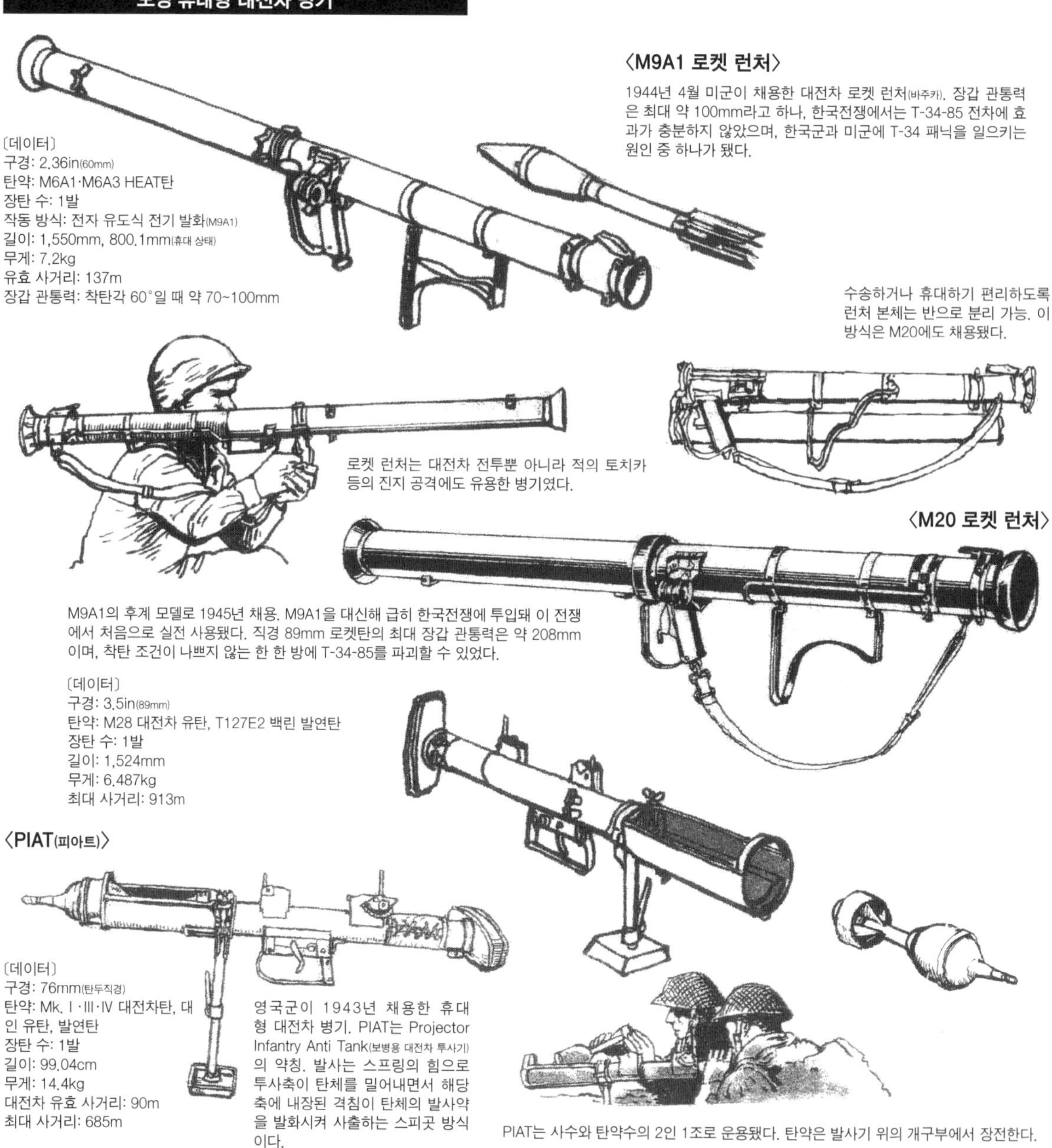

〈M9A1 로켓 런처〉

1944년 4월 미군이 채용한 대전차 로켓 런처(바주카). 장갑 관통력은 최대 약 100mm라고 하나, 한국전쟁에서는 T-34-85 전차에 효과가 충분하지 않았으며, 한국군과 미군에 T-34 패닉을 일으키는 원인 중 하나가 됐다.

〔데이터〕
구경: 2.36in(60mm)
탄약: M6A1·M6A3 HEAT탄
장탄 수: 1발
작동 방식: 전자 유도식 전기 발화(M9A1)
길이: 1,550mm, 800.1mm(휴대 상태)
무게: 7.2kg
유효 사거리: 137m
장갑 관통력: 착탄각 60°일 때 약 70~100mm

수송하거나 휴대하기 편리하도록 런처 본체는 반으로 분리 가능. 이 방식은 M20에도 채용됐다.

로켓 런처는 대전차 전투뿐 아니라 적의 토치카 등의 진지 공격에도 유용한 병기였다.

〈M20 로켓 런처〉

M9A1의 후계 모델로 1945년 채용. M9A1을 대신해 급히 한국전쟁에 투입돼 이 전쟁에서 처음으로 실전 사용됐다. 직경 89mm 로켓탄의 최대 장갑 관통력은 약 208mm이며, 착탄 조건이 나쁘지 않는 한 한 방에 T-34-85를 파괴할 수 있었다.

〔데이터〕
구경: 3.5in(89mm)
탄약: M28 대전차 유탄, T127E2 백린 발연탄
장탄 수: 1발
길이: 1,524mm
무게: 6.487kg
최대 사거리: 913m

〈PIAT(피아트)〉

〔데이터〕
구경: 76mm(탄두직경)
탄약: Mk. Ⅰ·Ⅲ·Ⅳ 대전차탄, 대인 유탄, 발연탄
장탄 수: 1발
길이: 99.04cm
무게: 14.4kg
대전차 유효 사거리: 90m
최대 사거리: 685m

영국군이 1943년 채용한 휴대형 대전차 병기. PIAT는 Projector Infantry Anti Tank(보병용 대전차 투사기)의 약칭. 발사는 스프링의 힘으로 투사축이 탄체를 밀어내면서 해당 축에 내장된 격침이 탄체의 발사약을 발화시켜 사출하는 스피곳 방식이다.

PIAT는 사수와 탄약수의 2인 1조로 운용됐다. 탄약은 발사기 위의 개구부에서 장전한다.

화염방사기

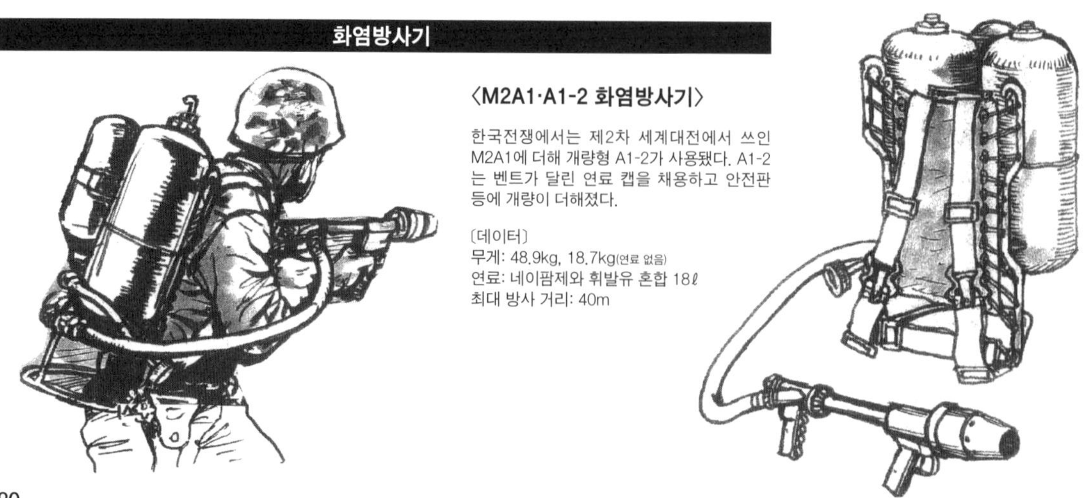

〈M2A1·A1-2 화염방사기〉

한국전쟁에서는 제2차 세계대전에서 쓰인 M2A1에 더해 개량형 A1-2가 사용됐다. A1-2는 벤트가 달린 연료 캡을 채용하고 안전판 등에 개량이 더해졌다.

〔데이터〕
무게: 48.9kg, 18.7kg(연료 없음)
연료: 네이팜제와 휘발유 혼합 18ℓ
최대 방사 거리: 40m

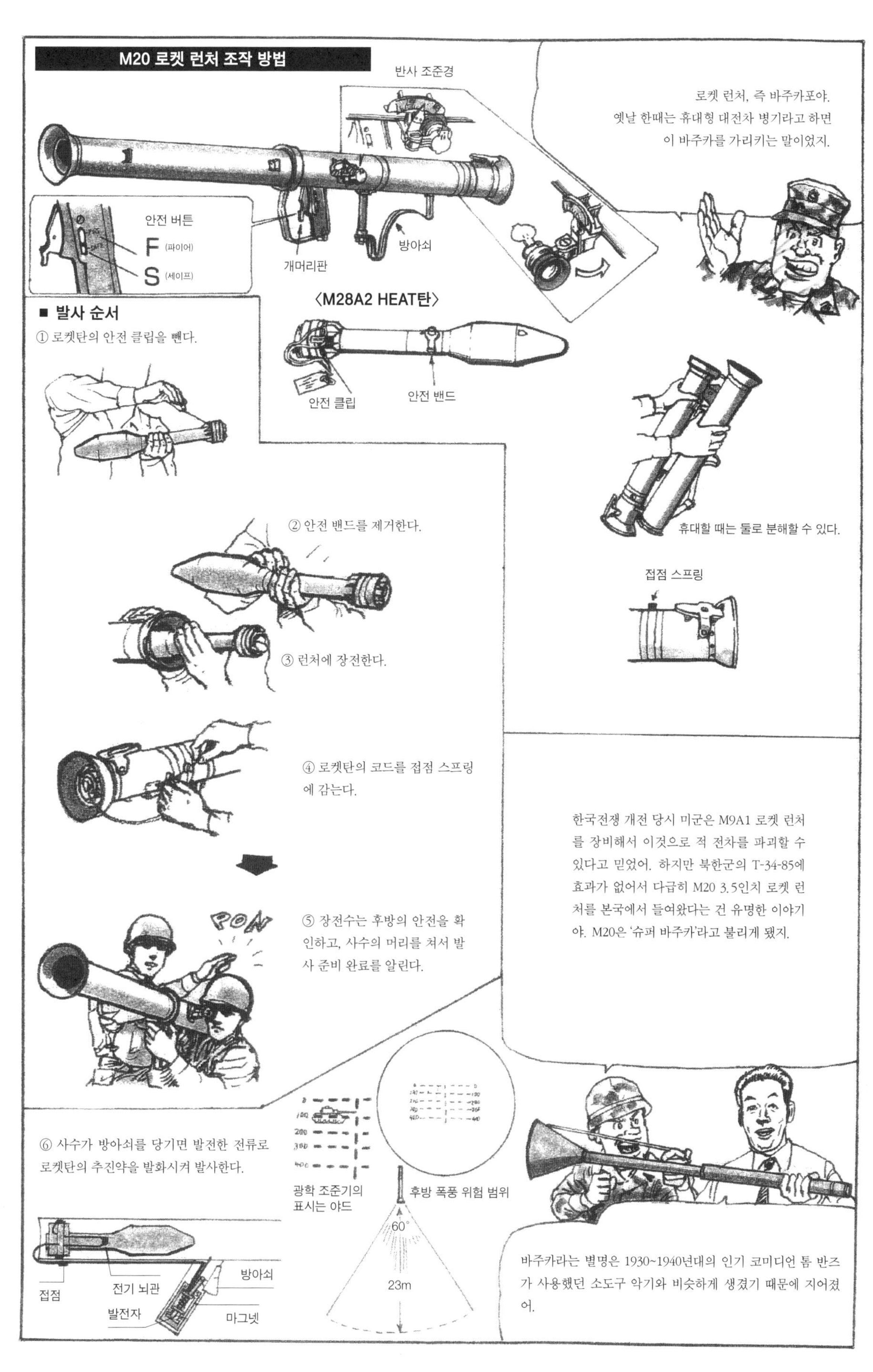
M20 로켓 런처 조작 방법
반사 조준경
로켓 런처, 즉 바주카포야.
옛날 한때는 휴대형 대전차 병기라고 하면
이 바주카를 가리키는 말이었지.
안전 버튼
F (파이어)
S (세이프)
개머리판
방아쇠
〈M28A2 HEAT탄〉
안전 클립
안전 밴드
■ 발사 순서
① 로켓탄의 안전 클립을 뺀다.
② 안전 밴드를 제거한다.
③ 런처에 장전한다.
휴대할 때는 둘로 분해할 수 있다.
접점 스프링
④ 로켓탄의 코드를 접점 스프링에 감는다.
한국전쟁 개전 당시 미군은 M9A1 로켓 런처를 장비해서 이것으로 적 전차를 파괴할 수 있다고 믿었어. 하지만 북한군의 T-34-85에 효과가 없어서 다급히 M20 3.5인치 로켓 런처를 본국에서 들여왔다는 건 유명한 이야기야. M20은 '슈퍼 바주카'라고 불리게 됐지.
POW
⑤ 장전수는 후방의 안전을 확인하고, 사수의 머리를 쳐서 발사 준비 완료를 알린다.
⑥ 사수가 방아쇠를 당기면 발전한 전류로 로켓탄의 추진약을 발화시켜 발사한다.
0
100
200
300
400
광학 조준기의 표시는 야드
후방 폭풍 위험 범위
60°
23m
접점
전기 뇌관
방아쇠
발전자
마그넷
바주카라는 별명은 1930~1940년대의 인기 코미디언 톰 반즈가 사용했던 소도구 악기와 비슷하게 생겼기 때문에 지어졌어.

화 포

박격포

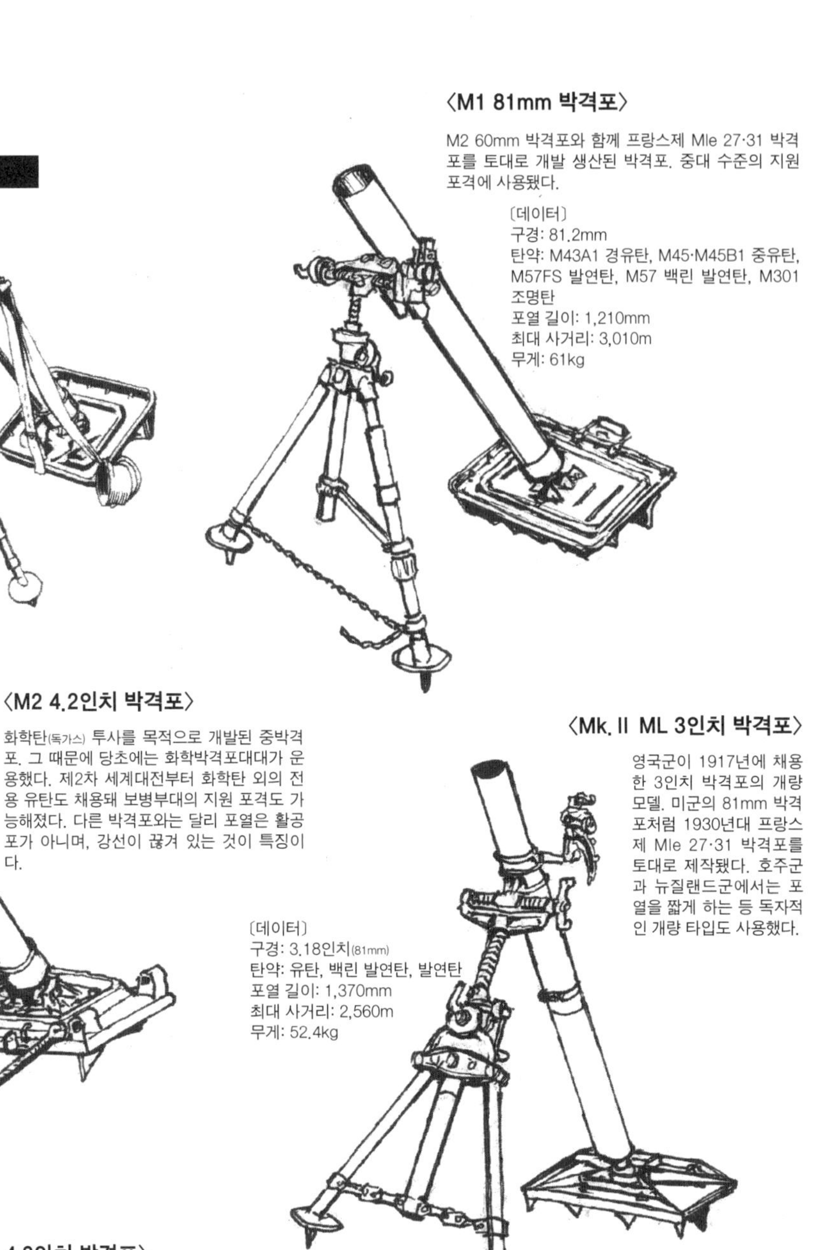

〈M2 60mm 박격포〉

프랑스군의 Mle 1935 박격포를 토대로 미국에서 라이선스 생산된 박격포. 보병 소대를 지원하는 데 운용됐다.

〔데이터〕
구경: 60mm
탄약: M49A2·A3 유탄, M302 백린 발연탄, M83 조명탄
포열 길이: 726mm
최대 사거리: 1,700m
무게: 19kg

〈M1 81mm 박격포〉

M2 60mm 박격포와 함께 프랑스제 Mle 27·31 박격포를 토대로 개발 생산된 박격포. 중대 수준의 지원 포격에 사용됐다.

〔데이터〕
구경: 81.2mm
탄약: M43A1 경유탄, M45·M45B1 중유탄, M57FS 발연탄, M57 백린 발연탄, M301 조명탄
포열 길이: 1,210mm
최대 사거리: 3,010m
무게: 61kg

〈M2 4.2인치 박격포〉

화학탄(독가스) 투사를 목적으로 개발된 중박격포. 그 때문에 당초에는 화학박격포대대가 운용했다. 제2차 세계대전부터 화학탄 외의 전용 유탄도 채용돼 보병부대의 지원 포격도 가능해졌다. 다른 박격포와는 달리 포열은 활공포가 아니며, 강선이 끊겨 있는 것이 특징이다.

〔데이터〕
구경: 4.2인치(107mm)
탄약: M3 유탄, M2 백린 발연탄, M2H 화학탄
포열 길이: 1,285mm
최대 사거리: 4,000m
무게: 161kg

〈Mk. II ML 3인치 박격포〉

영국군이 1917년에 채용한 3인치 박격포의 개량 모델. 미군의 81mm 박격포처럼 1930년대 프랑스제 Mle 27·31 박격포를 토대로 제작됐다. 호주군과 뉴질랜드군에서는 포열을 짧게 하는 등 독자적인 개량 타입도 사용했다.

〔데이터〕
구경: 3.18인치(81mm)
탄약: 유탄, 백린 발연탄, 발연탄
포열 길이: 1,370mm
최대 사거리: 2,560m
무게: 52.4kg

〈Mk. II ML 4.2인치 박격포〉

이 박격포도 당초에는 화학탄 투사용으로 개발됐다. 채용 당시에는 화학병기중대가 운용했으나, 1943년 해당 중대가 해체되자 중박격포중대에 지급됐다. 한국전쟁에서는 포병연대 소속의 박격포대대가 운용했다.

〔데이터〕
구경: 4.2인치(110mm)
탄약: 유탄, 백린 발연탄, 발연탄, 가스탄
포열 길이: 1,700mm
최대 사거리: 3,700m
무게: 147kg

〈SBML Mk. II **, Mk VII*** 2인치 박격포〉

보병소대용으로 채용된 소형 박격포. 양각대는 없으며 간단한 구조의 받침대가 부속됐다. 사격할 때는 포탄을 투입한 뒤 방아쇠를 당겨 발사했다.

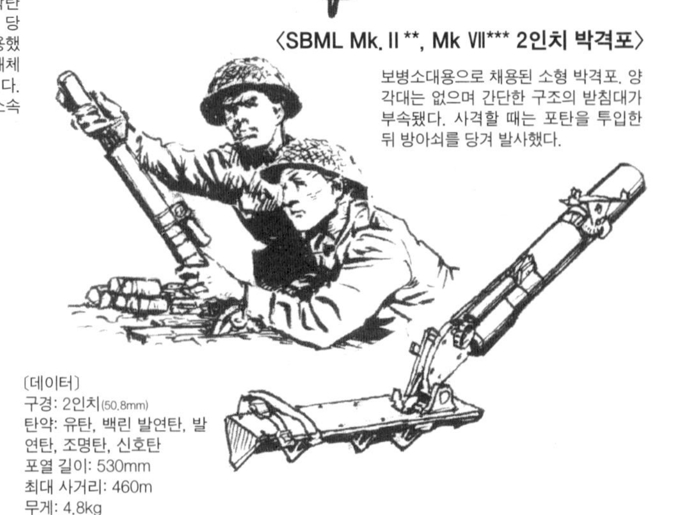

〔데이터〕
구경: 2인치(50.8mm)
탄약: 유탄, 백린 발연탄, 발연탄, 조명탄, 신호탄
포열 길이: 530mm
최대 사거리: 460m
무게: 4.8kg

무반동포

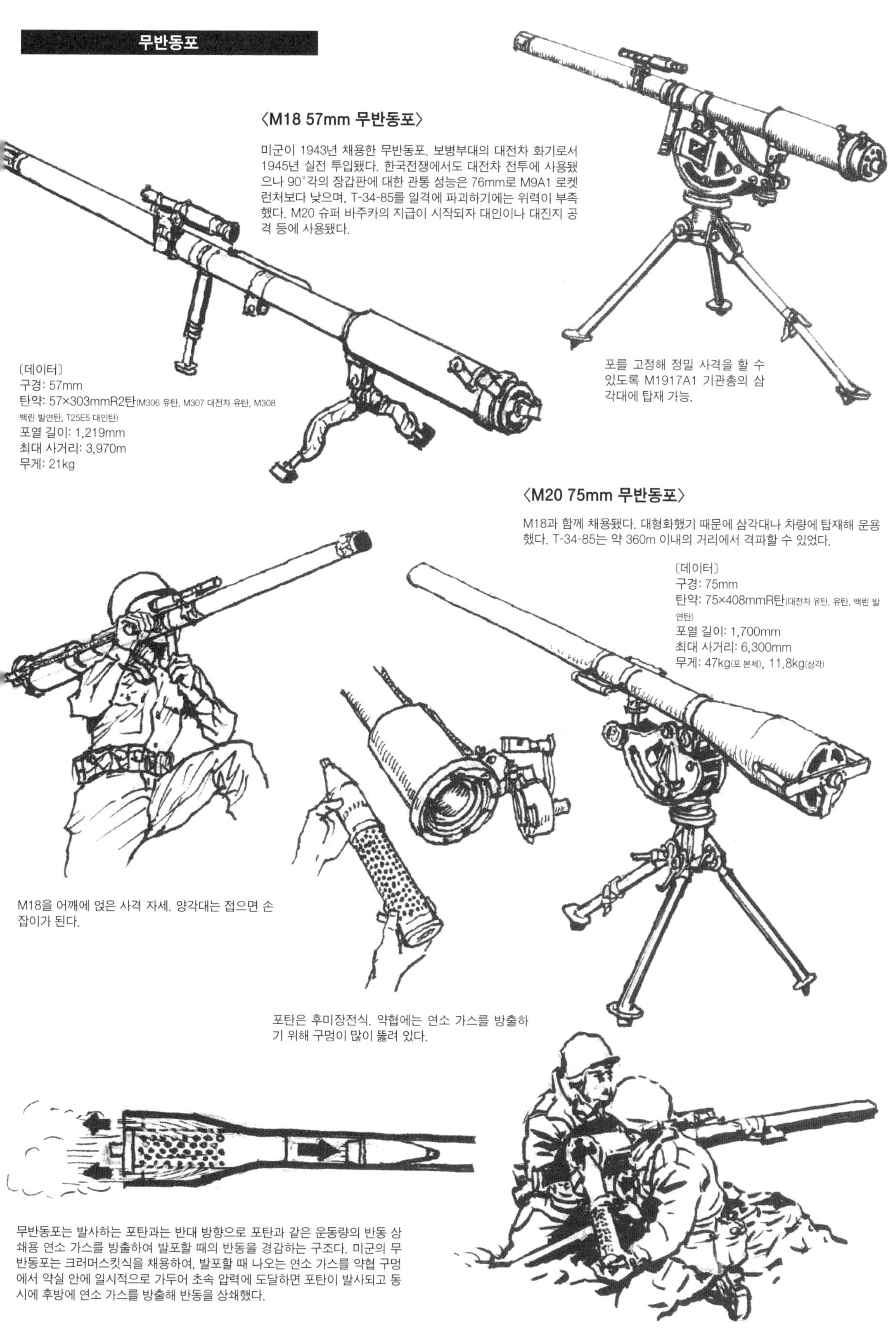

〈M18 57mm 무반동포〉

미군이 1943년 채용한 무반동포. 보병부대의 대전차 화기로서 1945년 실전 투입됐다. 한국전쟁에서도 대전차 전투에 사용됐으나 90°각의 장갑판에 대한 관통 성능은 76mm로 M9A1 로켓 런처보다 낮으며, T-34-85를 일격에 파괴하기에는 위력이 부족했다. M20 슈퍼 바주카의 지급이 시작되자 대인이나 대진지 공격 등에 사용됐다.

〔데이터〕
구경: 57mm
탄약: 57×303mmR2탄(M306 유탄, M307 대전차 유탄, M308 백린 발연탄, T25E5 대인탄)
포열 길이: 1,219mm
최대 사거리: 3,970m
무게: 21kg

포를 고정해 정밀 사격을 할 수 있도록 M1917A1 기관총의 삼각대에 탑재 가능.

〈M20 75mm 무반동포〉

M18과 함께 채용됐다. 대형화했기 때문에 삼각대나 차량에 탑재해 운용했다. T-34-85는 약 360m 이내의 거리에서 격파할 수 있었다.

〔데이터〕
구경: 75mm
탄약: 75×408mmR탄(대전차 유탄, 유탄, 백린 발연탄)
포열 길이: 1,700mm
최대 사거리: 6,300mm
무게: 47kg(포 본체), 11.8kg(삼각)

M18을 어깨에 얹은 사격 자세. 양각대는 접으면 손잡이가 된다.

포탄은 후미장전식. 약협에는 연소 가스를 방출하기 위해 구멍이 많이 뚫려 있다.

무반동포는 발사하는 포탄과는 반대 방향으로 포탄과 같은 운동량의 반동 상쇄용 연소 가스를 방출하여 발포할 때의 반동을 경감하는 구조다. 미군의 무반동포는 크러머스킷식을 채용하여, 발포할 때 나오는 연소 가스를 약협 구멍에서 약실 안에 일시적으로 가두어 초속 압력에 도달하면 포탄이 발사되고 동시에 후방에 연소 가스를 방출해 반동을 상쇄했다.

무반동포는 다른 화포와는 달리 복잡한 폐쇄기나 주퇴복좌기가 없는 경량 소형화된 화포였다.

곡사포

〈M1A1 75mm 곡사포〉

미군이 1927년 채용한 곡사포. 산악지대 등에서 화물차나 인력으로 수송할 수 있도록 여섯 파트로 분해할 수 있다. 제2차 세계대전에서는 미국뿐만 아니라 중화인민군, 영국군 공수부대 등도 운용했다. 전후에는 한국군에도 배치됐다.

〔데이터〕
구경: 75mm
탄약: 75×272mmR탄(M41A1·M48 유탄, M66 대전차 유탄, M64 백린 발연탄·연막탄·화학탄)
포열 길이: 1,200mm
무게: 653kg(M8 마운트형)
최대 사거리: 8,925m

〈M2A1 105mm 곡사포〉

미군의 주력 곡사포. M2A1은 보병사단의 야전포병부대에 배치돼 사용되는 한편 자주화를 위해 M3 하프 트럭이나 M4 전차 등의 차체에 탑재됐다.

〔데이터〕
구경: 105mm
탄약: 105×372mmR탄(M1 유탄, M67 대전차 유탄, M84HC, BE 발연탄, M60 백린 발연탄·발연탄·화학탄
포열 길이: 2,360mm
무게: 2,300kg
최대 사거리: 1만 1,000m

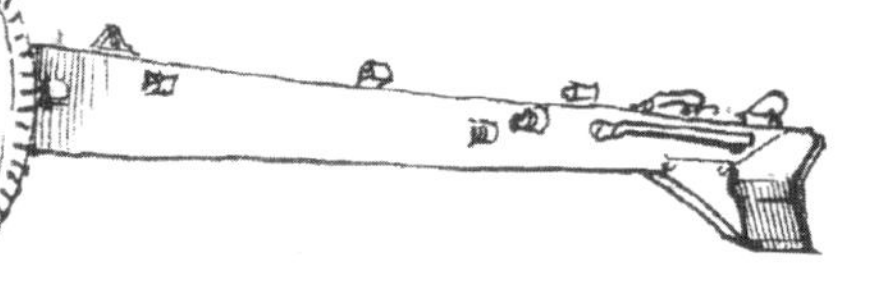

1대당 필요 조작 인원은 8명. 포를 설치한 뒤 긴급 시에는 3명이서 사격할 수 있었다.

이동할 때는 2½톤 트럭으로 견인했다.

〈M1 155mm 곡사포〉

M2A1과 함께 야전포병대대에 배치돼 사용됐다. 이동할 때는 궤도형 M5 고속 트랙터로 견인했다. 포탄은 약협을 사용하지 않는 탄두와 발사약이 별개가 된 분리 장전식.

〔데이터〕
구경: 155mm
탄약: M102·M107 유탄, M105 백린 발연탄·발연탄, M110 백린 발연탄·발연탄, M116 발연탄, M110 화학탄
포열 길이: 3,564mm
무게: 5,600kg(전투 시), 5,800kg(이동 시)
최대 사거리: 1만 4,600m

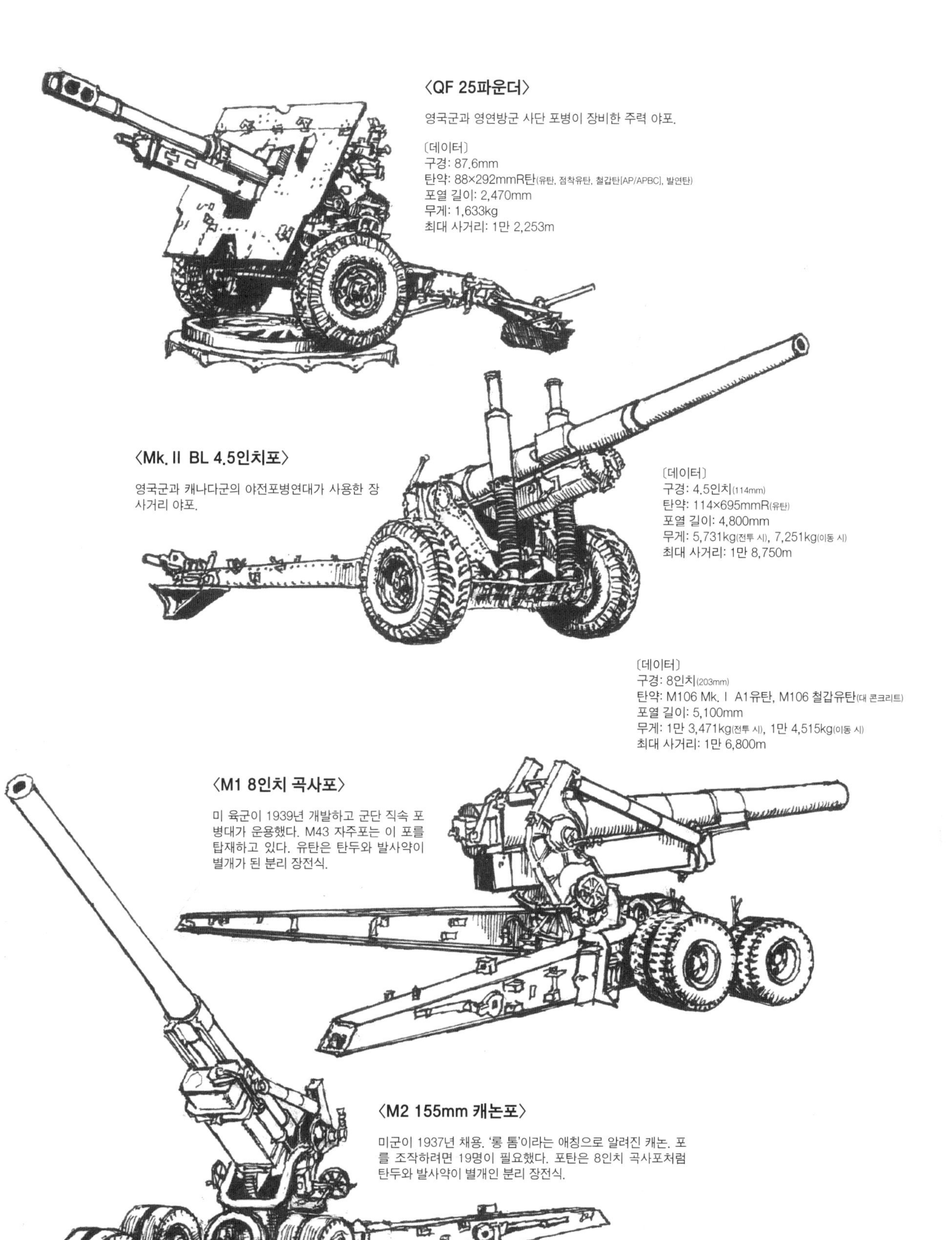

〈QF 25파운더〉

영국군과 영연방군 사단 포병이 장비한 주력 야포.

〔데이터〕
구경: 87.6mm
탄약: 88×292mmR탄(유탄, 점착유탄, 철갑탄[AP/APBC], 발연탄)
포열 길이: 2,470mm
무게: 1,633kg
최대 사거리: 1만 2,253m

〈Mk. II BL 4.5인치포〉

영국군과 캐나다군의 야전포병연대가 사용한 장사거리 야포.

〔데이터〕
구경: 4.5인치(114mm)
탄약: 114×695mmR(유탄)
포열 길이: 4,800mm
무게: 5,731kg(전투 시), 7,251kg(이동 시)
최대 사거리: 1만 8,750m

〈M1 8인치 곡사포〉

미 육군이 1939년 개발하고 군단 직속 포병대가 운용했다. M43 자주포는 이 포를 탑재하고 있다. 유탄은 탄두와 발사약이 별개가 된 분리 장전식.

〔데이터〕
구경: 8인치(203mm)
탄약: M106 Mk. I A1유탄, M106 철갑유탄(대 콘크리트)
포열 길이: 5,100mm
무게: 1만 3,471kg(전투 시), 1만 4,515kg(이동 시)
최대 사거리: 1만 6,800m

〈M2 155mm 캐논포〉

미군이 1937년 채용. '롱 톰'이라는 애칭으로 알려진 캐논. 포를 조작하려면 19명이 필요했다. 포탄은 8인치 곡사포처럼 탄두와 발사약이 별개인 분리 장전식.

〔데이터〕
구경: 155mm
탄약: M101 유탄, M101 철갑유탄(대 콘크리트), M112 철갑유탄(APBC/HE), M104 백린 발연탄·발연탄·화학탄
포열 길이: 6,970mm
무게: 1만 2,600kg(전투 시), 1만 3,880kg(이동 시)
최대 사거리: 2만 3,700m

대공화포

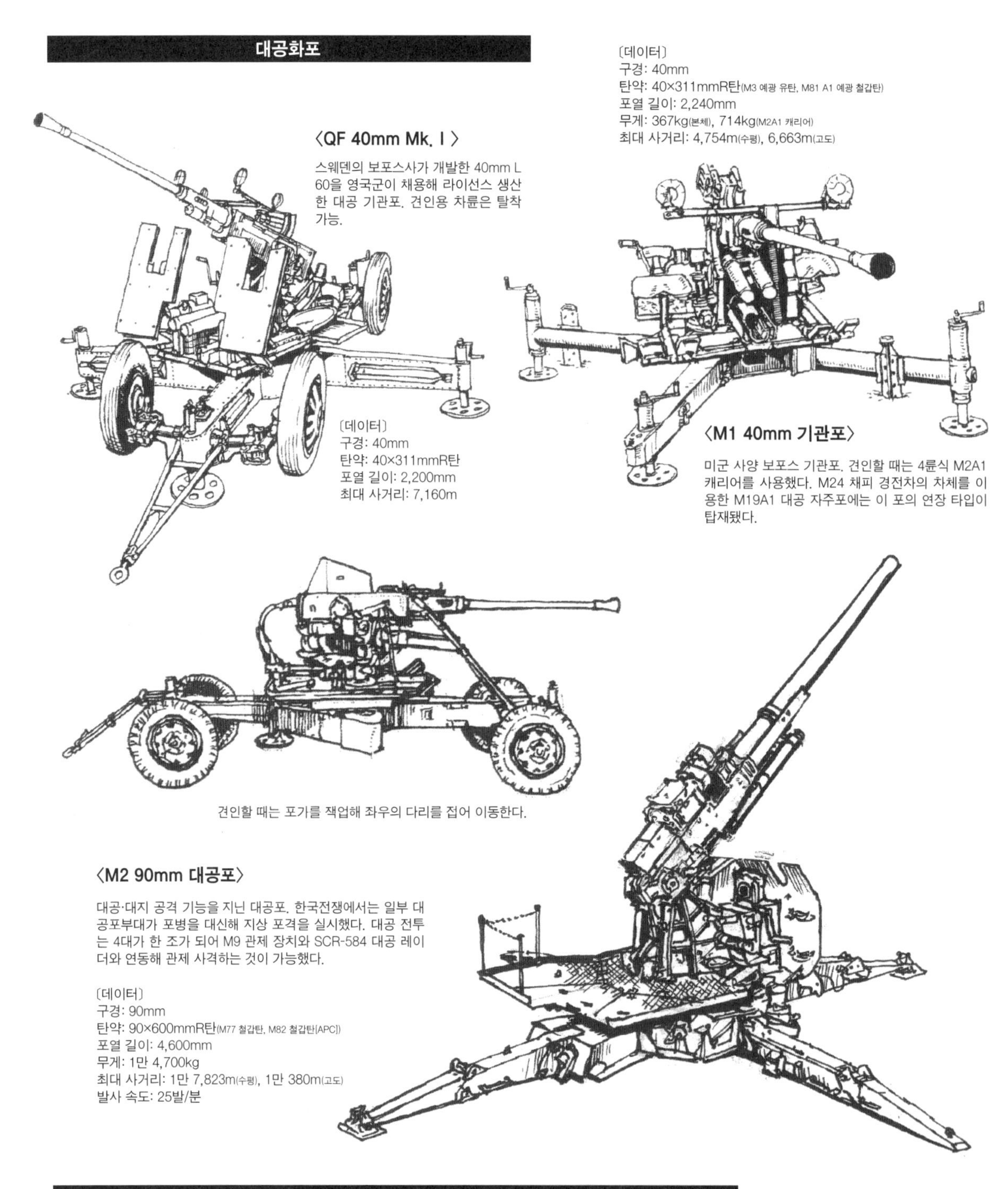

〈QF 40mm Mk. I〉

스웨덴의 보포스사가 개발한 40mm L 60을 영국군이 채용해 라이선스 생산한 대공 기관포. 견인용 차륜은 탈착 가능.

〔데이터〕
구경: 40mm
탄약: 40×311mmR탄
포열 길이: 2,200mm
최대 사거리: 7,160m

〈M1 40mm 기관포〉

〔데이터〕
구경: 40mm
탄약: 40×311mmR탄(M3 예광 유탄, M81 A1 예광 철갑탄)
포열 길이: 2,240mm
무게: 367kg(본체), 714kg(M2A1 캐리어)
최대 사거리: 4,754m(수평), 6,663m(고도)

미군 사양 보포스 기관포. 견인할 때는 4륜식 M2A1 캐리어를 사용했다. M24 채피 경전차의 차체를 이용한 M19A1 대공 자주포에는 이 포의 연장 타입이 탑재됐다.

견인할 때는 포가를 잭업해 좌우의 다리를 접어 이동한다.

〈M2 90mm 대공포〉

대공·대지 공격 기능을 지닌 대공포. 한국전쟁에서는 일부 대공포부대가 포병을 대신해 지상 포격을 실시했다. 대공 전투는 4대가 한 조가 되어 M9 관제 장치와 SCR-584 대공 레이더와 연동해 관제 사격하는 것이 가능했다.

〔데이터〕
구경: 90mm
탄약: 90×600mmR탄(M77 철갑탄, M82 철갑탄[APC])
포열 길이: 4,600mm
무게: 1만 4,700kg
최대 사거리: 1만 7,823m(수평), 1만 380m(고도)
발사 속도: 25발/분

대전차포

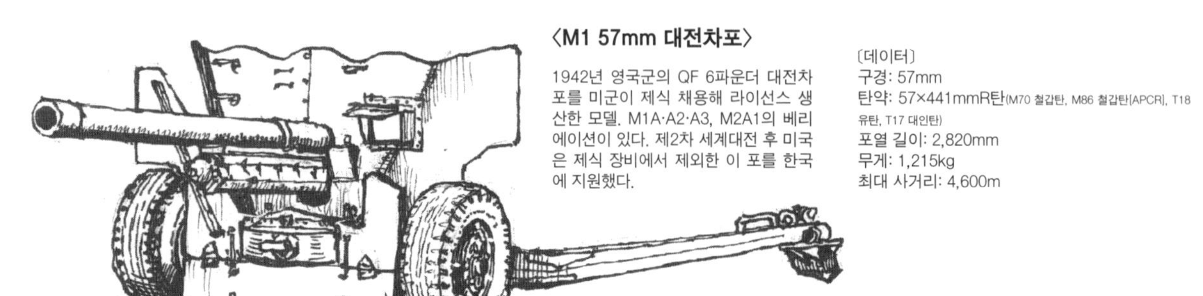

〈M1 57mm 대전차포〉

1942년 영국군의 QF 6파운더 대전차포를 미군이 제식 채용해 라이선스 생산한 모델. M1A·A2·A3, M2A1의 베리에이션이 있다. 제2차 세계대전 후 미국은 제식 장비에서 제외한 이 포를 한국에 지원했다.

〔데이터〕
구경: 57mm
탄약: 57×441mmR탄(M70 철갑탄, M86 철갑탄[APCR], T18 유탄, T17 대인탄)
포열 길이: 2,820mm
무게: 1,215kg
최대 사거리: 4,600m

12.7mm 대공기관총

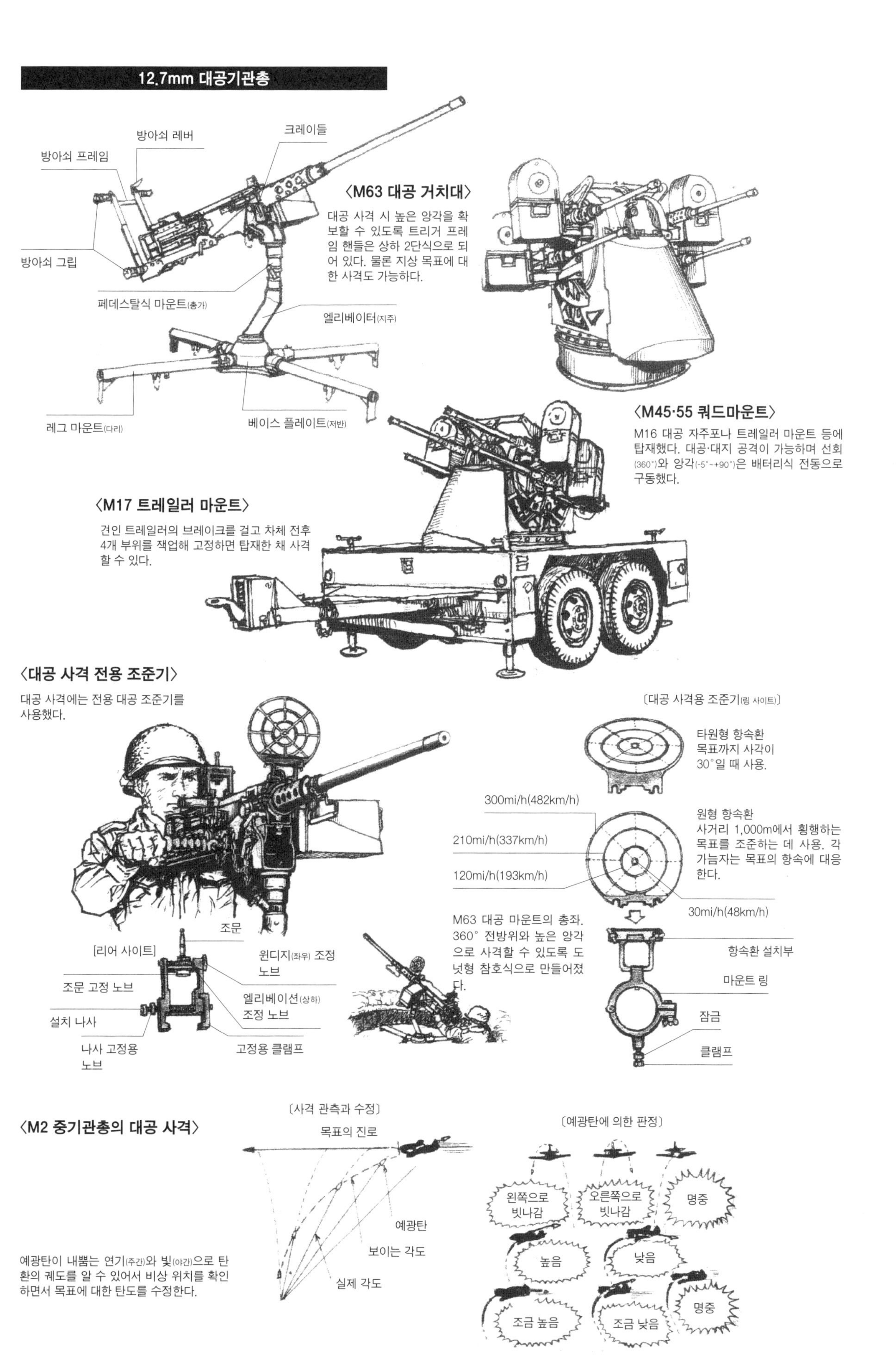

방아쇠 레버
크레이들
방아쇠 프레임
방아쇠 그립
페데스탈식 마운트(총가)
엘리베이터(지주)
레그 마운트(다리)
베이스 플레이트(저반)
〈M63 대공 거치대〉
대공 사격 시 높은 앙각을 확보할 수 있도록 트리거 프레임 핸들은 상하 2단식으로 되어 있다. 물론 지상 목표에 대한 사격도 가능하다.
〈M45·55 쿼드마운트〉
M16 대공 자주포나 트레일러 마운트 등에 탑재했다. 대공·대지 공격이 가능하며 선회(360°)와 앙각(-5°~+90°)은 배터리식 전동으로 구동했다.
〈M17 트레일러 마운트〉
견인 트레일러의 브레이크를 걸고 차체 전후 4개 부위를 잭업해 고정하면 탑재한 채 사격할 수 있다.
〈대공 사격 전용 조준기〉
대공 사격에는 전용 대공 조준기를 사용했다.
〔대공 사격용 조준기(링 사이트)〕
타원형 항속환
목표까지 사각이 30°일 때 사용.
300mi/h(482km/h)
원형 항속환
사거리 1,000m에서 횡행하는 목표를 조준하는 데 사용. 각 가늠자는 목표의 항속에 대응한다.
210mi/h(337km/h)
120mi/h(193km/h)
30mi/h(48km/h)
조문
[리어 사이트]
윈디지(좌우) 조정 노브
조문 고정 노브
엘리베이션(상하) 조정 노브
설치 나사
나사 고정용 노브
고정용 클램프
M63 대공 마운트의 총좌. 360° 전방위와 높은 앙각으로 사격할 수 있도록 도넛형 참호식으로 만들어졌다.
항속환 설치부
마운트 링
잠금
클램프
〈M2 중기관총의 대공 사격〉
〔사격 관측과 수정〕
목표의 진로
예광탄
보이는 각도
실제 각도
예광탄이 내뿜는 연기(주간)와 빛(야간)으로 탄환의 궤도를 알 수 있어서 비상 위치를 확인하면서 목표에 대한 탄도를 수정한다.
〔예광탄에 의한 판정〕
왼쪽으로 빗나감
오른쪽으로 빗나감
명중
높음
낮음
조금 높음
조금 낮음
명중

전차와 전투차량

미군을 중심으로 유엔군이 장비한 전차 등의 차량은 제2차 세계대전 전과 대전 중, 그리고 대전 직후 미국과 영국에서 개발·채용된 모델이다. 차종은 트럭, 장갑차, 수륙양용차, 자주포, 전차 등 다양하며, 세계대전 말기에 채용된 차량 중에는 한국전쟁에서 처음으로 실전 운용된 것도 있었다.

M24 채피 경전차

M3, M5 경전차의 후속 차량으로서 1944년 7월 미군이 채용한 경전차. 경사장갑 디자인으로 설계된 포탑과 차체, 또 경전차이면서도 75mm포를 탑재하는 등 기존의 경전차보다 방어력과 화력이 우수한 차량이다. 애칭은 미 육군 기갑부대 창설에 진력한 애드너 R 채피 주니어(Adna Romanza Chaffee Jr.) 소장에게서 따왔다. M24는 제2차 세계대전 중인 1944년 12월 발지 전투에 실전 투입돼 기갑부대 정찰대대에 지급됐다. 경전차로서는 매우 우수한 차량이었으나 한국전쟁 초기에는 T-34-85를 상대로 주포의 위력이 부족하고 방어력이 약해 고전했다.

〔데이터〕
길이: 5.56m
차체 길이: 5.03m
전폭: 2.75m
전고: 2.77m
무게: 18.4t
엔진: 트윈 캐딜락 모델 44T42 V형 8기통 액랭 가솔린
장갑 두께: 10~38mm
무장: M6 76mm 전차포×1, M1919 A4 기총×2, M2 중기총×1
정원: 5명

〈M24의 내부 구조〉

❶ M6 75mm 전차포
❷ M64 연동포가(자일로 안정장치 장착)
❸ M1919A4 동축 기관총
❹ 발연탄 발사기(초기형)
❺ 차장용 큐폴라
❻ M2 중기관총
❼ 기관총받침
❽ 잡화 상자
❾ 약협 배출구
❿ 벤틸레이터
⓫ 부조종수 겸 기총수석(M24는 복식 조종 기구를 탑재하여 여기에도 스티어링, 브레이크 레버가 있어 필요할 때는 조종수를 대신해 조작할 수 있었다.)
⓬ M1919A4 차체 기관총
⓭ 조향 변속기
⓮ 조작 레버
⓯ 변속 레버
⓰ 기동륜
⓱ 조종석
⓲ 포탑 선회 컨트롤 박스
⓳ 주포 탄약 수납 선반
⓴ 차륜
㉑ 상부 지원륜
㉒ 유도륜

M4A3E8 셔먼 중전차

제2차 세계대전의 미군 주력 중전차였던 M4 셔먼은 대전이 끝나기까지 다양한 베리에이션이 제조됐다. M4A3E8은 M4의 최종형으로 1944년 7월~1945년 4월 사이에 2,617대가 생산됐다. 서스펜션은 수직 서스펜션(VVSS)에서 수평 서스펜션(HVSS) 방식으로 변경되고, 주포도 더 강력한 M1A2를 탑재했다. T-34-85의 85mm포에 대한 방어력은 낮았으나, 탑재한 52구경 76.2mm 전차포로 T-34-85를 격파할 수 있었다.

〔데이터〕
길이: 7.54m
전폭: 2.99m
전고: 2.97m
무게: 33.6t
엔진: 포드 GAA V형 8기통 액랭 가솔린
장갑 두께: 12.7~107.95mm
무장: M1A2 76.2mm포×1, M1919A4 기총×2, M2 중기총×1
정원: 5명

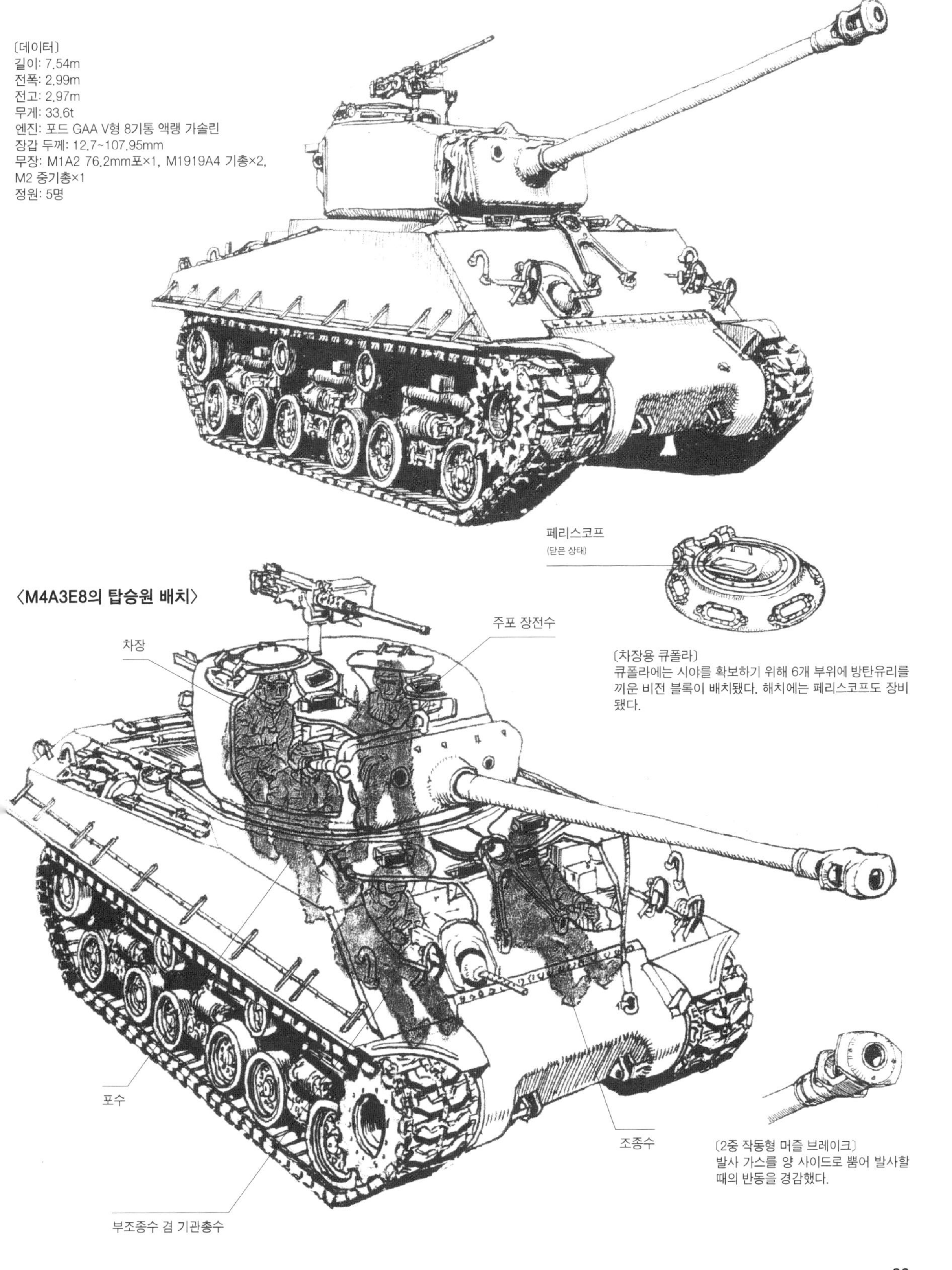

〔차장용 큐폴라〕
큐폴라에는 시야를 확보하기 위해 6개 부위에 방탄유리를 끼운 비전 블록이 배치됐다. 해치에는 페리스코프도 장비됐다.

〔2중 작동형 머즐 브레이크〕
발사 가스를 양 사이드로 뿜어 발사할 때의 반동을 경감했다.

〈M4A3E8의 차체 구조〉

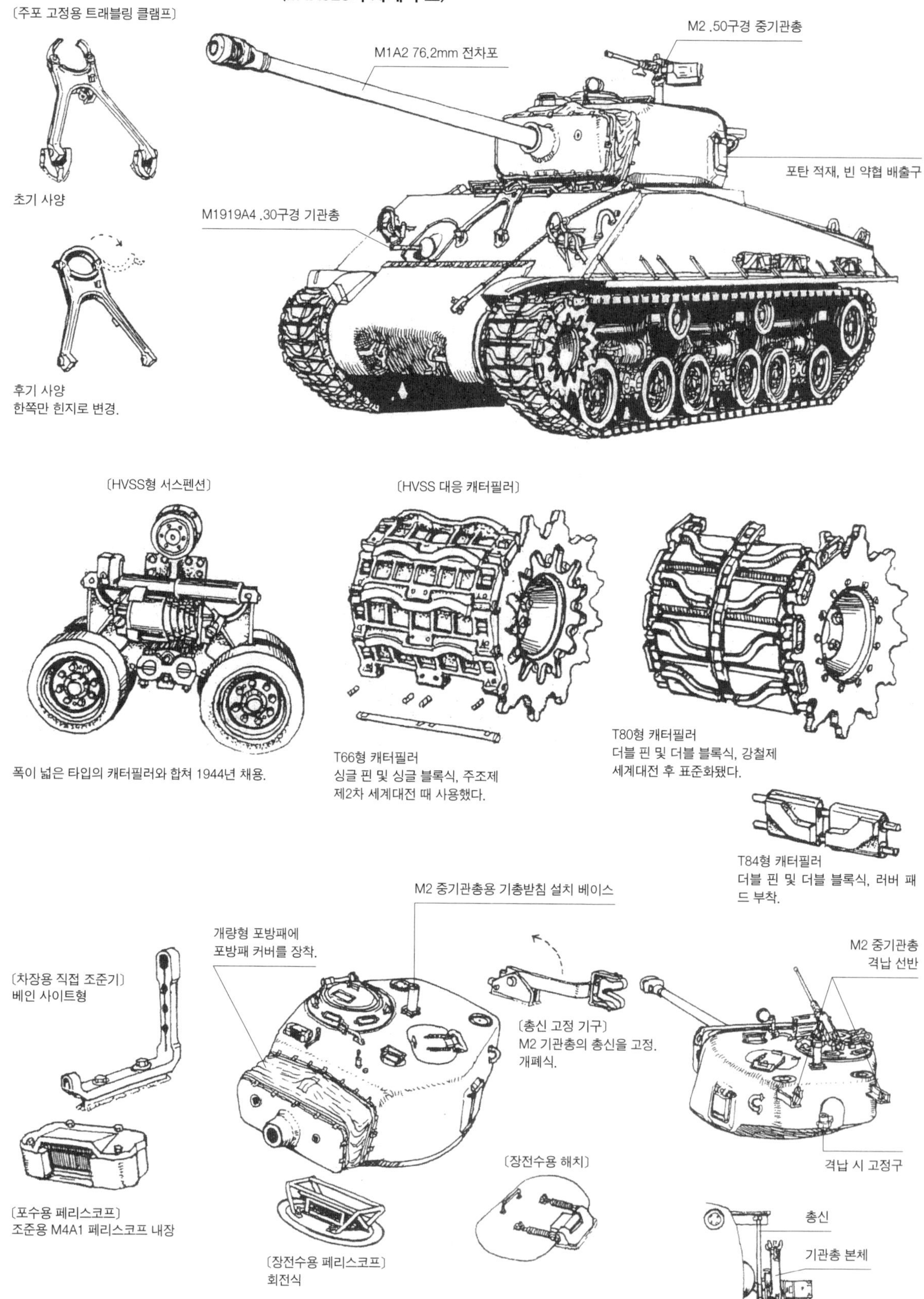

M4의 베리에이션

〈M4A3 105mm 곡사포 탑재형〉

M2 105mm 곡사포를 차량형으로 개량한 M4 105mm 곡사포를 탑재. 기갑부대에 소속한 보병부대의 지원용으로 생산된 베리에이션.

〈M4A3 화염방사전차〉

미군의 화염방사전차는 제2차 세계대전 때 태평양전쟁에서 사용하기 위해 개발됐다. 이 105mm 곡사포 탑재형에 탑재된 화염방사기는 POA-CWS-H5 시스템이라고 불리는 타입으로, 주포의 기능을 살리면서 화염방사기를 사용할 수 있도록 포방패에 주포와 같은 축으로 탑재했다.

〈M32A1B3 전차 회수차〉

M4A3를 바탕으로 만들어진 특수 차량. 전장에서 파손되거나 고장 난 차량을 회수하거나 험지에서 구출하는 데 사용됐다. 차내에 장비된 윈치와 크레인 암을 사용해 포탑이나 엔진 등 중량물의 인양도 가능했다.

〈포탑 기관총의 베리에이션〉

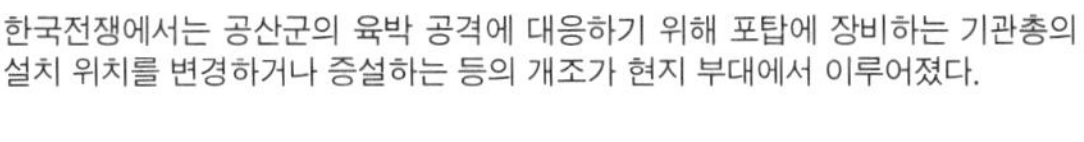

한국전쟁에서는 공산군의 육박 공격에 대응하기 위해 포탑에 장비하는 기관총의 설치 위치를 변경하거나 증설하는 등의 개조가 현지 부대에서 이루어졌다.

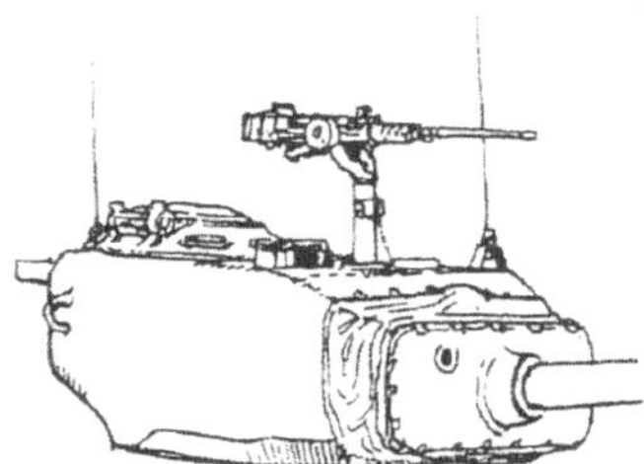

M2 중기관총의 기총 받침을 전면에 설치한 예.

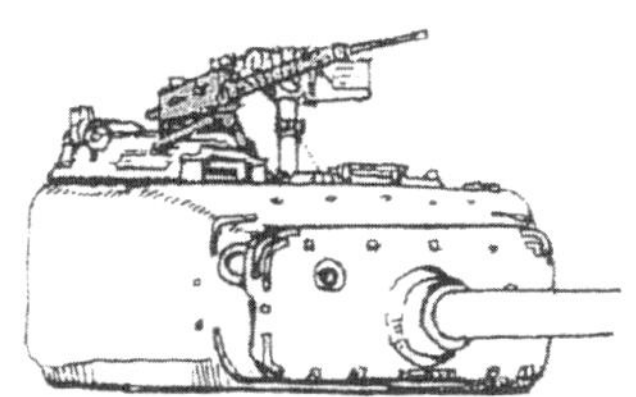

차장 큐폴라에 M1919A4 기관총을 증설한 예.

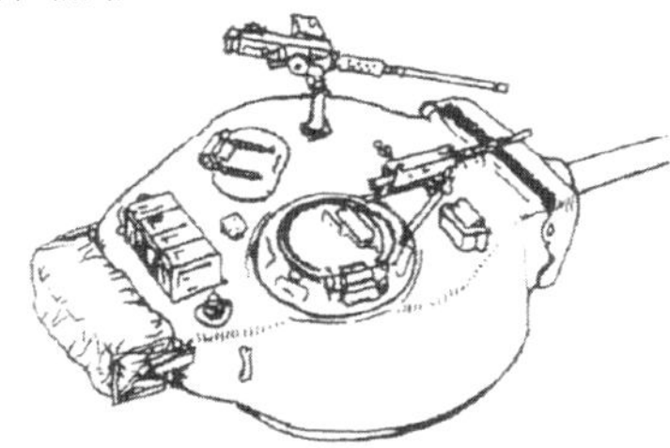

차장 큐폴라에 M1919A4 기관총을 증설하고 또 M2 기총 받침을 포탑 왼쪽 전방에 이설한 예.

〈M4 도저 블레이드 장착형〉

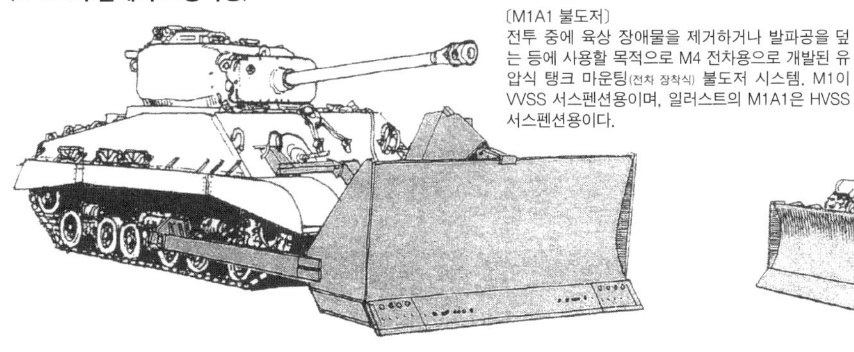

〔M1A1 불도저〕
전투 중에 육상 장애물을 제거하거나 발파공을 덮는 등에 사용할 목적으로 M4 전차용으로 개발된 유압식 탱크 마운팅(전차 장착식) 불도저 시스템. M1이 VVSS 서스펜션용이며, 일러스트의 M1A1은 HVSS 서스펜션용이다.

〔M2 불도저〕
M1의 개량 모델

M26 퍼싱 중전차

M4의 후계 전차로서 개발된 중전차. 1944년 11월부터 생산된 시작 선행 양산형 T26E3는 1945년 2월 유럽 전장에 처음으로 투입됐다. 1945년 M26으로서 제식화되고 이듬해 전차의 분류가 변경돼 중형전차가 되었다. 한국전쟁에서는 1950년 8월 낙동강 방어선 전투부터 투입돼 그 강력한 화력으로 T-34-85를 잇따라 격파했다.

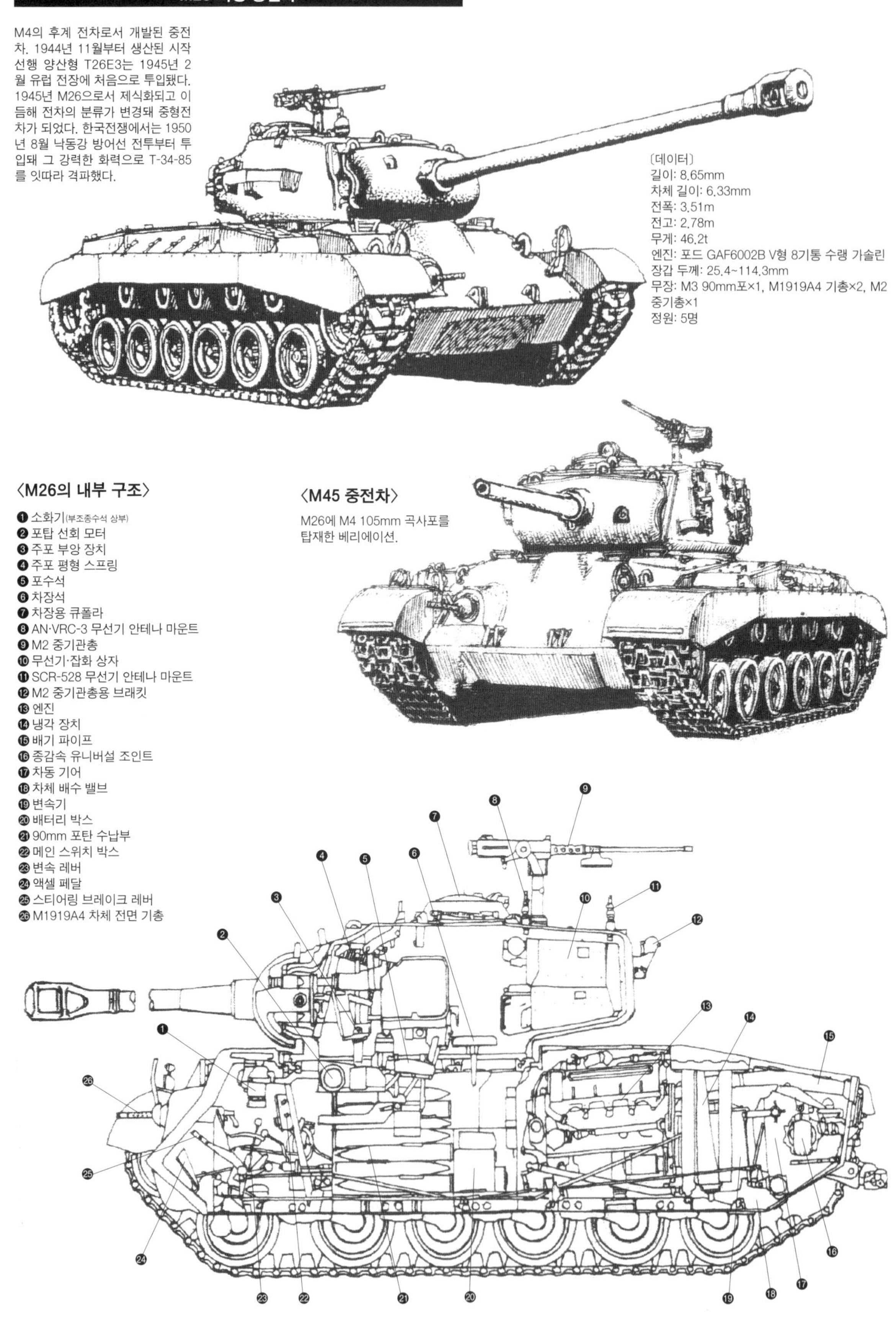

〔데이터〕
길이: 8.65mm
차체 길이: 6.33mm
전폭: 3.51m
전고: 2.78m
무게: 46.2t
엔진: 포드 GAF6002B V형 8기통 수랭 가솔린
장갑 두께: 25.4~114.3mm
무장: M3 90mm포×1, M1919A4 기총×2, M2 중기총×1
정원: 5명

〈M45 중전차〉

M26에 M4 105mm 곡사포를 탑재한 베리에이션.

〈M26의 내부 구조〉

❶ 소화기(부조종수석 상부)
❷ 포탑 선회 모터
❸ 주포 부앙 장치
❹ 주포 평형 스프링
❺ 포수석
❻ 차장석
❼ 차장용 큐폴라
❽ AN·VRC-3 무선기 안테나 마운트
❾ M2 중기관총
❿ 무선기·잡화 상자
⓫ SCR-528 무선기 안테나 마운트
⓬ M2 중기관총용 브래킷
⓭ 엔진
⓮ 냉각 장치
⓯ 배기 파이프
⓰ 종감속 유니버설 조인트
⓱ 차동 기어
⓲ 차체 배수 밸브
⓳ 변속기
⓴ 배터리 박스
㉑ 90mm 포탄 수납부
㉒ 메인 스위치 박스
㉓ 변속 레버
㉔ 액셀 페달
㉕ 스티어링 브레이크 레버
㉖ M1919A4 차체 전면 기총

M46 패튼 중전차

엔진의 출력 부족이 지적됐던 M26의 엔진과 변속기를 신형으로 변경해 1949년 채용된 당시의 미군 최신 중전차. M26의 차체와 포탑을 활용해 생산했기 때문에 M26과 매우 닮았으나, 포신 머즐 브레이크의 형상과 기관실 윗면의 형상, 또 최후미에 추가된 보조 전륜이 외관상 식별 부위다. 이 차는 810마력 엔진을 탑재해 출력과 기동성 등이 M26에 비해 향상했으며, 기복이 있는 한반도 지형에서 운용하는 데도 적응할 수 있었다. 한국에는 1950년 8월 8일 제1진이 도착. 1951년 이후 M26와 순차적으로 교환됐다.

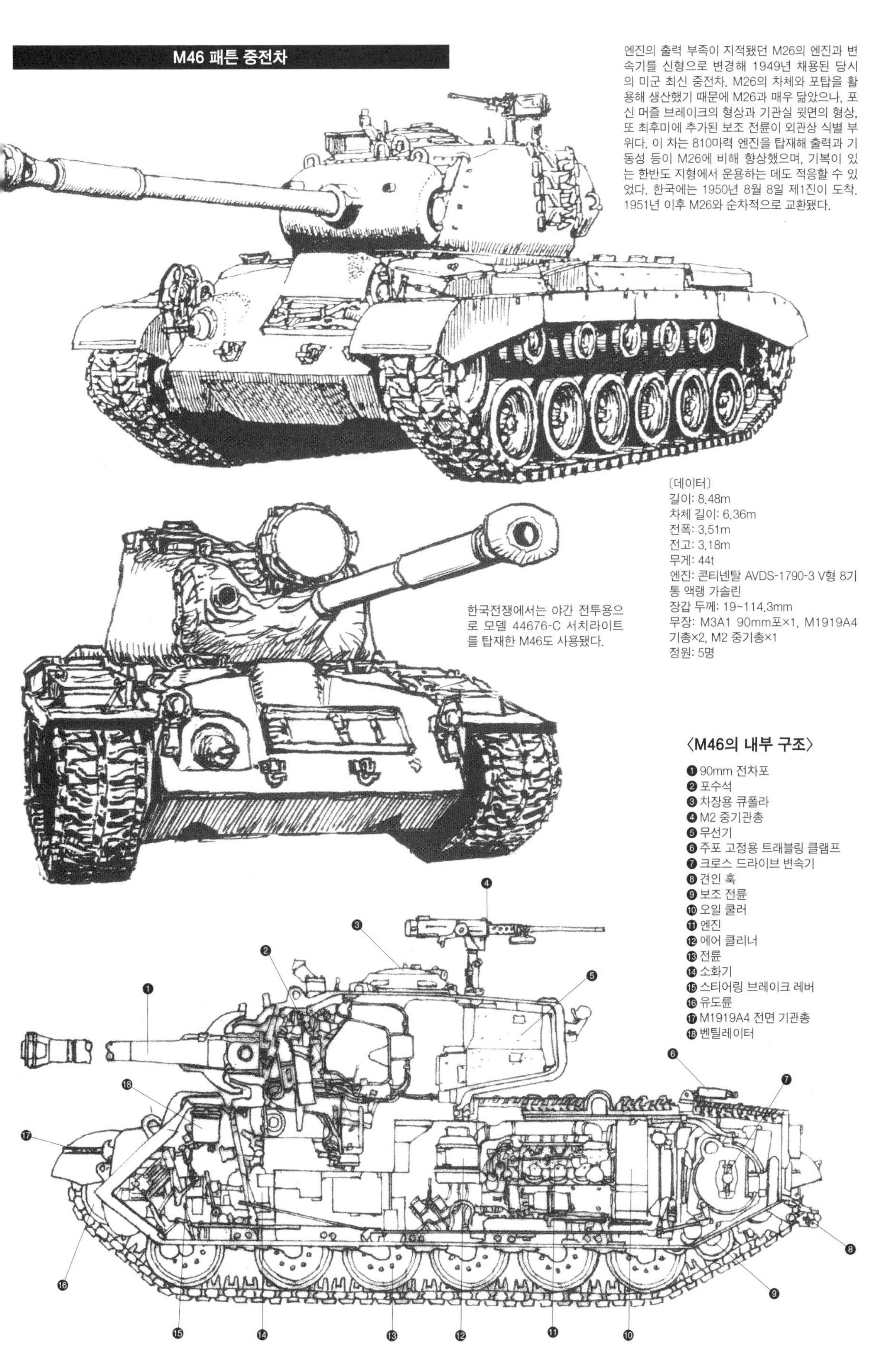

한국전쟁에서는 야간 전투용으로 모델 44676-C 서치라이트를 탑재한 M46도 사용됐다.

〔데이터〕
길이: 8.48m
차체 길이: 6.36m
전폭: 3.51m
전고: 3.18m
무게: 44t
엔진: 콘티넨탈 AVDS-1790-3 V형 8기통 액랭 가솔린
장갑 두께: 19~114.3mm
무장: M3A1 90mm포×1, M1919A4 기총×2, M2 중기총×1
정원: 5명

〈M46의 내부 구조〉

❶ 90mm 전차포
❷ 포수석
❸ 차장용 큐폴라
❹ M2 중기관총
❺ 무선기
❻ 주포 고정용 트래블링 클램프
❼ 크로스 드라이브 변속기
❽ 견인 훅
❾ 보조 전륜
❿ 오일 쿨러
⓫ 엔진
⓬ 에어 클리너
⓭ 전륜
⓮ 소화기
⓯ 스티어링 브레이크 레버
⓰ 유도륜
⓱ M1919A4 전면 기관총
⓲ 벤틸레이터

〈M19 대공 자주포〉

기갑부대의 방공 차량으로서 개발됐다. M24 경전차의 프레임을 이용하고 40mm 연장 기관포를 탑재했다. 제2차 세계대전 중 채용됐으나, 실전에는 한국전쟁부터 투입됐다.

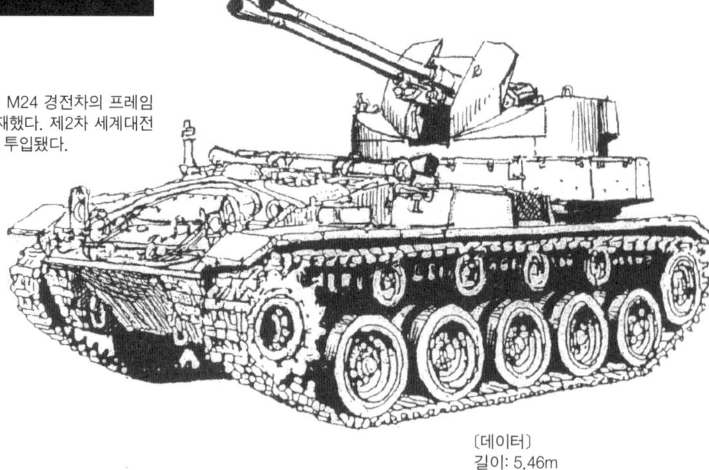

〔데이터〕
길이: 5.46m
차체 길이: 6.36m
전폭: 2.84m
전고: 2.99m
무게: 17.4t
엔진: 트윈 캐딜락 모델 44T42 V형 8기통 액랭 가솔린
무장: 보포스 M2 40mm 기관포×2, M2 중기총×1
정원: 6명

〈M37 105mm 자주곡사포〉

M7 프리스트 자주포의 후계 차량으로서 개발된 자주곡사포. 프레임은 M24 경전차를 토대로 삼았다. 제2차 세계대전에는 맞추지 못해 이 차량도 한국전쟁에 처음 출진했다.

〔데이터〕
길이: 5.52m
전폭: 3.0m
전고: 2.23m
무게: 18t
엔진: 트윈 캐딜락 모델 44T42 V형 8기통 액랭 가솔린
무장: M4 105mm 곡사포×1, M2 중기총×1
정원: 7명

〈M41 155mm 자주곡사포〉

M37과 마찬가지로 M24 경전차의 프레임을 이용했으나, 엔진을 차체 중앙에 배치하여 포를 후방에 탑재했다. 이 차도 제2차 세계대전에 맞추지 못해 한국전쟁에 처음 출진했다.

〔데이터〕
길이: 5.8m
전폭: 2.87m
전고: 2.4m
무게: 19.3t
엔진: 콘티넨탈 R975-C4 9기통 공랭 가솔린
무장: M1 155mm 곡사포×1
정원: 7명

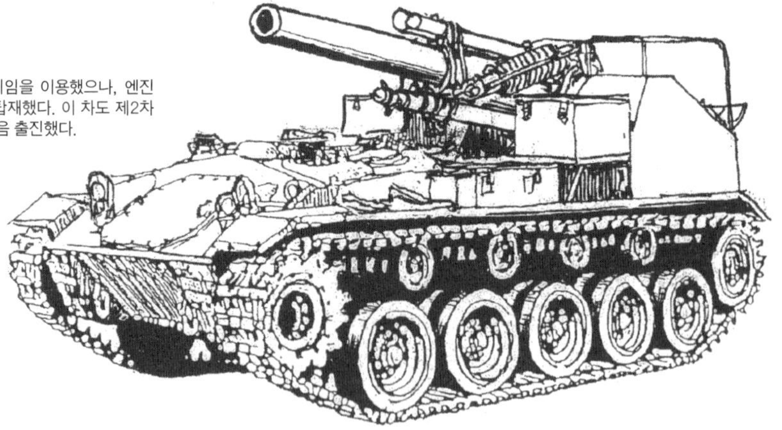

〈M39 범용 장갑차〉

제2차 세계대전에서 사용된 M18 헬캣 구축전차의 프레임을 이용한 장갑차. 원래는 M5 3인치 대전차포의 견인차로서 개발됐으나, 세계대전 중에는 견인차로서뿐만 아니라 지휘 정찰 장갑차로 개조해 운용했다. 한국전쟁에는 병력과 물자를 최전선으로 수송해 활약했다.

〔데이터〕
길이: 5.28m
전폭: 2.87m
전고: 2.03m
무게: 15.17t
엔진: 트윈 캐딜락 모델 44T42 V형 8기통 액랭 가솔린
무장: M2 중기총×1
정원: 3명

〈M40 155mm 자주 캐논포〉

1945년 3월 미군이 제식 채용한 자주 캐논포. M4A3의 차체를 토대로 캐논포를 탑재하기 위해 차폭을 넓히는 등 새로 설계됐다. 서스펜션은 M4A3E8처럼 HVSS식을 채용. 제2차 세계대전 말기 유럽 전선에 투입됐으나 실질적으로는 한국전쟁에서 처음으로 실전 운용됐다.

〔데이터〕
길이: 9.1m
전폭: 3.15m
전고: 2.7m
무게: 36.3t
엔진: 콘티넨탈 R975 EC2 9기통 공랭 가솔린
무장: M2 155mm 캐논포×1
정원: 8명

〈M43 203mm 자주곡사포〉

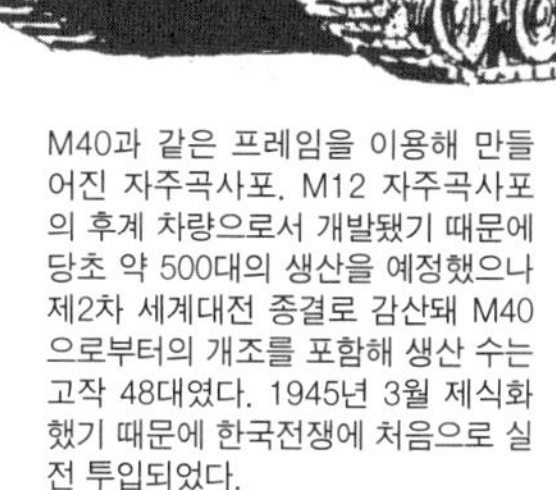

M40과 같은 프레임을 이용해 만들어진 자주곡사포. M12 자주곡사포의 후계 차량으로서 개발됐기 때문에 당초 약 500대의 생산을 예정했으나 제2차 세계대전 종결로 감산돼 M40으로부터의 개조를 포함해 생산 수는 고작 48대였다. 1945년 3월 제식화했기 때문에 한국전쟁에 처음으로 실전 투입되었다.

〔데이터〕
길이: 7.34m
전폭: 3.15m
전고: 3.27m
무게: 37.6t
엔진: 콘티넨탈 R975 EC2 9기통 공랭 가솔린
무장: M1 203mm 곡사포×1
정원: 8명

〈M7B2 프리스트(Priest) 자주포〉

1943년 채용돼 제2차 세계대전에서 활약한 105mm 곡사포 탑재 자주포. M7 자주포는 당초 M3 중형전차의 프레임을 이용해 제조됐으나 이후 M4의 프레임을 이용한 M7B1이 만들어졌다. M7B2는 한반도 산악지대에서의 포격에 대응하기 위해 B1보다 주포의 설치 위치를 높게 한 개량형. 이 개조로 그때까지 35°였던 최대 앙각이 65°로 향상됐다.

〔데이터〕
길이: 5.99m
전폭: 2.82m
전고: 2.58m
무게: 23t
엔진: 포드 GAA V형 8기통 수랭 가솔린
무장: M1 105mm 곡사포×1, M2 중기관총×1
정원: 7명

〈M16 자주 대공 기관총〉

M3 하프 트럭을 토대로 캐빈 부분을 재설계하고 M45 대공 쿼드마운트를 탑재했다. 4연장 M2 중기관총의 위력 때문에 미트 초퍼라는 애칭으로 불렸다. 한국전쟁에서는 본래의 대공 임무는 적었으며, 지상 목표 공격에 사용되는 경우가 많았다.

〔데이터〕
길이: 6.5m
전폭: 2.16m
전고: 2.34m
무게: 9t
엔진: 화이트 160AX 6기통 수랭 가솔린
장갑 두께: 12mm
무장: M2 중기관총×4
정원: 5명

〈M15A1 자주 대공 기관포〉

M3 하프 트럭의 차체 후면에 37mm 기관포 1대와 M2 중기관총 2정을 갖춘 선회식 포탑을 탑재했다. 포탑은 윗면과 뒷면이 개방식인 오픈탑형이다. M15A1은 기갑부대 등의 대공포대대에 지급됐으나, M16처럼 한국전쟁에서는 지상 지원 공격에도 사용됐다.

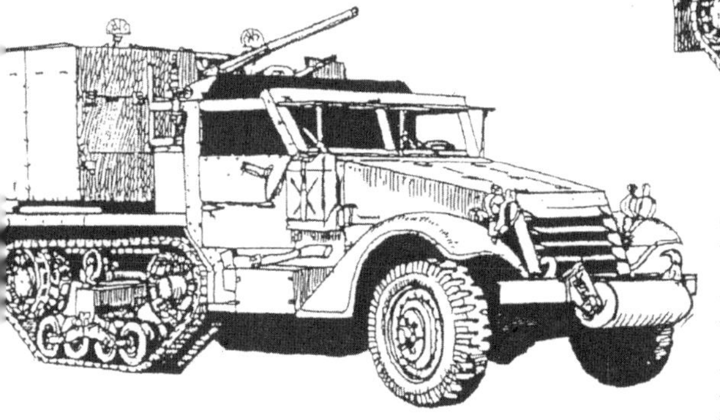

〔데이터〕
길이: 6.17m
전폭: 2.24m
전고: 2.39m
무게: 9.1t
엔진: 화이트 160AX 6기통 수랭 가솔린
장갑 두께: 12mm
무장: M1 37mm 기관포×1, M2 중기관총×2
정원: 7명

미군의 장갑차

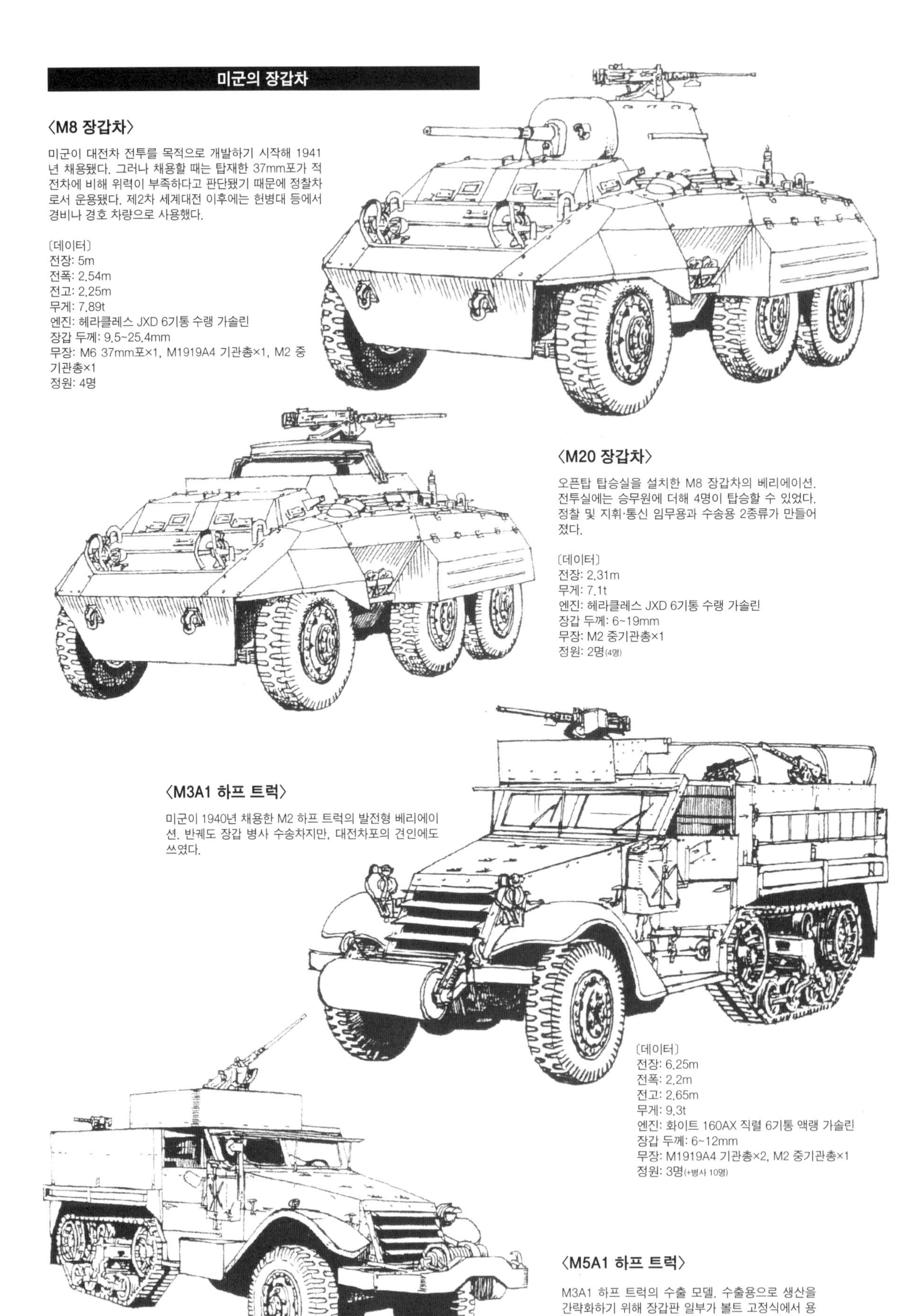

〈M8 장갑차〉

미군이 대전차 전투를 목적으로 개발하기 시작해 1941년 채용됐다. 그러나 채용할 때는 탑재한 37mm포가 적 전차에 비해 위력이 부족하다고 판단됐기 때문에 정찰차로서 운용됐다. 제2차 세계대전 이후에는 헌병대 등에서 경비나 경호 차량으로 사용했다.

〔데이터〕
전장: 5m
전폭: 2.54m
전고: 2.25m
무게: 7.89t
엔진: 헤라클레스 JXD 6기통 수랭 가솔린
장갑 두께: 9.5~25.4mm
무장: M6 37mm포×1, M1919A4 기관총×1, M2 중기관총×1
정원: 4명

〈M20 장갑차〉

오픈탑 탑승실을 설치한 M8 장갑차의 베리에이션. 전투실에는 승무원에 더해 4명이 탑승할 수 있었다. 정찰 및 지휘·통신 임무용과 수송용 2종류가 만들어졌다.

〔데이터〕
전장: 2.31m
무게: 7.1t
엔진: 헤라클레스 JXD 6기통 수랭 가솔린
장갑 두께: 6~19mm
무장: M2 중기관총×1
정원: 2명(4명)

〈M3A1 하프 트럭〉

미군이 1940년 채용한 M2 하프 트럭의 발전형 베리에이션. 반궤도 장갑 병사 수송차지만, 대전차포의 견인에도 쓰였다.

〔데이터〕
전장: 6.25m
전폭: 2.2m
전고: 2.65m
무게: 9.3t
엔진: 화이트 160AX 직렬 6기통 액랭 가솔린
장갑 두께: 6~12mm
무장: M1919A4 기관총×2, M2 중기관총×1
정원: 3명(+병사 10명)

〈M5A1 하프 트럭〉

M3A1 하프 트럭의 수출 모델. 수출용으로 생산을 간략화하기 위해 장갑판 일부가 볼트 고정식에서 용접으로 변경됐다. 또 일부 장갑이 두꺼워지고 엔진 등도 강화됐다. 한국군에도 지원됐다.

미군의 트럭 등

〈¼t 트럭〉

'지프'라는 애칭으로 유명한 4륜구동 소형 트럭. 정찰, 연락 등 다용도로 사용됐다. 윌리스 오버랜드 사제는 MB, 포드 사제는 GPW라고 불린다.

〈1½t 화물 트럭〉

미 육군의 요구에 따라 GM사가 제작한 G506 베이스의 4륜구동 트럭. 최대 적재량 약 1t.

〈¾t WC51 트럭〉

'비프(Beep)' 또는 '닷지 웨폰스 캐리어'라는 애칭으로 불린 4륜구동 트럭. 병력과 물자 수송에 사용됐다. 최대 적재량은 약 800kg. 같은 형 중에 윈치 탑재형인 WC52도 있다.

〈1½t WC62 화물 트럭〉

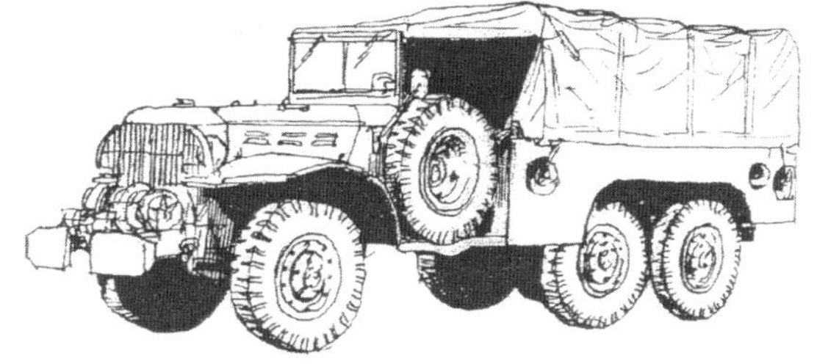

닷지 WC 시리즈의 1.5t 6륜구동 트럭. 최대 적재량 약 1.5t 같은 형 중에 윈치를 탑재하지 않는 타입이 WC61.

〈GMC CCKW 352 2½t 화물 트럭〉

클로즈 캡형 2.5t 6륜구동 트럭. 353은 휠베이스가 4.24m인 롱 휠베이스형으로 최대 적재량은 약 2.2t. 또 3.68 숏 휠베이스형인 352도 만들어졌다.

〈CCKW 353 오픈 캡형〉

캡은 오픈 타입, 지붕과 문은 탈착 가능한 캔버스제로 한 353의 베리에이션. 이 타입은 1944년부터 제조됐다. 또 금속제 짐칸은 바닥과 프레임 이외엔 목제로 변경됐다. 최대 적재량 약 2.2t.

〈M25 전차 운반차〉

'드래곤 왜건'이라는 애칭으로 불린 전차 운반차. 운반 회수용 M26 트랙터와 M15 트레일러로 구성됐다. 전선에서의 사용 요구에 따라 설계된 M26 트랙터는 캡 부분이 9~19mm 두께의 장갑판으로 만들어졌으며, 6륜구동으로 약 60t의 견인력이 있었다.

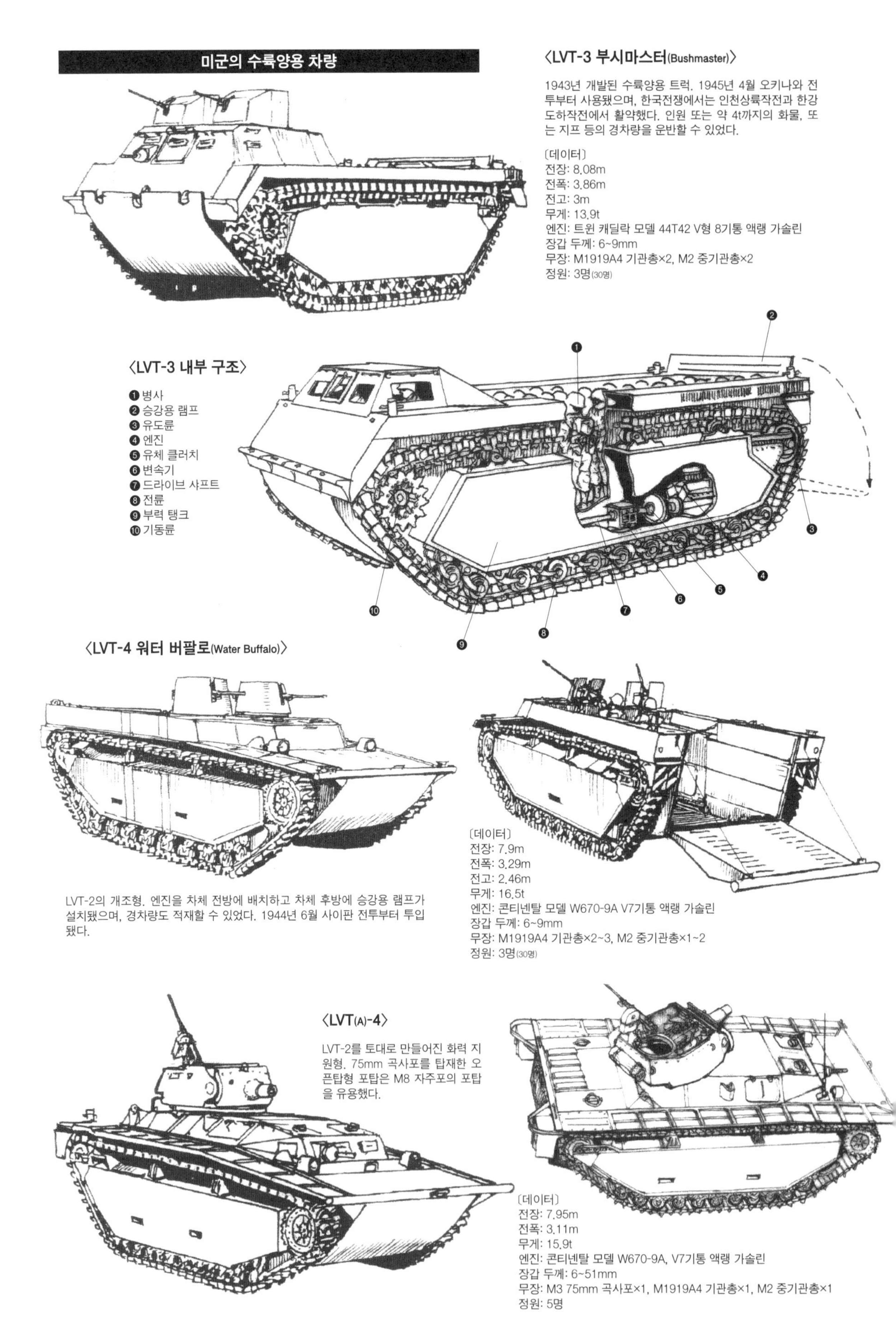

미군의 수륙양용 차량

〈LVT-3 부시마스터(Bushmaster)〉

1943년 개발된 수륙양용 트럭. 1945년 4월 오키나와 전투부터 사용됐으며, 한국전쟁에서는 인천상륙작전과 한강 도하작전에서 활약했다. 인원 또는 약 4t까지의 화물, 또는 지프 등의 경차량을 운반할 수 있었다.

〔데이터〕
전장: 8.08m
전폭: 3.86m
전고: 3m
무게: 13.9t
엔진: 트윈 캐딜락 모델 44T42 V형 8기통 액랭 가솔린
장갑 두께: 6~9mm
무장: M1919A4 기관총×2, M2 중기관총×2
정원: 3명(30명)

〈LVT-3 내부 구조〉

❶ 병사
❷ 승강용 램프
❸ 유도륜
❹ 엔진
❺ 유체 클러치
❻ 변속기
❼ 드라이브 샤프트
❽ 전륜
❾ 부력 탱크
❿ 기동륜

〈LVT-4 워터 버팔로(Water Buffalo)〉

LVT-2의 개조형. 엔진을 차체 전방에 배치하고 차체 후방에 승강용 램프가 설치됐으며, 경차량도 적재할 수 있었다. 1944년 6월 사이판 전투부터 투입됐다.

〔데이터〕
전장: 7.9m
전폭: 3.29m
전고: 2.46m
무게: 16.5t
엔진: 콘티넨탈 모델 W670-9A V7기통 액랭 가솔린
장갑 두께: 6~9mm
무장: M1919A4 기관총×2~3, M2 중기관총×1~2
정원: 3명(30명)

〈LVT(A)-4〉

LVT-2를 토대로 만들어진 화력 지원형. 75mm 곡사포를 탑재한 오픈탑형 포탑은 M8 자주포의 포탑을 유용했다.

〔데이터〕
전장: 7.95m
전폭: 3.11m
무게: 15.9t
엔진: 콘티넨탈 모델 W670-9A, V7기통 액랭 가솔린
장갑 두께: 6~51mm
무장: M3 75mm 곡사포×1, M1919A4 기관총×1, M2 중기관총×1
정원: 5명

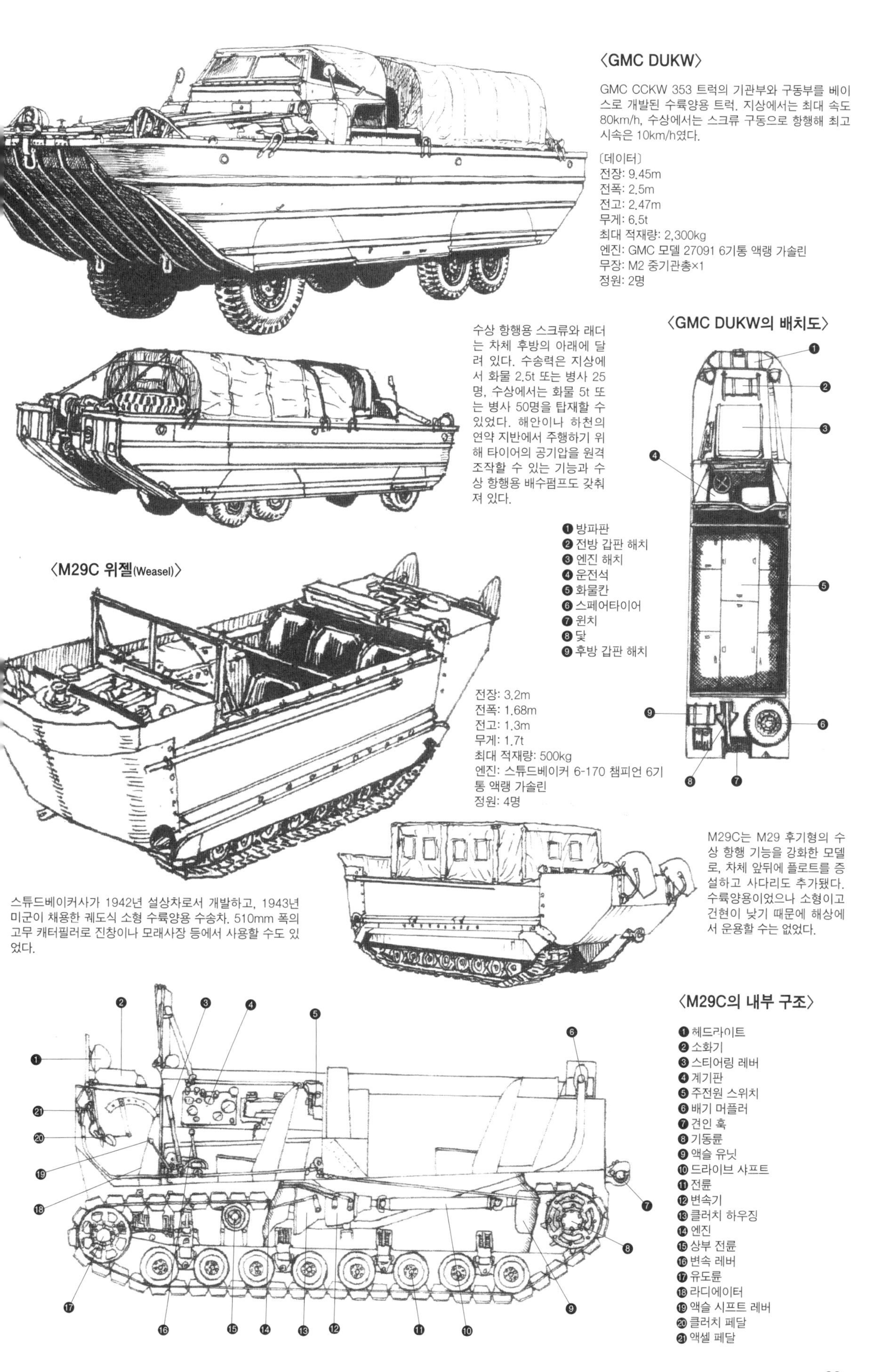

〈GMC DUKW〉

GMC CCKW 353 트럭의 기관부와 구동부를 베이스로 개발된 수륙양용 트럭. 지상에서는 최대 속도 80km/h, 수상에서는 스크류 구동으로 항행해 최고 시속은 10km/h였다.

〔데이터〕
전장: 9.45m
전폭: 2.5m
전고: 2.47m
무게: 6.5t
최대 적재량: 2,300kg
엔진: GMC 모델 27091 6기통 액랭 가솔린
무장: M2 중기관총×1
정원: 2명

수상 항행용 스크류와 래더는 차체 후방의 아래에 달려 있다. 수송력은 지상에서 화물 2.5t 또는 병사 25명, 수상에서는 화물 5t 또는 병사 50명을 탑재할 수 있었다. 해안이나 하천의 연약 지반에서 주행하기 위해 타이어의 공기압을 원격 조작할 수 있는 기능과 수상 항행용 배수펌프도 갖춰져 있다.

〈GMC DUKW의 배치도〉

❶ 방파판
❷ 전방 갑판 해치
❸ 엔진 해치
❹ 운전석
❺ 화물칸
❻ 스페어타이어
❼ 윈치
❽ 닻
❾ 후방 갑판 해치

〈M29C 위젤(Weasel)〉

전장: 3.2m
전폭: 1.68m
전고: 1.3m
무게: 1.7t
최대 적재량: 500kg
엔진: 스튜드베이커 6-170 챔피언 6기통 액랭 가솔린
정원: 4명

스튜드베이커사가 1942년 설상차로서 개발하고, 1943년 미군이 채용한 궤도식 소형 수륙양용 수송차. 510mm 폭의 고무 캐터필러로 진창이나 모래사장 등에서 사용할 수도 있었다.

M29C는 M29 후기형의 수상 항행 기능을 강화한 모델로, 차체 앞뒤에 플로트를 증설하고 사다리도 추가됐다. 수륙양용이었으나 소형이고 건현이 낮기 때문에 해상에서 운용할 수는 없었다.

〈M29C의 내부 구조〉

❶ 헤드라이트
❷ 소화기
❸ 스티어링 레버
❹ 계기판
❺ 주전원 스위치
❻ 배기 머플러
❼ 견인 훅
❽ 기동륜
❾ 액슬 유닛
❿ 드라이브 샤프트
⓫ 전륜
⓬ 변속기
⓭ 클러치 하우징
⓮ 엔진
⓯ 상부 전륜
⓰ 변속 레버
⓱ 유도륜
⓲ 라디에이터
⓳ 액슬 시프트 레버
⓴ 클러치 페달
㉑ 액셀 페달

영국군의 전차와 궤도식 차량

한반도에 파병된 영국군은 기갑부대도 동반했다. 1950년 8월 최초의 기갑부대가 부산에 상륙했고, 이어서 11월에는 최신형 센추리온 전차를 장비한 1개 기갑부대가 파견됐다. 전차 이외의 장갑차량은 다임러의 정찰차와 장갑차, 유니버설 캐리어지만 모든 차량이 이 우수한 성능을 살려 각종 임무에서 많이 쓰였다.

〈센추리온 Mk.Ⅲ 순항전차〉

〔데이터〕
전장: 9.85m
차체 길이: 7.82m
전폭: 3.39m
전고: 3.01m
무게: 49t
엔진: 롤스로이스 미티어 V형 12기통 액랭 가솔린
장갑 두께: 25~152mm
무장: 20파운드(84mm) 전차포×1, M1919A4 기총×2
정원: 4명

센추리온은 영국군의 구분에서는 순항전차지만, 종래의 순항전차와 보병전차를 통합한 범용 전차로서 개발됐다. 개발은 1942년에 시작됐지만 시작 차량은 1945년 5월에야 유럽 전선에 보내졌기 때문에 전투에 참가하는 일은 없었다. 한국전쟁에서는 1950년 11월 이 전차를 장비한 부대가 부산에 상륙했다. 1951년 2월 11일에는 적에게 노획된 크롬웰 전차를 격파했다. 한반도 전장에서는 주로 보병부대의 지원이나 진지의 방위 전투에서 활약했다.

〈센추리온 ARV Mk.Ⅱ〉

센추리온의 프레임을 이용한 전차 회수차. ARV는 Armoured Recovery Vehicle의 약자다.

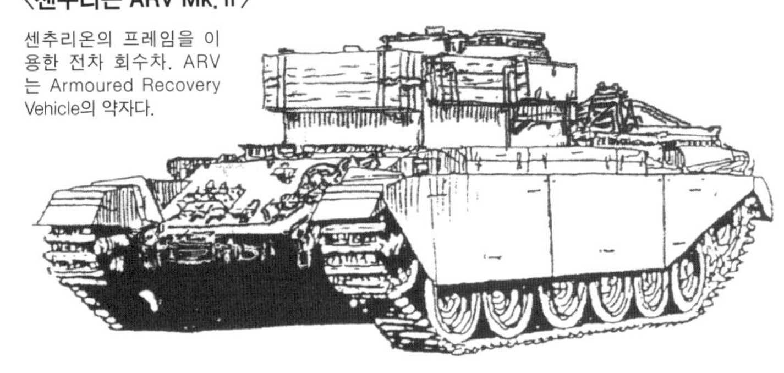

〈센추리온 Mk.Ⅲ의 내부 구조〉

1. 차장용 큐폴라
2. 포수용 페리스코프
3. 부앙 핸들
4. 선회 핸들
5. 20파운드 포
6. 실내등
7. 속도계
8. 회전계
9. 핸드 브레이크 레버
10. 액셀 페달
11. 브레이크 페달
12. 클러치 페달
13. 스티어링 바
14. 조종석
15. 서스펜션 유닛
16. 포수석
17. 포탄 수납부
18. 연료 탱크
19. 오일 쿨러
20. 에어 클리너
21. 냉각 팬
22. 메인 브레이크
23. 클러치
24. 기어박스 프리저
25. 스티어링 브레이크
26. 배기 루버
27. 에어 클리너
28. 발전기
29. 흡기 루버
30. 탈출 해치
31. 차장석

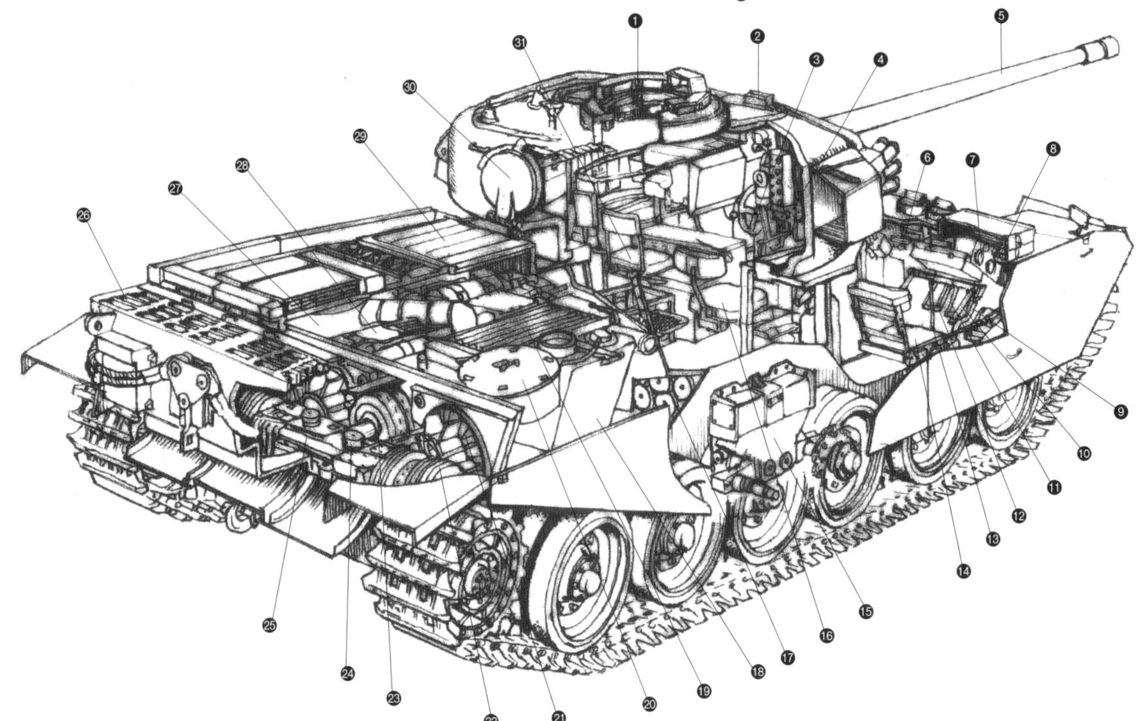

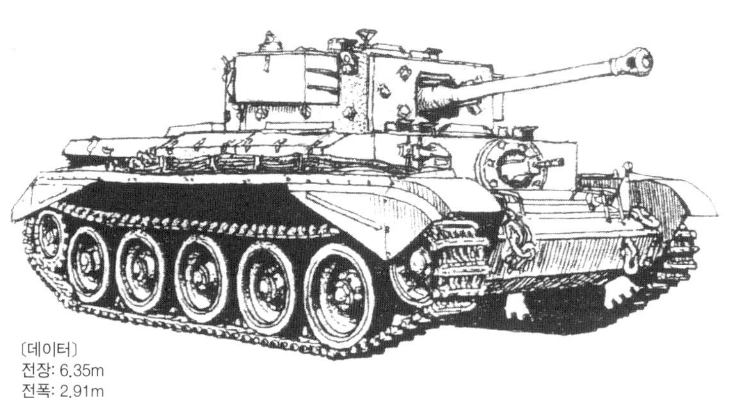

〈크롬웰 Mk.Ⅳ〉

크루세이더 순항전차의 후계차량으로 개발돼 1944년 6월 노르망디 전투부터 실전에 투입됐다. Mk.Ⅳ는 기존의 6파운드포에서 75mm포로 개량한 베리에이션. 낙동강 방어선 전투에서 북한군에 노획된 크롬웰 1대가 인천의 해안포대에서 사용됐다. 1950년 9월 인천에 상륙한 한국 해병대가 이를 노획해 서울 탈환까지 운용하고 그 뒤 영국군이 회수했다는 에피소드도 있다.

〔데이터〕
전장: 6.35m
전폭: 2.91m
전고: 2.49m
무게: 27.5t
엔진: 롤스로이스 미티어 V형 12기통 액랭 가솔린
장갑 두께: 12.7~76mm
무장: QF75mm 전차포×1, 베사 기관총×2
정원: 5명

〈처칠 Mk.Ⅶ 크로커다일〉

제7 왕립 전차연대의 1개 중대에 배치됐다. 원래는 화염방사전차였으나 한국전쟁에서는 화염방사장비를 떼고 운용했다.

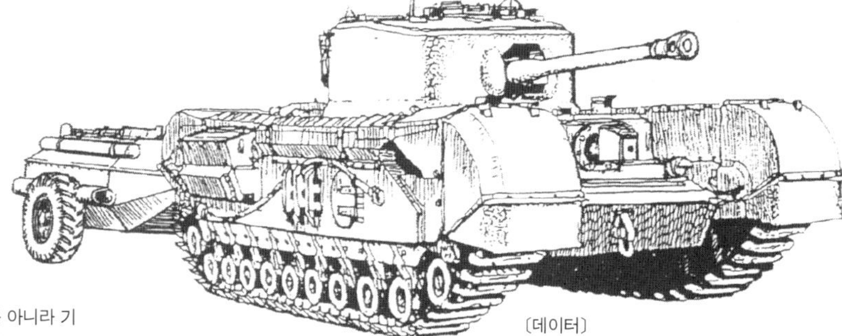

〔데이터〕
전장: 7.7m
전폭: 3.25m
전고: 3.25m
무게: 40.6t
엔진: 베드포드 트윈 식스 수평대향 12기통 액랭 가솔린
장갑 두께: 25~152mm
무장: QF75mm 전차포×1, 베사 기관총×2
정원: 5명

〈유니버설 캐리어 Mk.Ⅱ〉

소형 수송전용 장갑차. 기계화부대에 배치돼 보병뿐 아니라 기관총이나 박격포 운반, 대전차포 견인에도 운용됐다.

〔데이터〕
전장: 3.65m
전폭: 2.1m
전고: 1.57m
무게: 3.8t
엔진: 포드 V형 8기통 액랭 가솔린
장갑 두께: 7~10mm
무장: 브렌 경기관총×2
정원: 2~5명

〈처칠 가교전차〉

Mk.Ⅲ 또는 Mk.Ⅵ의 프레임을 토대로 차체 위에 길이 9.1m의 전차교를 탑재한 가교전차. 60t의 하중에 대응하는 전차교는 유압 구동 암을 이용해 가교한다.

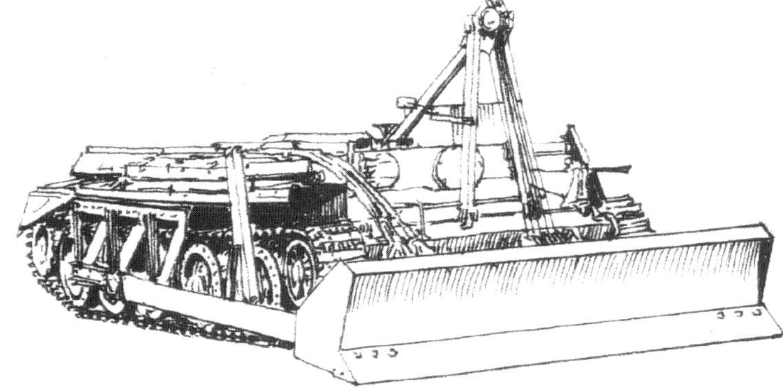

〈세인트 불도저〉

크롬웰의 베리에이션, 세인트 순항전차의 포탑을 철거하고 유압 작동 도저 블레이드를 탑재한 모델.

영국군과 영연방군의 차륜형 장갑차

영국제 장갑차와 비장갑차량은 영국군뿐만 아니라 캐나다, 호주, 뉴질랜드 등의 영연방군도 운용했다. 여기에는 영국제뿐만 아니라 자국의 라이선스 생산이나 국산 차량도 포함됐다. 또 반대로 영연방국에서 생산된 차량을 영국군이 수입해 사용하기도 했다.

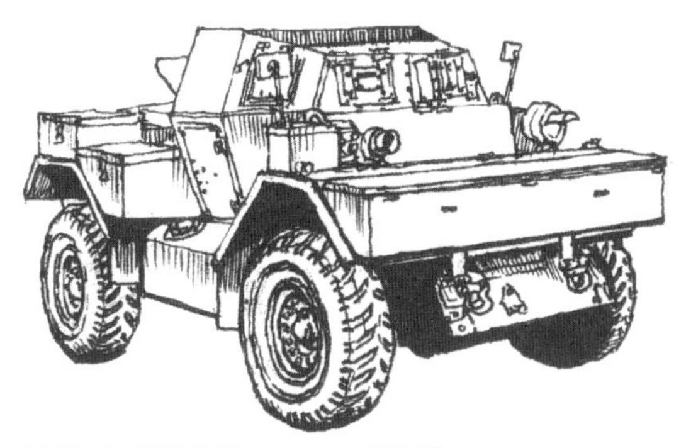

〈다임러 Mk.II 정찰차〉

장갑연대의 장거리 정찰부대나 포병대의 연락용 등으로 사용된 소형 장갑 정찰차. Mk.II는 Mk.I의 4륜구동, 4륜 조타 기능을 폐기하고 전륜 구동식으로 바꾼 개량형. 노상 최대 속도는 89km/h.

〔데이터〕
전장: 3.18m
전폭: 1.71m
전고: 1.5m
무게: 3t
엔진: 다임러 6기통 공랭 가솔린
장갑 두께: 정면 30mm, 측면 12mm
무장: 브렌 경기관총×1
정원: 2명

〈다임러 Mk.II 장갑차〉

다임러 정찰차와 함께 개발된 4륜구동 장갑차. 정찰부대에서는 정찰차와 콤비로 운용됐다. 서스펜션에 독립 코일 스프링 방식을 채용하여 부정지 주행 시 신뢰성은 높으며, 노상 최고 속도는 80km/h였다.

〔데이터〕
전장: 4m
전폭: 2.46m
전고: 2.26m
무게: 7.6t
엔진: 다임러 6기통 공랭 가솔린
장갑 두께: 7~16mm
무장: QF 2파운드(40mm) 전차포×1, 베사 기관총×1, 브렌 경기관총×1
정원: 3명

〈셰보레(Chevrolet) C15A〉

제2차 세계대전 당시 캐나다의 제네럴 모터스 셰보레 캐나다사와 포드 캐나다사가 개발·생산한 CMP(Canadian Military Pattern) 트럭 시리즈의 일종. 4륜구동으로 최대 적재량은 750kg.

〈셰보레 C30〉

이 트럭도 캐나다제 CMP 트럭의 베리에이션. 4륜구동으로 최대 적재량은 1.5t.

〈베드포드 QLD〉

영국의 복스홀사가 생산한 QL 시리즈의 병력·화물 수송 범용 트럭의 베리에이션. 4륜구동으로 최대 적재량은 3t.

〈CMP FAT F2〉

CMP 시리즈의 야포 견인용 트랙터. FAT는 'Field Artillery Tractor'의 약칭. 야포를 견인하고 험지를 주행하기 위해 타이어 사이즈가 트럭보다 컸다. QF 25파운더 포는 탄약차와 함께 견인했다. 정원은 운전수를 포함해 6명.

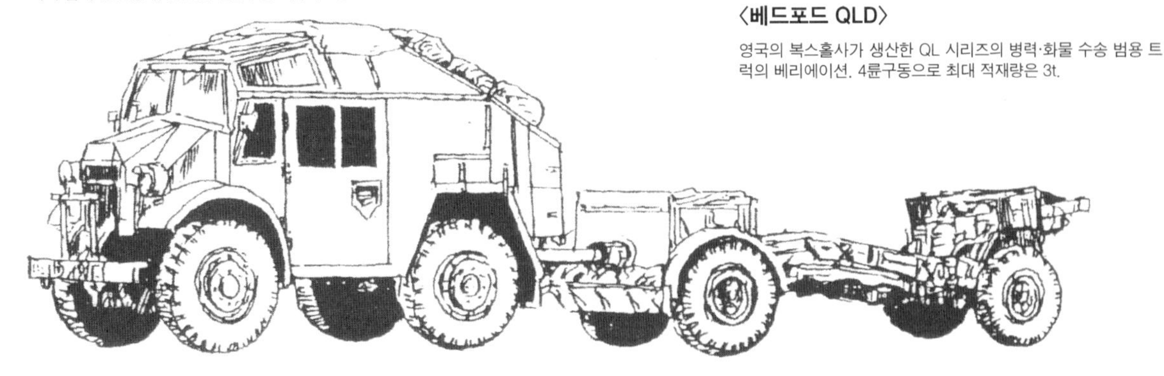

한국군의 전투차량

한국군은 개전 당시부터 휴전까지 미제 차량을 사용했으며, 전차는 1951년 4월부터 M24 경전차와 M36 구축전차가 지원됐다.

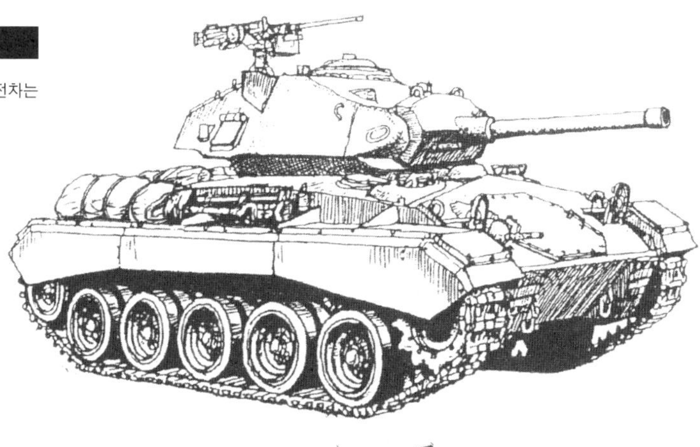

〈M24 채피 경전차〉

개전 후 한국군에서 전차부대를 편성하기 위해 미국이 지원했다.

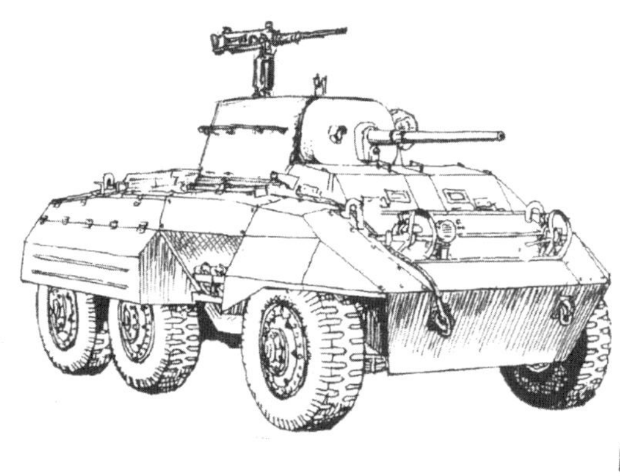

〈M8 장갑차〉

개전 당시 한국 육군은 이 장갑차를 장갑 연대에 배치했다. 북한군의 T-34-85에 도저히 대항할 성능이 아니었으나 적의 공격을 막기 위해 대전차 전투에 투입돼 1950년 12월까지 모든 차량을 잃었다고 한다.

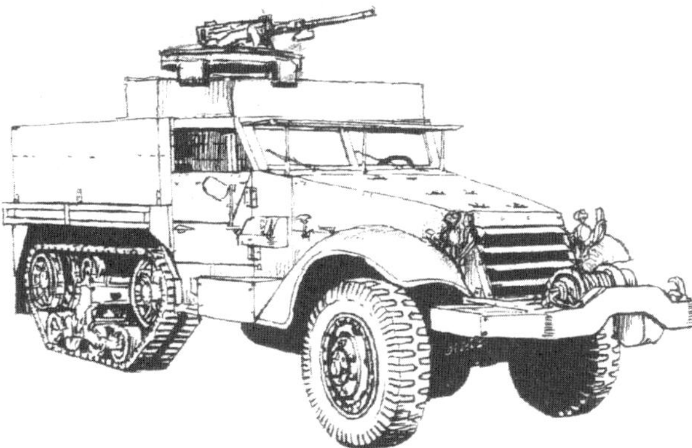

〈M3A1 하프 트럭〉

M8 장갑차와 함께 장갑연대가 장비했다. 병력 수송을 맡는 한편 대전차부대에도 배치돼 대전차포 견인에 사용됐다.

〈M36 잭슨 구축전차〉

M24와 함께 지원됐다. M26과 같은 90mm포를 탑재해 T-34-85를 격파할 수 있는 화력을 갖추었으나 구축전차여서 M4 전차보다 장갑 두께가 얇아 방어력은 떨어졌다. 지원된 일부 M36은 차체 전면에 기관총을 장비했는데 이는 도쿄 아카바네에 있었던 미군 창고에서 개조한 차량이라고 한다.

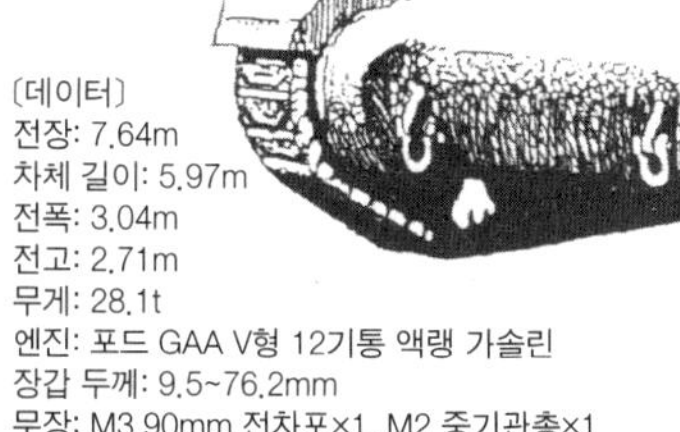

〔데이터〕
전장: 7.64m
차체 길이: 5.97m
전폭: 3.04m
전고: 2.71m
무게: 28.1t
엔진: 포드 GAA V형 12기통 액랭 가솔린
장갑 두께: 9.5~76.2mm
무장: M3 90mm 전차포×1, M2 중기관총×1
정원: 5명

〈M36의 내부 구조〉

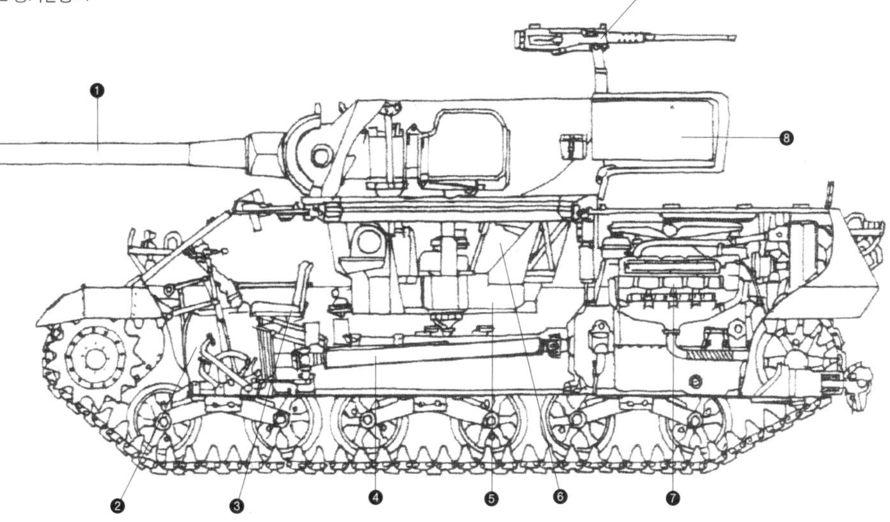

❶ 90mm 전차포
❷ 변속기
❸ 조종석
❹ 드라이브 샤프트
❺ 포탑 바스켓
❻ 전투실
❼ 엔진
❽ 포탄 수납부
❾ M2 중기관총

유엔군의 군장

미 육군의 군복과 장비

한국전쟁에서 미군이 사용한 군복과 장비는 기본적으로 제2차 세계대전부터 계속 사용한 것과 대전 중의 개량형, 또 세계대전 말기에 채용된 모델이었다. 단 1951년 이후에는 방한 전투복과 방탄복 등 세계대전 후 개발·채용된 신형 모델 지급도 시작됐다.

〈M1950 재킷〉

영국군의 전투복을 참고해 1944년 채용된 M44 야전상의('아이젠하워 재킷', '아이크 재킷'이라고도 불렸다)의 개량 모델. 제복과 전투복을 겸했으나 야전에서는 쓰이지 않았다.

〈M1944 HBT 재킷〉

작업·야전용 제복. 1949년에 디자인은 그대로 두고 버튼을 금속에서 수지로 변경했다.

〈HBT 전투복(하계)〉

하계의 일반적인 야전 스타일. HBT 전투복은 M1943 등도 사용됐다.

〈M1945 야전 배낭〉

〈M1·2 카빈 탄창 파우치〉

15발 탄창 파우치

카빈·소총 탄약통 주머니의 덮개를 연장해 만들어진 최초의 30발 탄창용 파우치.

탄창 4개용 파우치

〈소총병의 기본 장비〉

M1944 서스펜더

야전 배낭과 함께 채용됐다. M1944·45 야전 배낭에 어깨끈은 부속되지 않기 때문에 이 서스펜더에 연결해 사용한다.

〈M3A1 기관단총용 장비〉

대부분의 개인용 전투 장비는 원단 색이 국방색이다.

〈각종 헤드기어〉

〔M1951 필드캡〕

전쟁 후반부터 사용된 코튼 포플린 원단 야전모. M1943 필드캡이나 M1943 HBT 캡도 사용됐다.

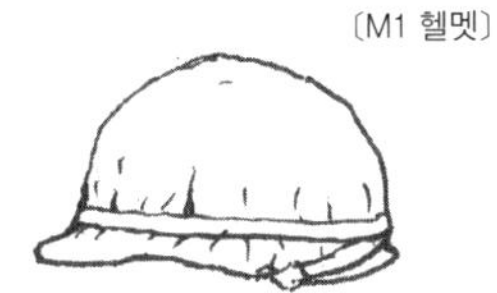

〔M1 헬멧〕

대전 말기부터 대전 후의 생산품은 친스트랩(헬멧 등에 달린 턱끈) 등의 원단 색이 카키색에서 국방색으로 변경됐다. 전쟁이 진지전으로 이행하자 장병은 헬멧의 반사를 막기 위해 훍주머니 등을 이용해 헬멧을 커버했다.

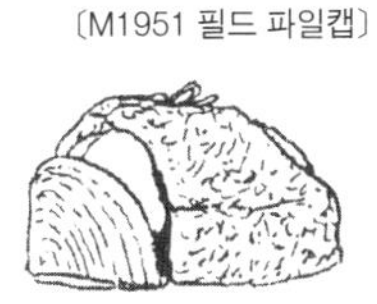

〔M1951 필드 파일캡〕

알파카털을 사용한 한랭지용 방한모.

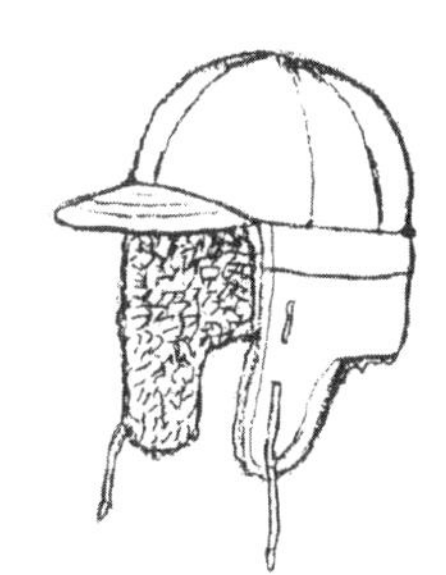

M1951 필드 파일캡의 차양과 귀덮개를 내린 상태.

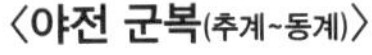

〈야전 군복(추계~동계)〉

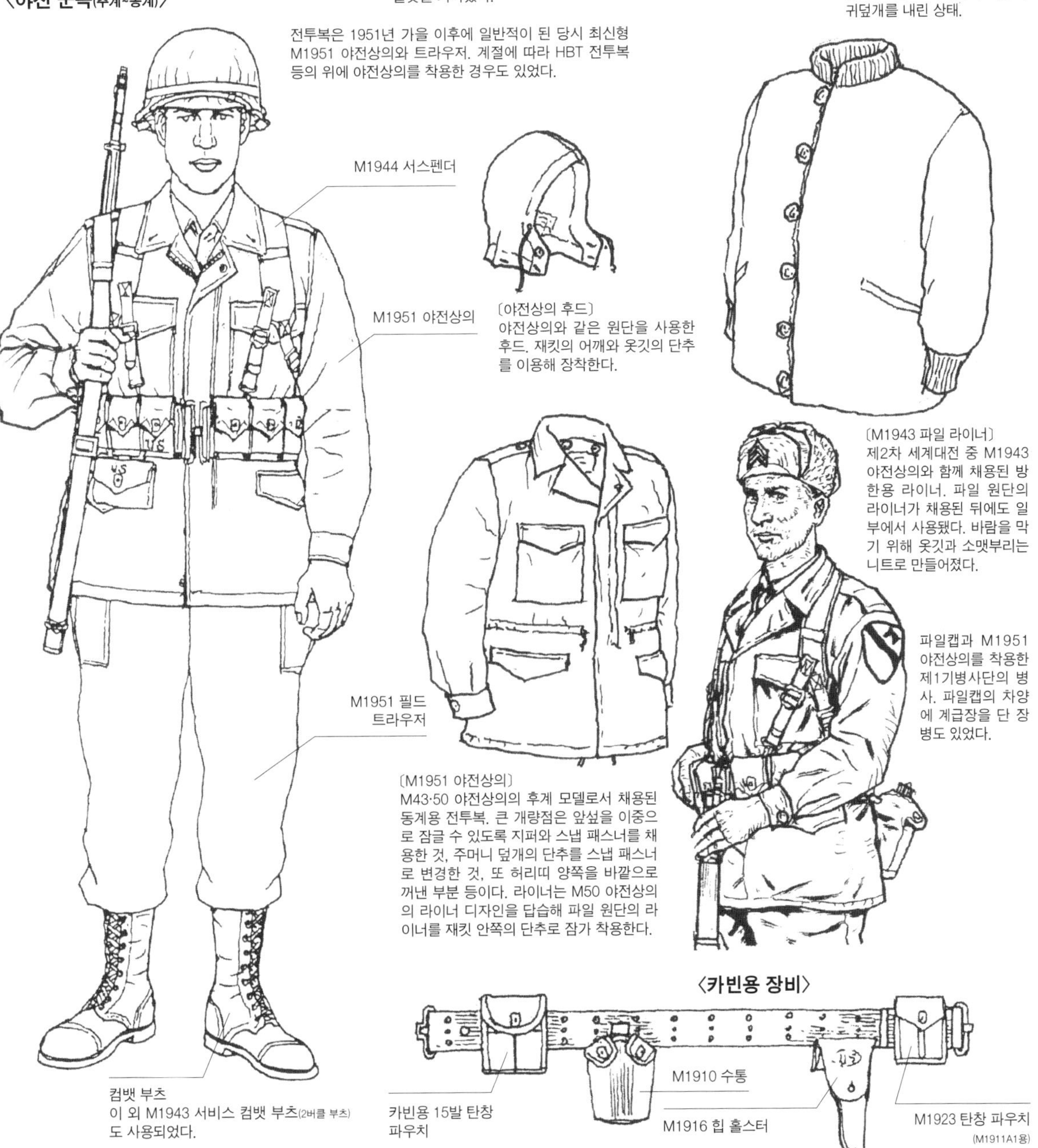

전투복은 1951년 가을 이후에 일반적이 된 당시 최신형 M1951 야전상의와 트라우저. 계절에 따라 HBT 전투복 등의 위에 야전상의를 착용한 경우도 있었다.

〔야전상의 후드〕
야전상의와 같은 원단을 사용한 후드. 재킷의 어깨와 옷깃의 단추를 이용해 장착한다.

〔M1943 파일 라이너〕
제2차 세계대전 중 M1943 야전상의와 함께 채용된 방한용 라이너. 파일 원단의 라이너가 채용된 뒤에도 일부에서 사용됐다. 바람을 막기 위해 옷깃과 소맷부리는 니트로 만들어졌다.

〔M1951 야전상의〕
M43·50 야전상의의 후계 모델로서 채용된 동계용 전투복. 큰 개량점은 앞섶을 이중으로 잠글 수 있도록 지퍼와 스냅 패스너를 채용한 것, 주머니 덮개의 단추를 스냅 패스너로 변경한 것, 또 허리띠 양쪽을 바깥으로 꺼낸 부분 등이다. 라이너는 M50 야전상의의 라이너 디자인을 답습해 파일 원단의 라이너를 재킷 안쪽의 단추로 잠가 착용한다.

파일캡과 M1951 야전상의를 착용한 제1기병사단의 병사. 파일캡의 차양에 계급장을 단 장병도 있었다.

컴뱃 부츠
이 외 M1943 서비스 컴뱃 부츠(2버클 부츠)도 사용되었다.

〈카빈용 장비〉

〈M1918A1 BAR용 장비〉

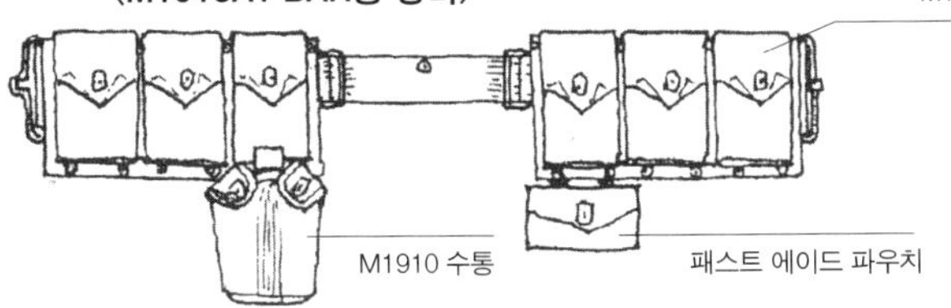

〈예비 탄대〉

Cal.30와 Cal.30 카빈용 2종류가 있다.

미군 공수부대의 군장

공수부대는 기본적으로 일반적인 보병부대와 같은 군복과 장비를 사용했다. 단 제2차 세계대전에서도 그랬듯 필드 트라우저의 카고 포켓 용량을 크게 하는 등 각 부대마다 독자적으로 개조해서 사용했다.

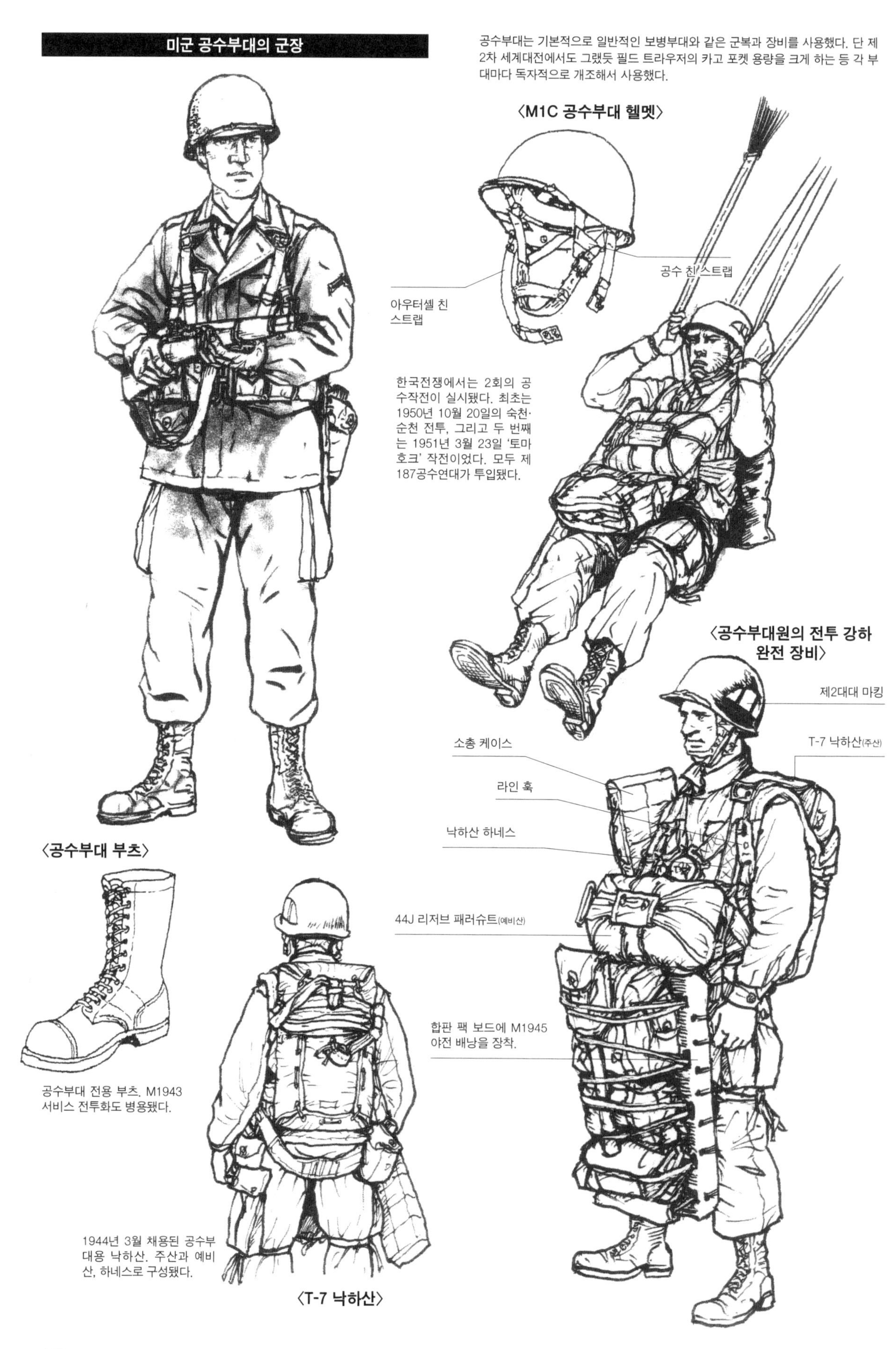

한국전쟁에서는 2회의 공수작전이 실시됐다. 최초는 1950년 10월 20일의 숙천·순천 전투, 그리고 두 번째는 1951년 3월 23일 '토마호크' 작전이었다. 모두 제187공수연대가 투입됐다.

공수부대 전용 부츠. M1943 서비스 전투화도 병용됐다.

1944년 3월 채용된 공수부대용 낙하산. 주산과 예비산, 하네스로 구성됐다.

미군의 전차병

HBT 커버올을 착용한 전차병. 그 스타일은 제2차 세계대전과 거의 달라지지 않았다.

미군의 동계 전투복

한반도의 혹한기 기온은 주간 영하 20°~25°C, 새벽에는 영하 25°~45°C까지 내려가기도 했다. 제2차 세계대전 당시 유럽 전선의 겨울보다 가혹한 전장에서 싸우기 위해 미군은 신구를 합친 방한 의류를 장병에게 지급해 대응했다.

〈미군의 레이어드 클로징(겹쳐입기)〉

〈M1950 야전상의를 착용한 병사〉

제2차 세계대전 때 유럽에서는 야전상의와 라이너를 병용한 방한 스타일로 대응할 수 있었다. 그러나 한반도의 추위는 만만하지 않아 원래는 산악부대나 스키부대, 알래스카나 알류샨 등의 한랭지에서 사용하는 방한 전투복 등을 지급해 겨울을 넘겼다.

〈M1947 오버코트 파카 타입을 착용한 병사〉

리버시블이 아닌 모델. 파일 원단 라이너 본체 부분은 탈착식으로, 후드 부분의 라이너는 파커 쪽에 고정돼 있다.

〈오버코트 파카 타입 리버시블〉

한랭지용 파카. 후드가 달린 알파카 라이너와 병용한다. 안쪽은 눈밭용으로 흰 원단으로 만들어졌다.

〔트리거 핑거 미튼 장갑〕 울 글러브 아우터로 사용한다. 일반적인 미튼 장갑과는 달리 총의 방아쇠를 당길 수 있도록 검지가 독립돼 있다.

〔M1951 파카 후드〕 파카에 부속하는 후드 안쪽에 장착해 사용하는 방한용 이너 후드. 가장자리에는 코요테 모피가 달려 있다.

〈리버시블 스키 파카를 착용한 병사〉

원래는 산악·스키부대용 전투복. 바람막이가 목적이기 때문에 단벌로는 방한 성능은 없다.

〈방한 전투복 위에 야전 장비를 착용한 병사〉

추위를 견디기 위해 겹쳐 입은 병사는 그 무게도 견뎌야 했다.

〈M1950 필드 오버 파카와 트라우저를 착용한 병사〉

야전상의와 셸파카 등의 위에 착용하는 눈밭 미채용 백색 파커.

미군의 장군

〈더글러스 맥아더(Douglas MacArthur) 원수〉

(1880. 1. 26.~1964. 4. 5.)

남서 태평양 방면 연합군 최고 사령관으로서 태평양전쟁에서 싸우고, 종전 후 연합국군 최고 사령관으로 취임해 일본의 점령 정책을 추진했다. 한국전쟁이 시작되자 1950년 7월 8일 유엔군 총사령관으로 임명돼 유엔군을 지휘하게 된다.

1945년 8월 30일, 아쓰기 비행장에 도착한 맥아더 원수. 옥수숫대 파이프와 선글라스가 그의 트레이드 마크가 되었다.

해임 후 14년 만에 미국으로 귀국한 맥아더는 4월 19일 미 의회에서 '노병은 죽지 않는다. 다만 사라질 뿐'이라는 유명한 연설을 하고 오랜 군력에 막을 내렸다.

맥아더의 전선 시찰 스타일. 카키 전투복 위에 A-2 플라이트 재킷을 착용했다.

중국군 개입 후에 전쟁의 조기 종결을 바라는 트루먼 대통령에게 맞서 맥아더는 중국, 북한 국경까지 진격하는 등 군사면의 정책에서 대통령과의 대립이 표면화됐다. 그리고 만주에 핵병기를 사용할 것을 제안하는 등 중국과의 전면 전쟁을 시사해 트루먼의 명령으로 1951년 4월 10일 유엔군 총사령관에서 해임됐다.

1950년 9월 14일, 인천 앞바다의 마운트 매킨리급 양륙지휘함 위에서 지휘하는 맥아더 원수.

〈월튼 해리스 워커(Walton Harris Walker) 중장〉

(1889. 12. 3.~1950. 12. 23.)

제2차 세계대전에서는 제3기갑사단과 제20군단장 등을 역임했다. 1948년 8월, 제8군 사령관으로 취임했다. 한국전쟁이 발발하자 사령부를 한반도로 옮겨 낙동강 방어선 전투를 지휘했다. 1950년 12월 23일, 전선 시찰 중 승차한 차량의 사고로 순직했다. 사후에 대장으로 진급했다.

제20군단 부대장

〈제임스 올워드 밴 플리트(James Alward Van Fleet) 중장〉

(1892. 3. 19.~1992. 9. 23.)

제2차 세계대전에서 제4, 제90보병사단장 등을 맡았고, 종전 시에는 제3군단을 지휘했다. 한국전쟁에서는 매슈 리지웨이 중장을 대신해 1951년 4월 제8군 사령관으로 취임했다.

제8군 부대장

〈매슈 벙커 리지웨이(Matthew Bunker Ridgway) 중장〉

(1895. 3. 3.~1993. 7. 26.)

제18공수군단 부대장

제2차 세계대전 중 제82공수사단장, 제18공수군단 사령관으로서 유럽 전선에서 공수부대를 지휘했다. 1950년 12월, 워커 중장이 순직하자 후임으로서 제8군 사령관으로 취임했다. 중국군의 공세를 막아내고 이듬해에는 유엔군의 반공 작전을 지휘했다. 그 뒤 맥아더의 후임으로서 1951년 4월부터 1952년 4월까지 유엔군 총사령관을 맡았다.

〈올리버 프린스 스미스(Oliver Prince Smith) 대장〉

(1893. 10. 26.~1977. 12. 25.)

제2차 세계대전 당시 태평양 전선에서 제1해병사단 연대장, 부사단장, 제10군 해병대 부참모장 등을 역임했다. 한국전쟁에서는 인천상륙작전, 장진호 전투에서 제1해병사단을 지휘했다.

영국군의 군복과 장비

영국군도 미군과 마찬가지로 스타일은 기본적으로 제2차 세계대전과 같았다. 영국군을 표상하는 울 원단 배틀 드레스는 세계대전 중 사용한 모델을 개량한 P(Pattern) 1949 드레스를 사용했다. 개인 전투 장비는 P1937(P37) 장비였으나, 카키색 원단이 눈에 띄지 않도록 녹색으로 물들여 사용했다.

〔Mk.Ⅳ 헬멧〕
1944년부터 사용된 Mk.Ⅲ 헬멧의 개량형으로 1945년부터 생산됐다.

미군의 M1943 야전상의를 참고해 영국군이 1950년 채용한 야전용 코튼 재킷. 트라우저도 함께 채용됐다. 앞섶은 단추와 패스너를 병용해 여닫는다. 장갑을 찬 채로도 쉽게 여닫기 위해 단추는 크고 모두 노출됐다.

〈전투 가죽조끼를 착용한 병사〉

전투 가죽조끼로서 겉은 가죽제, 안쪽은 울 원단인 방한용 베스트.

〈방탄복을 착용한 병사〉

영국군의 일부 부대는 미군에게서 방탄복을 지급받았다.

〔P1950 컴뱃 캡〕
컴뱃 드레스와 같은 코튼 원단으로 만들어진 야전모. 귀를 덮기 위해 플랩이 부속됐다.

〔P1950 컴뱃 드레스용 탈착식 후드〕
컴뱃 드레스의 어깨와 옷깃에 부속된 단추로 장착한다.

〈P1950 컴뱃 드레스를 착용한 병사〉

P1950 컴뱃 드레스는 동계용 전투복으로서 1949년에 개발이 시작돼 한국전쟁에서는 1951~1952년 동계에 사용됐으나 수가 적어 최전선 부대에 우선적으로 지급됐다고 한다.

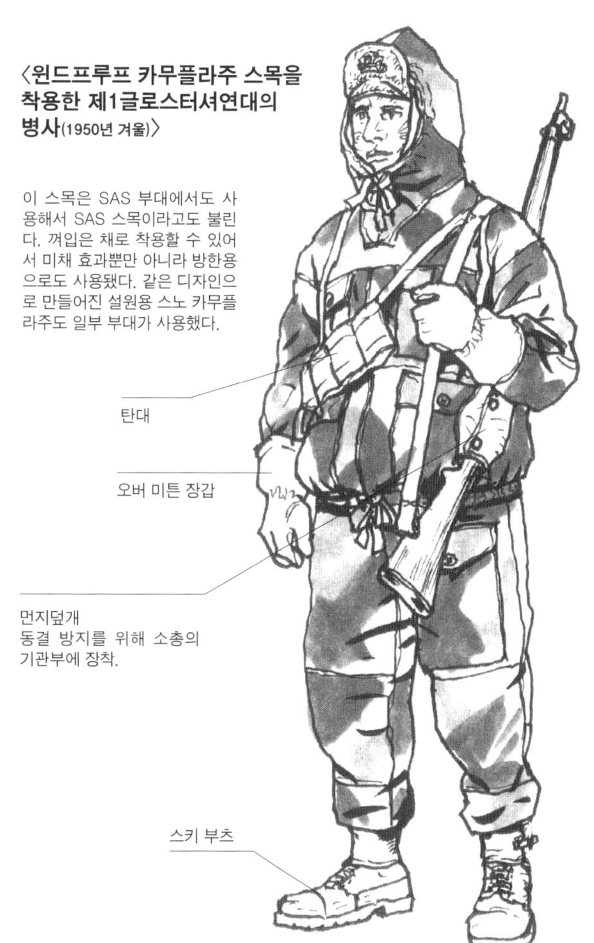

〈윈드프루프 카무플라주 스목을 착용한 제1글로스터셔연대의 병사(1950년 겨울)〉

이 스목은 SAS 부대에서도 사용해서 SAS 스목이라고도 불린다. 껴입은 채로 착용할 수 있어서 미채 효과뿐만 아니라 방한용으로도 사용됐다. 같은 디자인으로 만들어진 설원용 스노 카무플라주도 일부 부대가 사용했다.

〈윈드프루프 카무플라주 스목〉

배틀 드레스 등을 껴입은 뒤 입을 수 있도록 사이즈는 크게 만들어졌다.

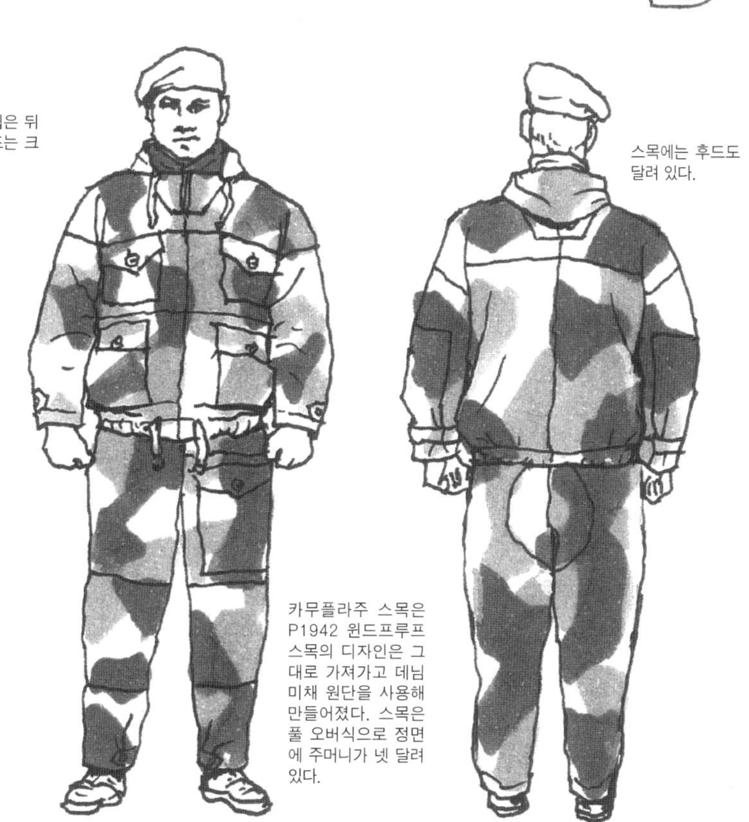

스목에는 후드도 달려 있다.

카무플라주 스목은 P1942 윈드프루프 스목의 디자인은 그대로 가져가고 데님 미채 원단을 사용해 만들어졌다. 스목은 풀 오버식으로 정면에 주머니가 넷 달려 있다.

영국군 전차병

영국군 전차병은 전용 오버올을 사용했으나, 이는 제2차 세계대전 중 1942년 채용된 통칭 '픽시 수트'라고 불린 오버올이다.

〈표준적인 전차병〉

전차병 베레는 검은색

고글

장갑차량 탑승원용
홀스터

〈동계 전차병〉

겨울에는 방한용 오버올을 사용했다. 이 타입은 1943년 채용됐다. 앞섶의 좌우 2개 부위에 지퍼가 있어 옷깃부터 옷단까지 여닫는 디자인으로 만들어졌다. 일반 타입 오버올처럼 탈착식 후드도 있었다.

프런트 패스너

제8아일랜드근
위기병연대 훈장

영연방군의 각국군 병사

영연방군은 현지에서 편성된 제27, 제28연방보병여단에 소속됐다. 각 여단에는 영국군 제8개 대대, 호주군 3개 대대, 캐나다군 1개 연대, 뉴질랜드군 1개 대대가 할당돼 배속됐다. 그 뒤 2개 여단은 1951년 7월에 통합돼 영연방 제1보병사단으로 개칭했다.

〈인도군 병사〉

규모: 공수연대 소속 1개 위생부대
소속: 제27·제28연방보병여단
군장: 영국식
병기: 영국식

〈캐나다군 병사〉

규모: 1개 여단
소속: 제27·제28연방보병여단
군장: 영국식
병기: 국산, 영국식

〈호주군 병사〉

규모: 보병 2개 대대(4,400명)
소속: 제27·제28연방보병여단
군장: 국산, 영국식
병기: 국산, 영국식

〈뉴질랜드군 병사〉

규모: 1개 포병중대(약 500명)
소속: 제27·제28연방보병여단
군장: 국산, 영국식
병기: 영국식

그 외의 유엔군 병사

영연방군 이외의 유엔군은 주로 미군에 배속됐다. 모든 부대가 미군과 함께 활동하며 휴전까지 각지에서 전투를 벌였다.

〈프랑스군 병사〉

규모: 1개 보병대대(약 1,400명)
소속: 미국 제2보병사단 제23보병연대
군장: 국산, 미국식
병기: 미국식

〈네덜란드군 병사〉

규모: 1개 보병대대(약 640명)
소속: 미국 제7보병사단 제32보병연대
군장: 국산, 미국식
병기: 미국식

〈벨기에군 병사〉

규모: 1개 보병대대(약 800명)
소속: 영국 제29여단, 미국 제1기병사단·제3보병사단
군장: 국산, 미·영국식
병기: 국산, 미국식

〈튀르키예군 병사〉

규모: 보병 1개 여단(약 6,000명)
소속: 미국 제2보병사단
군장: 미국식
병기: 미국식

〈태국군 병사〉

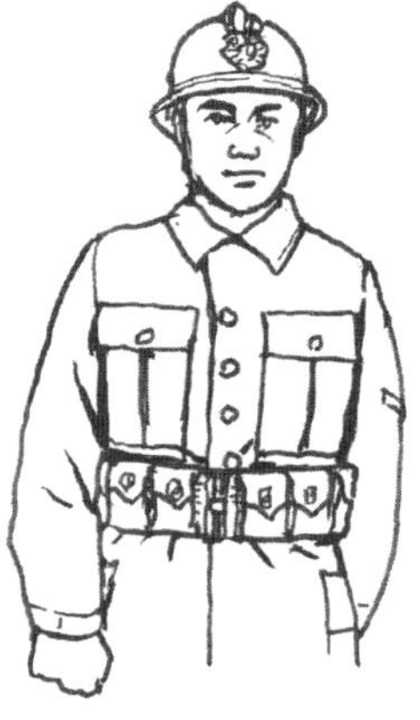

규모: 1개 보병연대(약 4,000명)
소속: 미국 제2보병사단
군장: 국산, 미국식
병기: 미국식

〈필리핀군 병사〉

규모: 1개 보병대대, 1개 전차중대(약 5,000명)
소속: 미국 제1기병사단, 제3·제25·제45보병사단
군장: 미국식
병기: 미국식

〈콜롬비아군 병사〉

규모: 1개 보병대대(약 1,100명)
소속: 미국 제24보병사단
군장: 미국식
병기: 미국식

〈에티오피아군 병사〉

규모: 1개 근위병대대(약 1,100명)
소속: 미국 제7보병사단 제32보병연대
군장: 미국식
병기: 미국식

한국군 군복과 장비

한국의 육상 병력은 주력인 대한민국 육군과 해병대다. 육군은 1946년 1월 15일 발족한 남조선국방경비대를 바탕으로 건국 후 육군으로 개편돼 한국전쟁 개전 당시 병력은 9만 8,000명이었다. 군복과 장비는 미국이 지원했으나 야전용 전투복 일부는 국산품도 사용했다. 그러나 국산품은 내구성이 떨어져 병사들은 미제 전투복을 선호했다고 한다.

〈하계 육군 병사〉

전쟁 당초에는 코튼 원단의 카키 전투복(하계 제복), 또는 국방색 전투복(겸 작업복)도 사용했다. 국산 전투복은 모두 미군의 것을 카피한 디자인으로 만들어졌다.

위장망을 장착한 M1 헬멧

M1 소총

〈동계 야전 장비 육군 병사〉

일부 부대에서는 헬멧에 계급장을 페인팅했다.

M1945 야전 배낭

야전상의

야전상의는 M43이나 M50 등이 미국에서 지원됐다. 부츠는 당초 국산 고무창 즈크화를 사용했으나 이후 미군에서 M1943 서비스 컴뱃 부츠 등이 지급됐다.

〈방한 장비 병사〉

혹한기의 방한 장비는 국산 퀼팅 방한 의류를 사용했으나 미군에서 파카류도 지급받았다.

오버코트 파카 타입

〈해병대원 병사〉

덕헌터 카무플라주 커버를 씌운 M1 헬멧.

M1 카빈

한국군 해병대는 미 해병대를 견본으로 삼아 1949년 4월 15일 창설됐다. 그해 8월 2개 대대가 편성됐다. 한국전쟁이 시작되자 병력이 충원돼 1950년 9월 1일에는 1개 연대, 12월에는 제5독립대대가 창설됐다. 군복과 장비는 육군과 같으나 재킷 왼쪽 주머니에 해병대를 나타내는 한글 문자와 KMC의 영어 약자, 또 부대장이 스텐실로 그려졌다.

해병대
KMC

재킷 왼쪽 주머니에 그려진 한글 문자와 부대장.

〈한국군의 계급장〉

특무상사

이등중사

이등상사

하사

일등병

일등중사

대위

대령

중위

중령

소위

소령

대장

중장

소장

준장

* 당시 이등병은 계급장이 없었다. 특무상사에서 위의 별이 없을 경우의 계급은 일등상사(옮긴이 주).

한국군 장군

〈정일권〉

(1917. 11. 21.~1994. 1. 17.)

봉천군관학교, 일본 육군 사관학교를 졸업. 제2차 세계대전 종전 당시에는 만주국군 장교였다. 세계대전 후에 남조선 국방경비대의 연대장, 총참모관 등을 역임했다. 한국전쟁 개전 후에는 1950년 6월 육군 참모총장과 육해공군 총사령관 등에 취임해 군을 지휘했다. 휴전 시 계급은 중장(일제강점기 말기 만주군 헌병 장교, 간도헌병대 대장으로 활동하여 친일인명사전에 수록되었다-옮긴이 주).

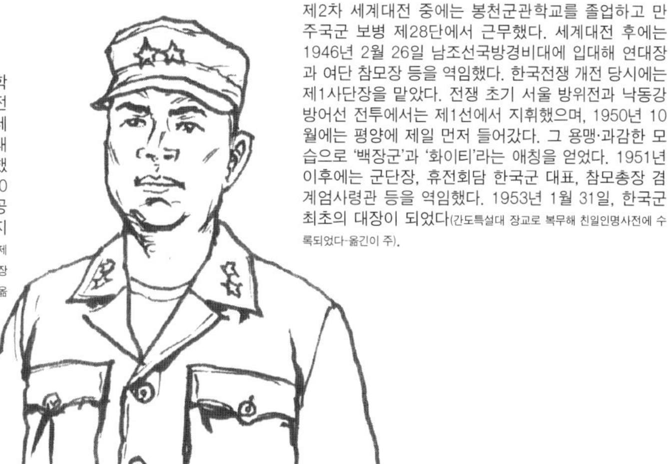

〈백선엽〉

(1920. 11. 23.~2020. 7. 10.)

제2차 세계대전 중에는 봉천군관학교를 졸업하고 만주국군 보병 제28단에서 근무했다. 세계대전 후에는 1946년 2월 26일 남조선국방경비대에 입대해 연대장과 여단 참모장 등을 역임했다. 한국전쟁 개전 당시에는 제1사단장을 맡았다. 전쟁 초기 서울 방위전과 낙동강 방어선 전투에서는 제1선에서 지휘했으며, 1950년 10월에는 평양에 제일 먼저 들어갔다. 그 용맹·과감한 모습으로 '백장군'과 '화이티'라는 애칭을 얻었다. 1951년 이후에는 군단장, 휴전회담 한국군 대표, 참모총장 겸 계엄사령관 등을 역임했다. 1953년 1월 31일, 한국군 최초의 대장이 되었다(간도특설대 장교로 복무해 친일인명사전에 수록되었다-옮긴이 주).

〈육군 장교의 군복〉

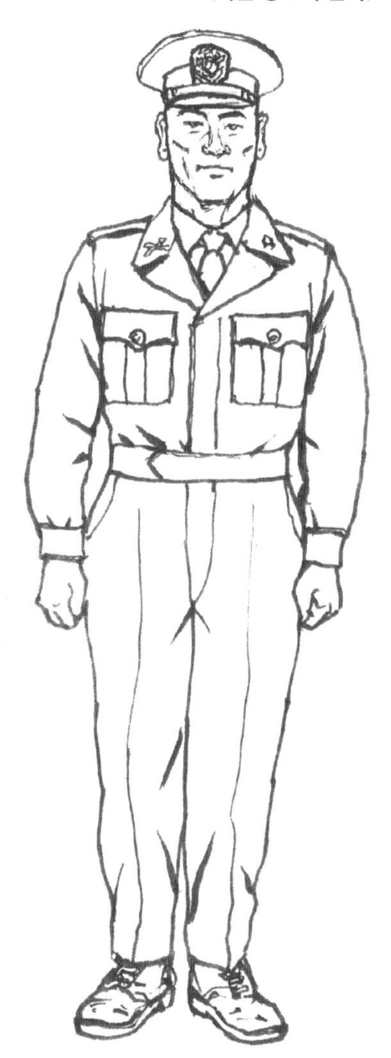

장교의 상근 동계 제복. 미군에게 지원받은 아이크 재킷과 울 트라우저를 사용했다. 여름에는 코튼 카키 셔츠와 트라우저를 사용했다.

국방색 전투복에 M41 야전상의를 착용한 스타일.

M43HBT 재킷과 트라우저를 착용한 최전선 스타일. HBT 전투복은 M49도 사용했다.

진지 구축

전투용 참호

참호는 거점 방위나 이동 중 야영할 때 만들어진다. 지형이나 용도 등에 따라 1인용부터 기관총 등을 사용하는 병기에 맞춘 다양한 타입이 있다.

〈엎드려쏴용 참호〉

적탄 아래의 응급 참호.

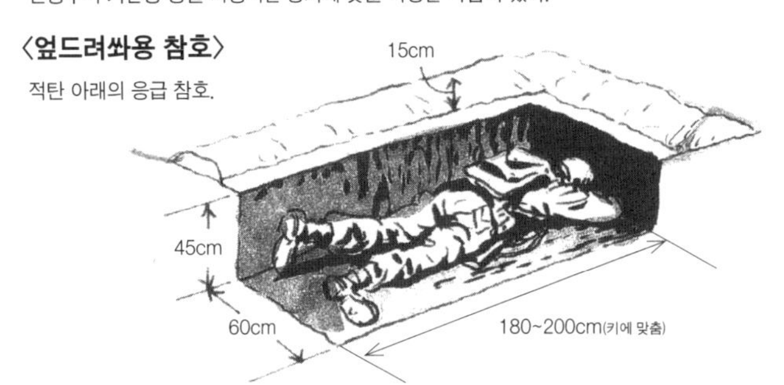

〈파이팅 홀(서서쏴용 참호 1인용)〉

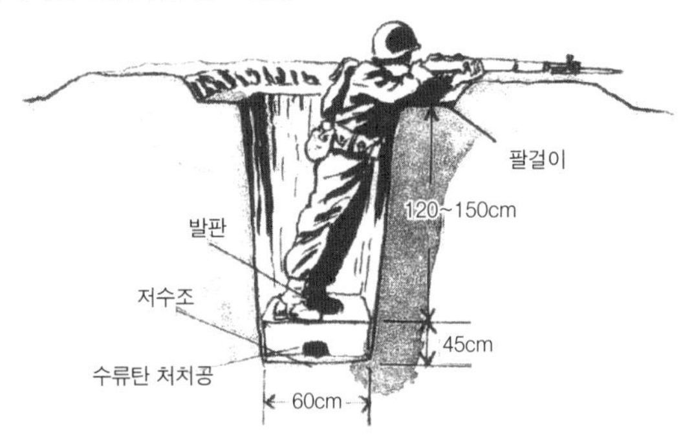

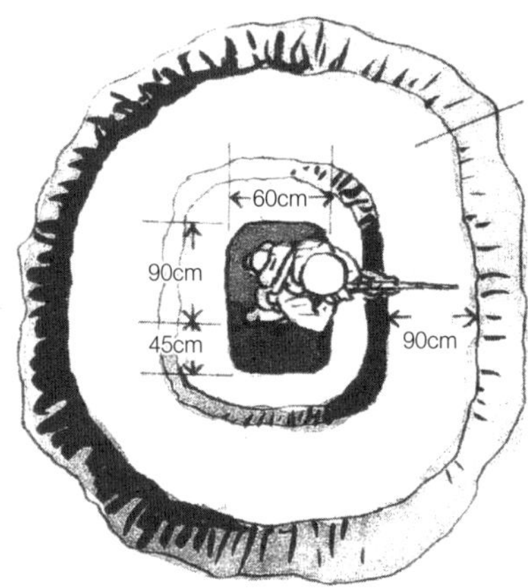

파낸 흙을 이용해 방호용으로 해자의 정면이나 주위를 숨기도록 흙더미를 만든다.

〈투 멘 파이팅 홀(2인용)〉

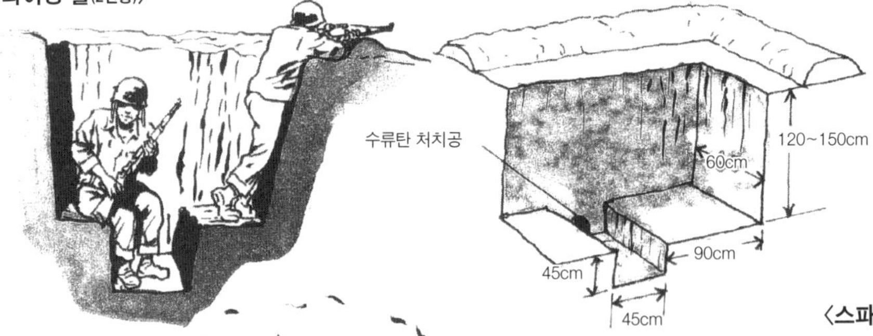

둘이서 구축하기 때문에 교대로 휴식을 취하면서 작업할 수 있다. 또 경계도 교대가 가능해 장시간 전투 배치에 적합했다.

〈스파이더 홀〉

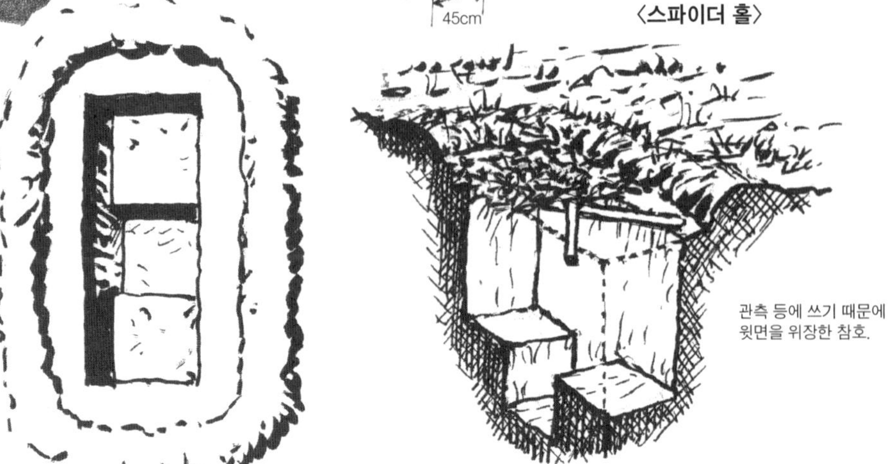

관측 등에 쓰기 때문에 윗면을 위장한 참호.

〈오픈 섈로형〉

호를 깊이 파지 않고 지면을 평평하게 한 타입.

〈폭스홀형〉

기관총을 중심으로 사수, 탄약수, 지휘관용 참호를 개별로 파는 타입.

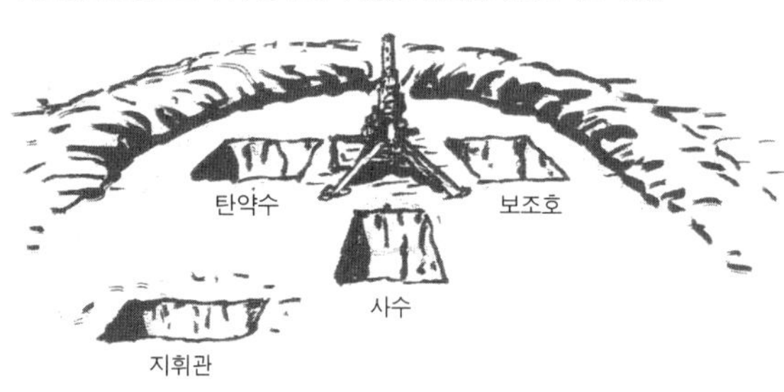

〈60mm 박격포 참호〉

박격포의 좌우에 장전수와 조준수의 1인용 참호를 설치했다.

〈강화형 참호〉

지면을 팔 뿐만 아니라 흙더미를 포함한 해자 안쪽의 흉벽 부분을 흙 부대 등으로 보강한 타입. 야전 진지 등에 쓰였다.

〈오픈 스탠딩형〉

2인용 참호의 응용형으로 기관총의 삼각대를 두는 총좌를 설치했다.

〈V자형 참호를 이용한 기관총 참호〉

지표를 그대로 이용해 총좌 부분을 만든다.

〈81mm 박격포 참호〉

〈81mm 박격포 참호의 치수〉

50cm

목표점(조준용 규준 지주)

90cm

90~120cm

흙더미

180cm(81mm용)

244cm(4.2인치용)

〔81mm용〕
개구부의 직경: 244cm
깊이: 120cm
목표점: 50m

〔4.2인치용〕
개구부의 직경: 366cm
깊이: 137cm
목표점: 91m

철조망

전쟁 중반 이후, 진지전으로 이행한 전투에서는 철조망이 진지 방어용 장애물로 중요한 설비가 됐다.

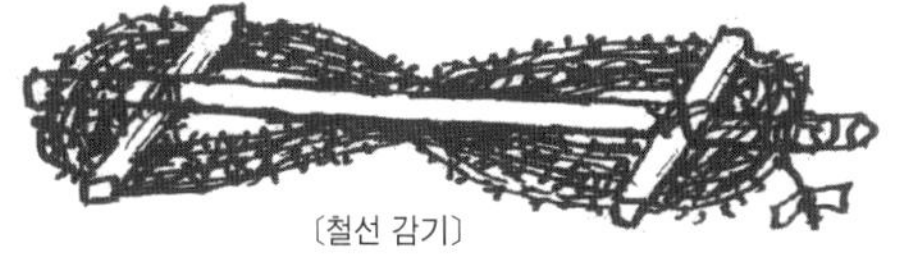

〔철선 감기〕
길이 약 30m
선의 단말에는 흰 천 등으로 표시를 했다.

가시철선을 설치할 때는 전용 글러브나 두꺼운 가죽 글러브를 사용한다.

〈윗구멍 묶기〉

나사말뚝 맨 위에 매달 때 사용한다. 구멍 위에서 아래로 감는다.

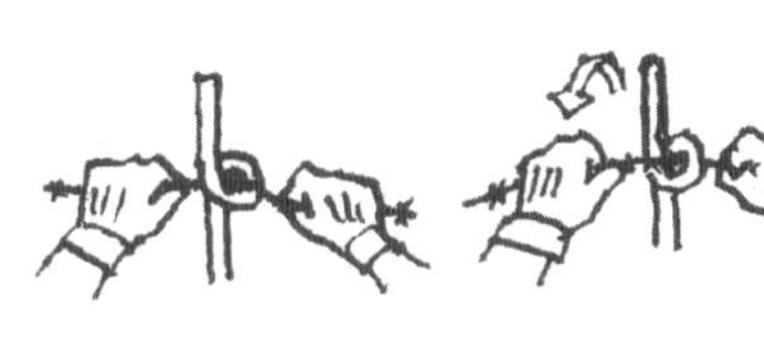

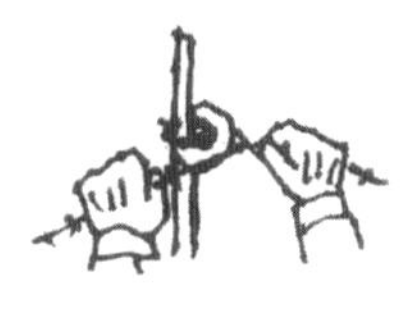

〈중간 구멍 묶기〉

최상부 이외의 구멍에 매다는 방법. 위쪽에서 두 번 이상 감는다.

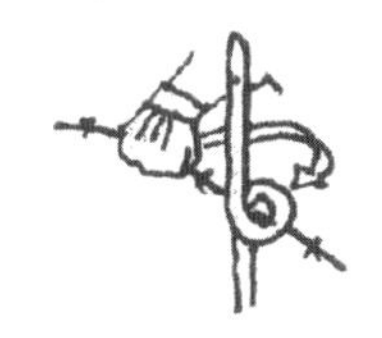
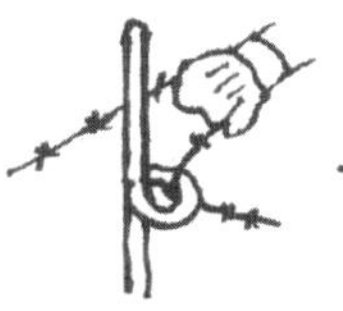

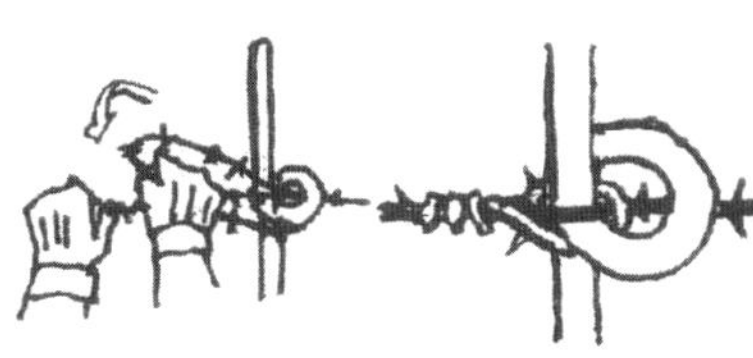

〈바깥 나사 묶기〉

나무 말뚝 위에 감는 방법.

〈코 마무리 묶기〉

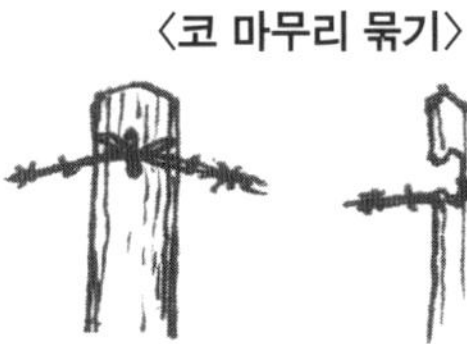
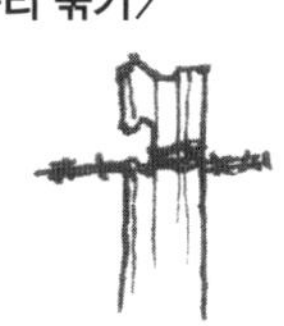

〈철선 묶기〉

〈앞치마 묶기〉

철선에 다른 철선을 연결하는 방법.

〈말뚝의 종류〉

철조망을 효과적으로 설치하려면 말뚝이 필요하다. 시설용 말뚝은 전용 물품이 여러 종류 있으며, 형상과 사이즈는 설치하는 형태에 따라 구분했다.

〔나사말뚝(스크류형)〕
최전선에서 말뚝을 땅에 박을 때 그 소리로 적에게 발견되기 때문에 시설할 때 되도록 소리를 내지 않고 망치를 쓰지 않을 목적으로 비틀어 박는 말뚝이 개발됐다.

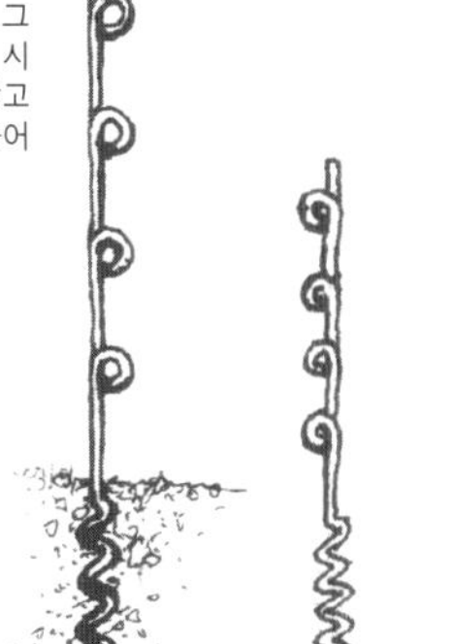

길이 약 147cm

길이 약 53cm

〔앵글 아이언형(L자 말뚝)〕
금속제 말뚝으로 철선을 감기 위한 홈이 있다.

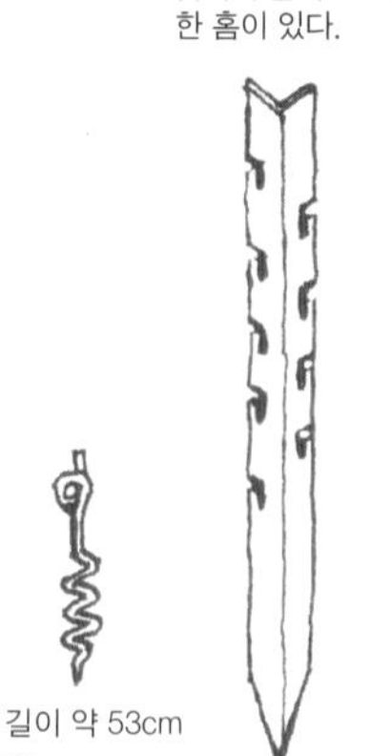

길이 약 182cm

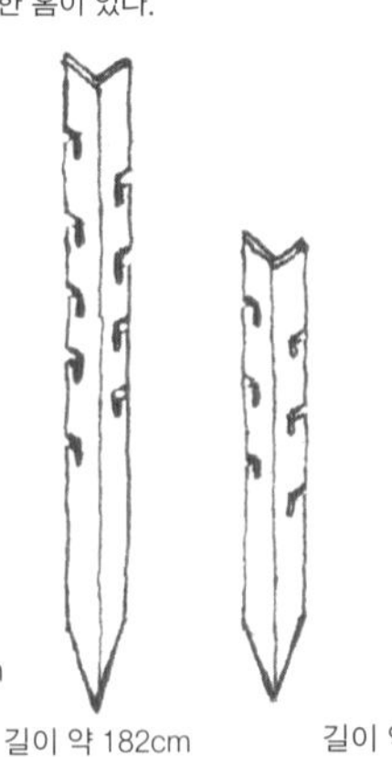

길이 약 111cm

〔U자 말뚝(금속제)〕

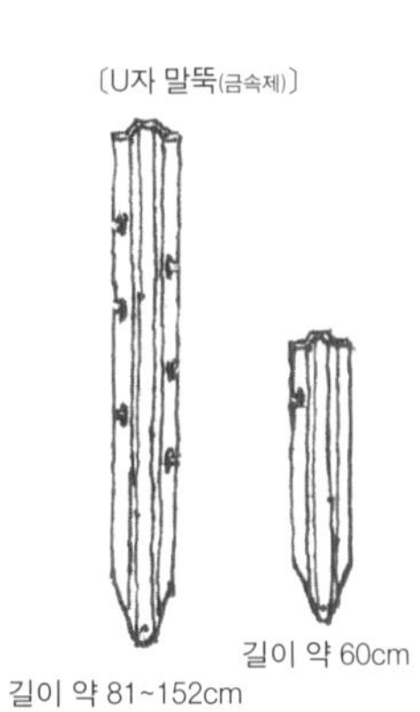

길이 약 81~152cm

길이 약 60cm

〔나무 말뚝〕

길이 약 76cm
직경 약 6.3~7.6cm

길이 약 167cm
직경 약 5~10cm

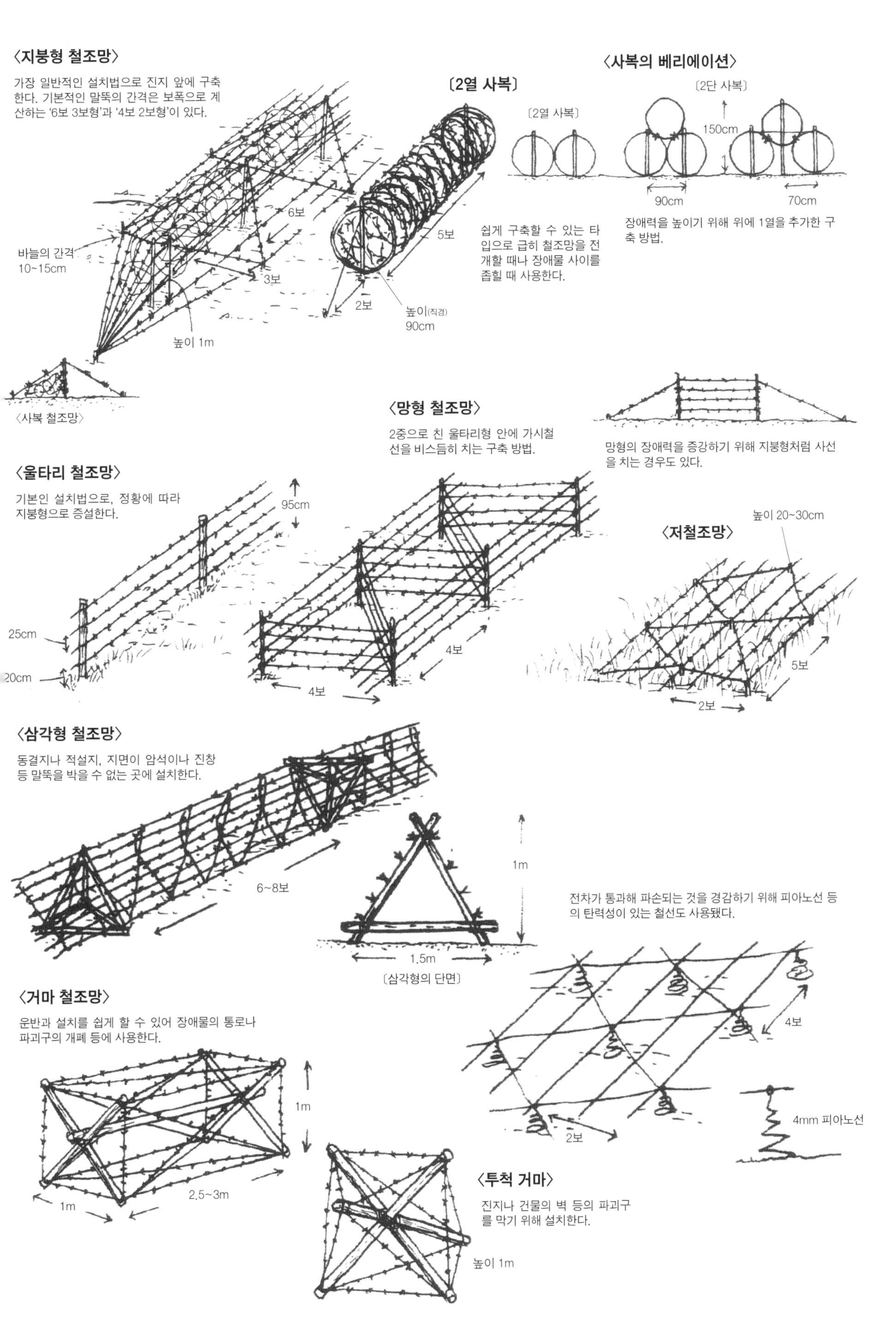
〈지붕형 철조망〉
가장 일반적인 설치법으로 진지 앞에 구축한다. 기본적인 말뚝의 간격은 보폭으로 계산하는 '6보 3보형'과 '4보 2보형'이 있다.
6보
3보
바늘의 간격 10~15cm
높이 1m
〈사복 철조망〉
〔2열 사복〕
5보
2보
높이(직경) 90cm
쉽게 구축할 수 있는 타입으로 급히 철조망을 전개할 때나 장애물 사이를 좁힐 때 사용한다.
〈사복의 베리에이션〉
〔2열 사복〕
〔2단 사복〕
150cm
90cm
70cm
장애력을 높이기 위해 위에 1열을 추가한 구축 방법.
〈망형 철조망〉
2중으로 친 울타리형 안에 가시철선을 비스듬히 치는 구축 방법.
망형의 장애력을 증강하기 위해 지붕형처럼 사선을 치는 경우도 있다.
〈울타리 철조망〉
기본인 설치법으로, 정황에 따라 지붕형으로 증설한다.
95cm
25cm
20cm
4보
4보
〈저철조망〉
높이 20~30cm
5보
2보
〈삼각형 철조망〉
동결지나 적설지, 지면이 암석이나 진창 등 말뚝을 박을 수 없는 곳에 설치한다.
6~8보
1m
1.5m
〔삼각형의 단면〕
전차가 통과해 파손되는 것을 경감하기 위해 피아노선 등의 탄력성이 있는 철선도 사용됐다.
4보
2보
4mm 피아노선
〈거마 철조망〉
운반과 설치를 쉽게 할 수 있어 장애물의 통로나 파괴구의 개폐 등에 사용한다.
1m
2.5~3m
1m
〈투척 거마〉
진지나 건물의 벽 등의 파괴구를 막기 위해 설치한다.
높이 1m

대전차 장애물

전차를 포함한 차량의 교통을 방해하는 것으로, 도로나 적 차량의 진격이 예상되는 지역에 설치된다. 종류는 장애가 되는 것이 없는 탁 트인 평지와 경사면 등 폭넓은 구역에 쓰이는 해자형과 나무, 금속 말뚝, 콘크리트 블록이나 자연석 등을 도로의 요충지에 설치하는 방법으로 나뉜다.

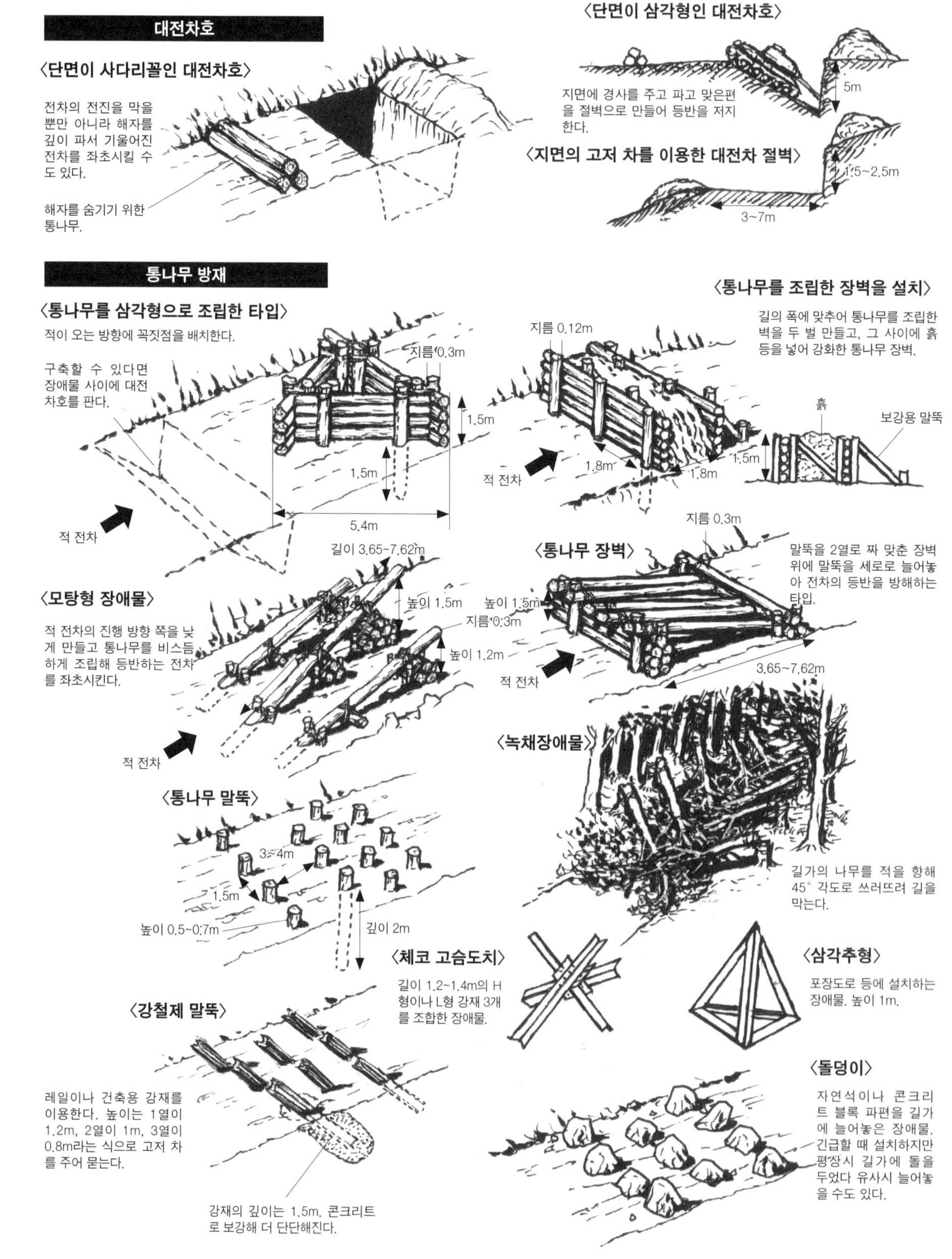

지 뢰

개전 당초 유엔군이 북한군의 T-34-85에 대항할 수 있는 병기는 오로지 대전차지뢰뿐이었다. 다만 개전 이전에 부설된 지뢰가 어느 정도의 효과를 보였는지는 알 수 없다. 휴전까지 유엔군이 파괴한 북한군 장갑차량은 약 300대로, 그중 5%가 대전차지뢰의 전과라고 보고됐다.

대전차지뢰

〈M15 대전차지뢰〉

미군이 한국전쟁에서 사용한 대전차지뢰.

〔데이터〕
직경: 333mm
전고: 150mm
무게: 14.3kg
작약: 컴포지트 B 10.3kg
기폭 압력: 160~340kg

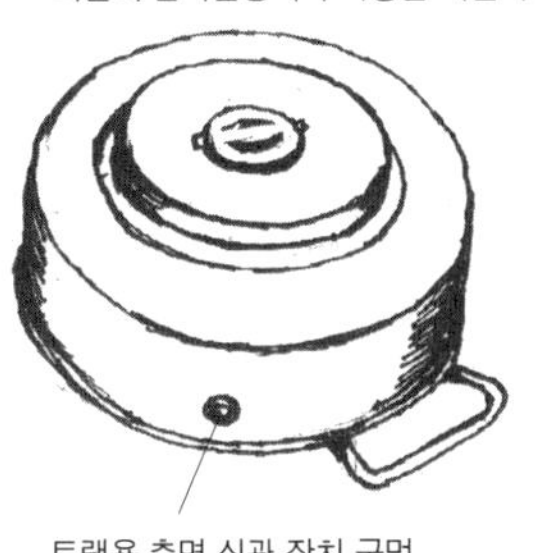

트랩용 측면 신관 장치 구멍

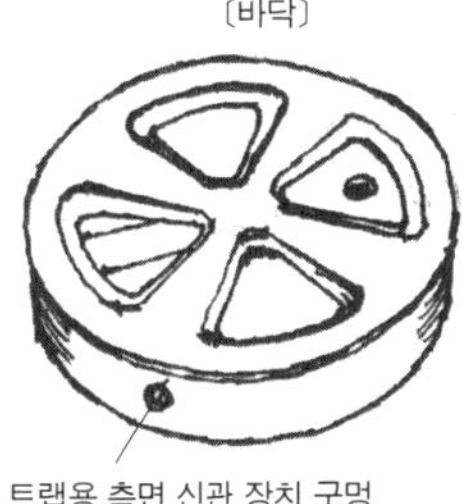

〔바닥〕

트랩용 측면 신관 장치 구멍

〈지면에 설치〉

약 50cm

2~3cm

설치하는 구멍의 바닥은 다진다. 깊이는 다시 묻었을 때 지뢰 중심부 위의 흙이 지면에서 2~3cm 높아지는 정도가 좋다.

〈지뢰 설치 절차〉

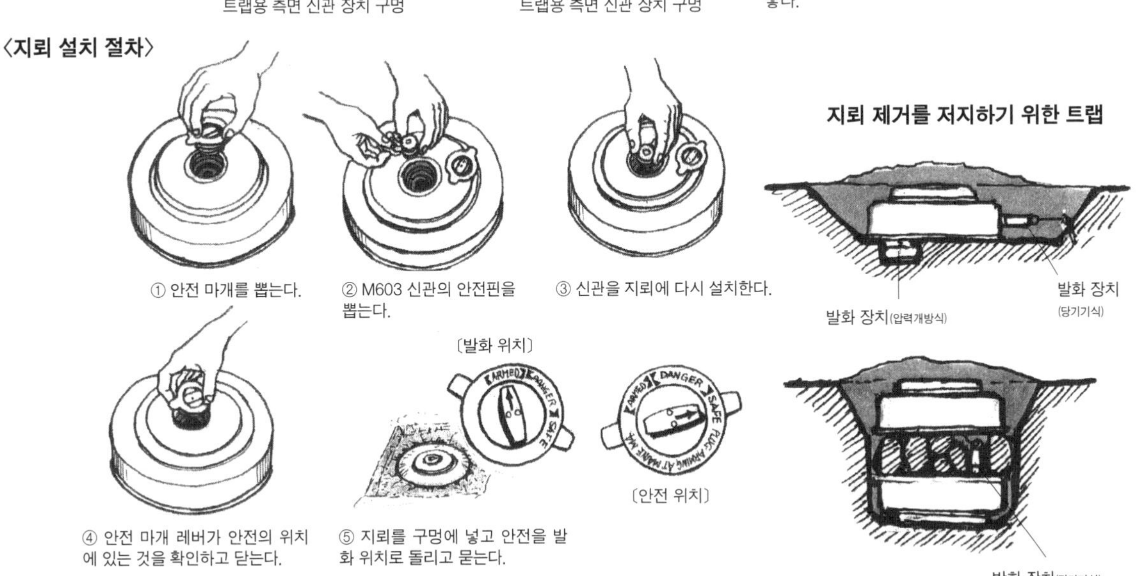

① 안전 마개를 뽑는다.

② M603 신관의 안전핀을 뽑는다.

③ 신관을 지뢰에 다시 설치한다.

④ 안전 마개 레버가 안전의 위치에 있는 것을 확인하고 닫는다.

⑤ 지뢰를 구멍에 넣고 안전을 발화 위치로 돌리고 묻는다.

대인지뢰

〈M2A4(공중 작렬식)〉

대인지뢰는 진지전에서 활용됐다. M2A4 대인지뢰의 M6A1 신관은 압력식 또는 인계철선식 양쪽으로 작동이 가능하다. 발화하면 튜브 안의 지뢰 탄체가 날아가 2~3m의 높이에서 작렬한다. 치사 범위는 반경 약 10m.

〔데이터〕
직경: 104mm
전고: 244mm
무게: 2.9kg
작약: TNT 150kg

〈대인지뢰의 폭발〉

공중 작렬식은 '도약 지뢰'라고 불리며, 수 미터의 높이에서 폭발해 파편을 주위에 흩뿌린다.

〈지뢰 배치 방법〉

〔지뢰원 구성의 기본 단위〕

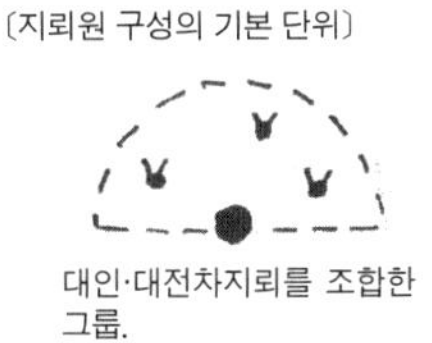

대인·대전차지뢰를 조합한 그룹.

대인지뢰만의 그룹.

적

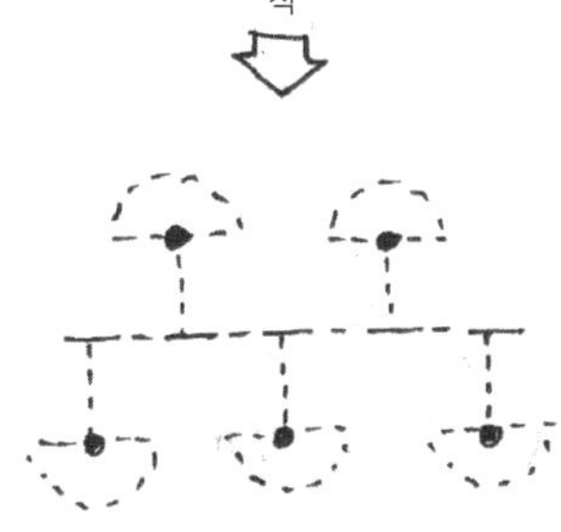

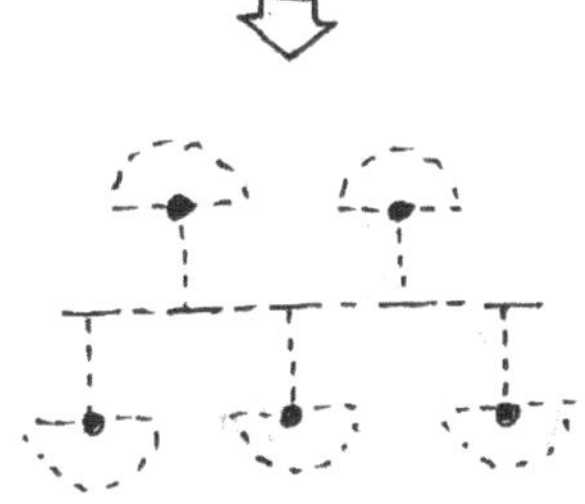

2종류의 그룹을 조합해 지뢰대를 구성한다.

〔지뢰대 구성〕

적

외측 지뢰대

A지뢰대

B지뢰대

C지뢰대

지뢰대의 전후 간격은 최소 18m

수신호

수신호는 적이 접근하는 상황이나 적지에서 소리를 내지 않고 의사소통하기 위해 필요한 사인이다.

진형

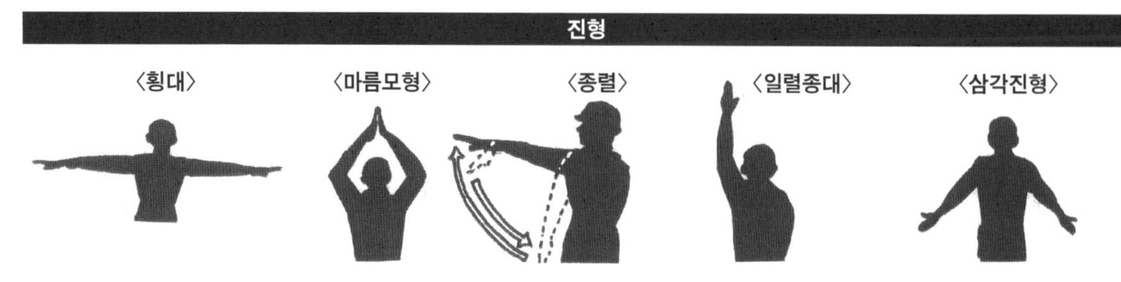

공산군의 병기와 군장

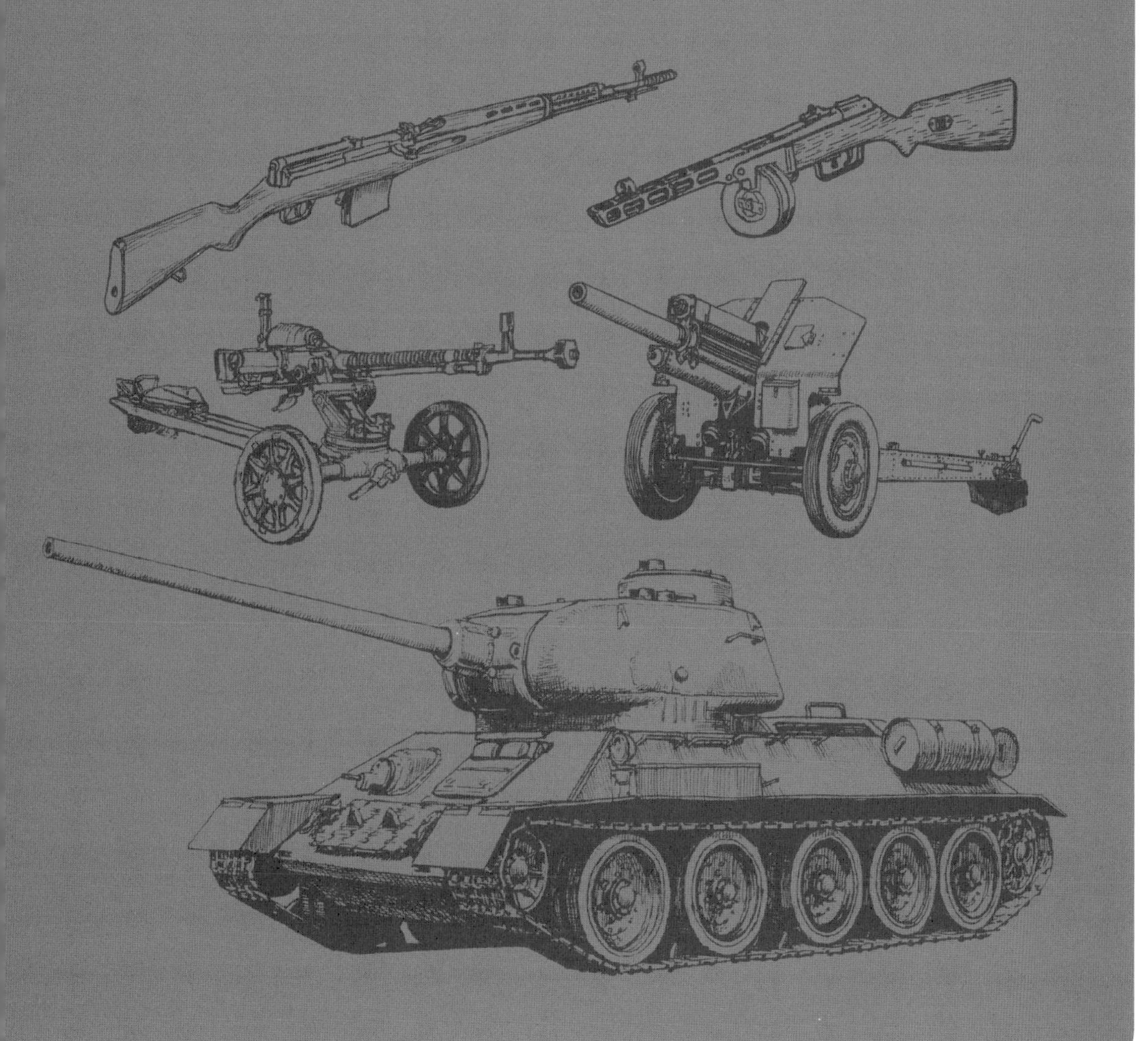

소화기(小火器)

북한군과 중국군이 한국전쟁 때 사용한 소화기는 주로 소련제였으며, 일본제나 미제도 있었다. 또 중국군은 국민당 정부가 국내 생산한 병기도 함께 사용했다.

일본제 소화기

제2차 세계대전 중에 일본군에서 노획하거나 세계대전 종결 후 일본군이 무장 해제됐을 때 접수한 것 등이다.

미제 소화기

주로 중화민국에 수출된 미제 병기를 사용한 국민혁명군(이하 국민당군)으로부터 노획·접수해 입수했다. 그 외에 제2차 세계대전 중 미국에서 소련으로 수출되고 대전 후 소련이 중국, 북한에 지원한 것, 한국전쟁 개전 후 전장에서 노획한 병기도 일부 포함됐다.

〈토카레프(Токарев) TT-1930·33〉

소련이 1933년 제식화한 TT-1930의 개량 모델. 주로 장교나 장갑차량 탑승원 등이 호신용으로 장비했다.

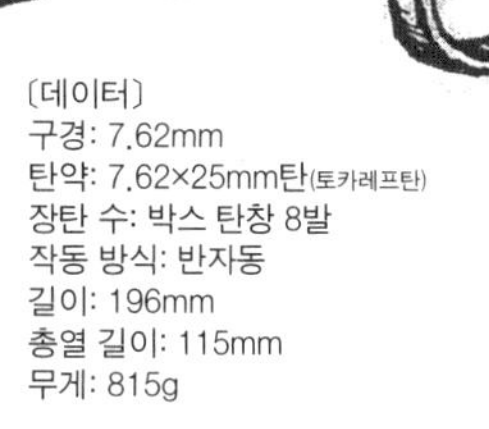

〔데이터〕
구경: 7.62mm
탄약: 7.62×25mm탄(토카레프탄)
장탄 수: 박스 탄창 8발
작동 방식: 반자동
길이: 196mm
총열 길이: 115mm
무게: 815g

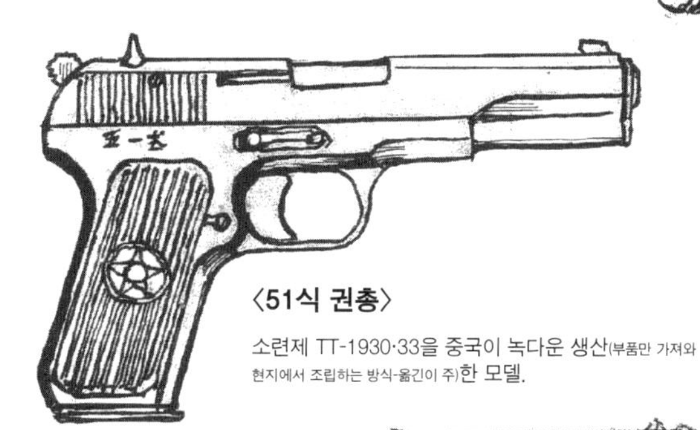

〈51식 권총〉

소련제 TT-1930·33을 중국이 녹다운 생산(부품만 가져와 현지에서 조립하는 방식-옮긴이 주)한 모델.

TT-1930은 안전장치가 없는 권총으로도 알려져 있다. 개량형 TT-1930·33은 부품을 쉽게 교환하기 위해 부품 수를 최대한 적게 해 재설계된 개량 모델이다.

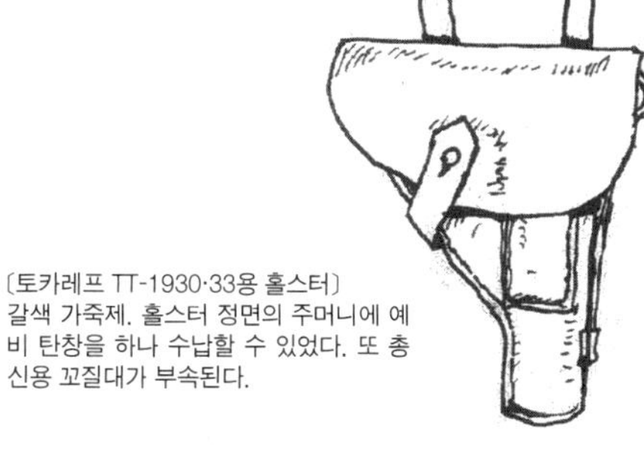

〔토카레프 TT-1930·33용 홀스터〕
갈색 가죽제. 홀스터 정면의 주머니에 예비 탄창을 하나 수납할 수 있었다. 또 총신용 꼬질대가 부속된다.

〈스테츠킨(Стечкин) APS〉

소련이 전차 탑승원 등의 호신용으로 1951년 채용한 머신 피스톨. 풀 오토 사격을 할 수 있어 홀스터를 겸한 탈착식 개머리판이 부속됐다.

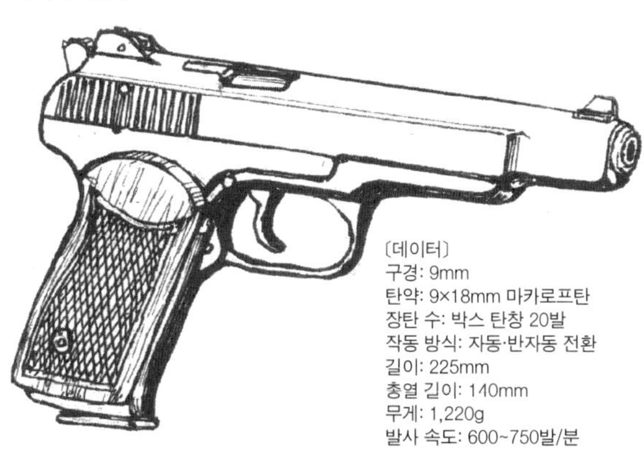

〔데이터〕
구경: 9mm
탄약: 9×18mm 마카로프탄
장탄 수: 박스 탄창 20발
작동 방식: 자동·반자동 전환
길이: 225mm
총열 길이: 140mm
무게: 1,220g
발사 속도: 600~750발/분

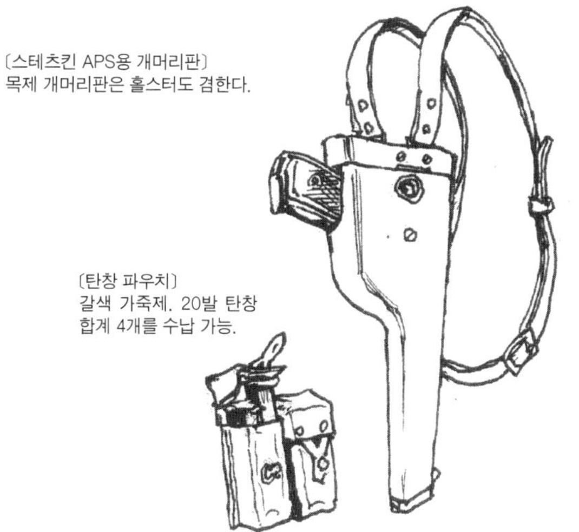

〔스테츠킨 APS용 개머리판〕
목제 개머리판은 홀스터도 겸한다.

〔탄창 파우치〕
갈색 가죽제. 20발 탄창 합계 4개를 수납 가능.

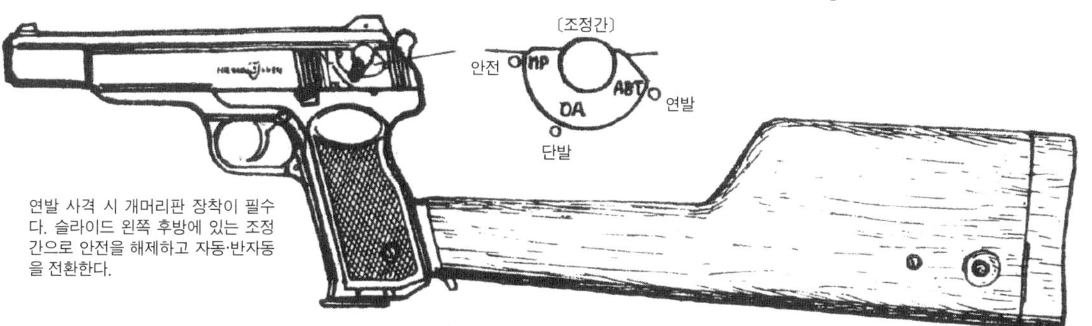

연발 사격 시 개머리판 장착이 필수다. 슬라이드 왼쪽 후방에 있는 조정간으로 안전을 해제하고 자동·반자동을 전환한다.

소련제 소총

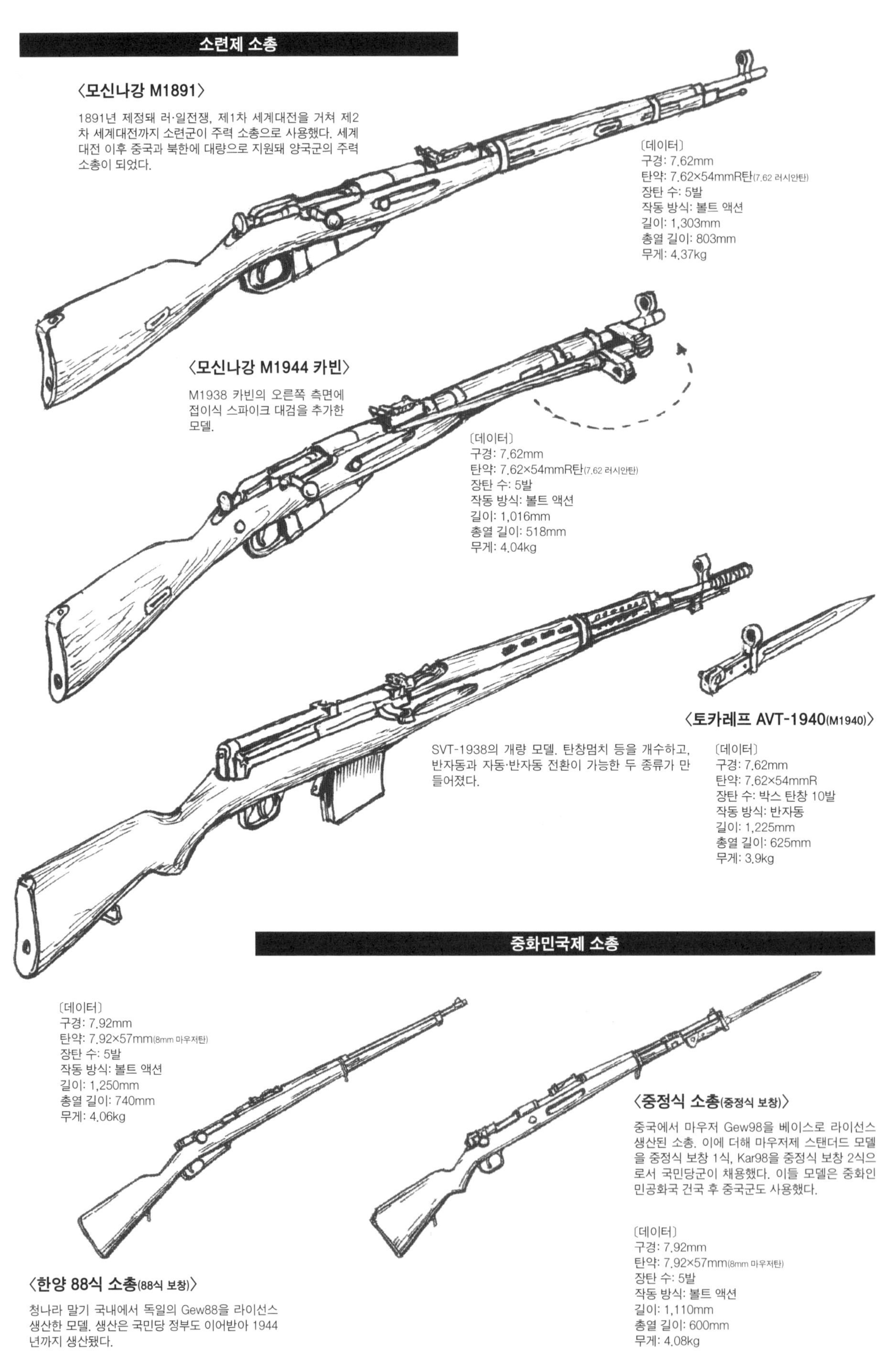

〈모신나강 M1891〉

1891년 제정돼 러·일전쟁, 제1차 세계대전을 거쳐 제2차 세계대전까지 소련군이 주력 소총으로 사용했다. 세계대전 이후 중국과 북한에 대량으로 지원돼 양국군의 주력 소총이 되었다.

〔데이터〕
구경: 7.62mm
탄약: 7.62×54mmR탄(7.62 러시안탄)
장탄 수: 5발
작동 방식: 볼트 액션
길이: 1,303mm
총열 길이: 803mm
무게: 4.37kg

〈모신나강 M1944 카빈〉

M1938 카빈의 오른쪽 측면에 접이식 스파이크 대검을 추가한 모델.

〔데이터〕
구경: 7.62mm
탄약: 7.62×54mmR탄(7.62 러시안탄)
장탄 수: 5발
작동 방식: 볼트 액션
길이: 1,016mm
총열 길이: 518mm
무게: 4.04kg

〈토카레프 AVT-1940(M1940)〉

SVT-1938의 개량 모델. 탄창멈치 등을 개수하고, 반자동과 자동·반자동 전환이 가능한 두 종류가 만들어졌다.

〔데이터〕
구경: 7.62mm
탄약: 7.62×54mmR
장탄 수: 박스 탄창 10발
작동 방식: 반자동
길이: 1,225mm
총열 길이: 625mm
무게: 3.9kg

중화민국제 소총

〈한양 88식 소총(88식 보창)〉

청나라 말기 국내에서 독일의 Gew88을 라이선스 생산한 모델. 생산은 국민당 정부도 이어받아 1944년까지 생산됐다.

〔데이터〕
구경: 7.92mm
탄약: 7.92×57mm(8mm 마우저탄)
장탄 수: 5발
작동 방식: 볼트 액션
길이: 1,250mm
총열 길이: 740mm
무게: 4.06kg

〈중정식 소총(중정식 보창)〉

중국에서 마우저 Gew98을 베이스로 라이선스 생산된 소총. 이에 더해 마우저제 스탠더드 모델을 중정식 보창 1식, Kar98을 중정식 보창 2식으로서 국민당군이 채용했다. 이들 모델은 중화인민공화국 건국 후 중국군도 사용했다.

〔데이터〕
구경: 7.92mm
탄약: 7.92×57mm(8mm 마우저탄)
장탄 수: 5발
작동 방식: 볼트 액션
길이: 1,110mm
총열 길이: 600mm
무게: 4.08kg

대검(바요네트)

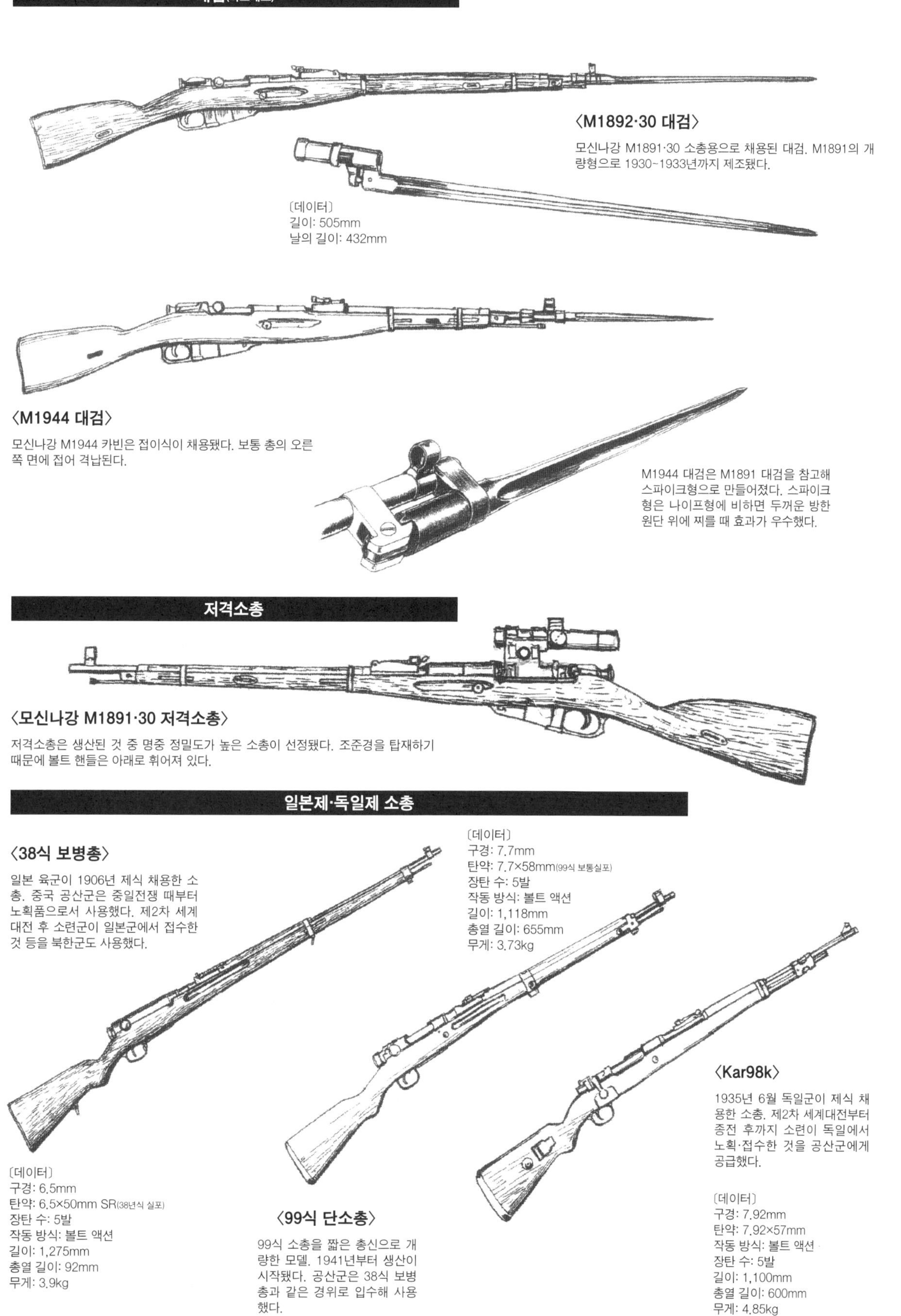

〈M1892·30 대검〉

모신나강 M1891·30 소총용으로 채용된 대검. M1891의 개량형으로 1930~1933년까지 제조됐다.

〔데이터〕
길이: 505mm
날의 길이: 432mm

〈M1944 대검〉

모신나강 M1944 카빈은 접이식이 채용됐다. 보통 총의 오른쪽 면에 접어 격납된다.

M1944 대검은 M1891 대검을 참고해 스파이크형으로 만들어졌다. 스파이크형은 나이프형에 비하면 두꺼운 방한 원단 위에 찌를 때 효과가 우수했다.

저격소총

〈모신나강 M1891·30 저격소총〉

저격소총은 생산된 것 중 명중 정밀도가 높은 소총이 선정됐다. 조준경을 탑재하기 때문에 볼트 핸들은 아래로 휘어져 있다.

일본제·독일제 소총

〈38식 보병총〉

일본 육군이 1906년 제식 채용한 소총. 중국 공산군은 중일전쟁 때부터 노획품으로서 사용했다. 제2차 세계대전 후 소련군이 일본군에서 접수한 것 등을 북한군도 사용했다.

〔데이터〕
구경: 6.5mm
탄약: 6.5×50mm SR(38년식 실포)
장탄 수: 5발
작동 방식: 볼트 액션
길이: 1,275mm
총열 길이: 92mm
무게: 3.9kg

〈99식 단소총〉

99식 소총을 짧은 총신으로 개량한 모델. 1941년부터 생산이 시작됐다. 공산군은 38식 보병총과 같은 경위로 입수해 사용했다.

〔데이터〕
구경: 7.7mm
탄약: 7.7×58mm(99식 보통실포)
장탄 수: 5발
작동 방식: 볼트 액션
길이: 1,118mm
총열 길이: 655mm
무게: 3.73kg

〈Kar98k〉

1935년 6월 독일군이 제식 채용한 소총. 제2차 세계대전부터 종전 후까지 소련이 독일에서 노획·접수한 것을 공산군에게 공급했다.

〔데이터〕
구경: 7.92mm
탄약: 7.92×57mm
작동 방식: 볼트 액션
장탄 수: 5발
길이: 1,100mm
총열 길이: 600mm
무게: 4.85kg

기관단총

〈PPSh-41〉

제2차 세계대전 당시 소련군의 대표적인 기관단총. 게오르기 슈파긴(Георгий Шпагин)이 1940년 설계해 1941년 소련군이 제식 채용했다. 프레스 가공과 전기 용접을 사용해 분해 조립이 쉬운 구조로 설계됐다.

〔데이터〕
구경: 7.62mm
탄약: 7.62×25mm 토카레프탄
장탄 수: 박스 탄창 35발, 드럼 탄창 71발
작동 방식: 자동·반자동 전환
길이: 840mm
총열 길이: 270mm
무게: 3.63kg
발사 속도: 700발/분

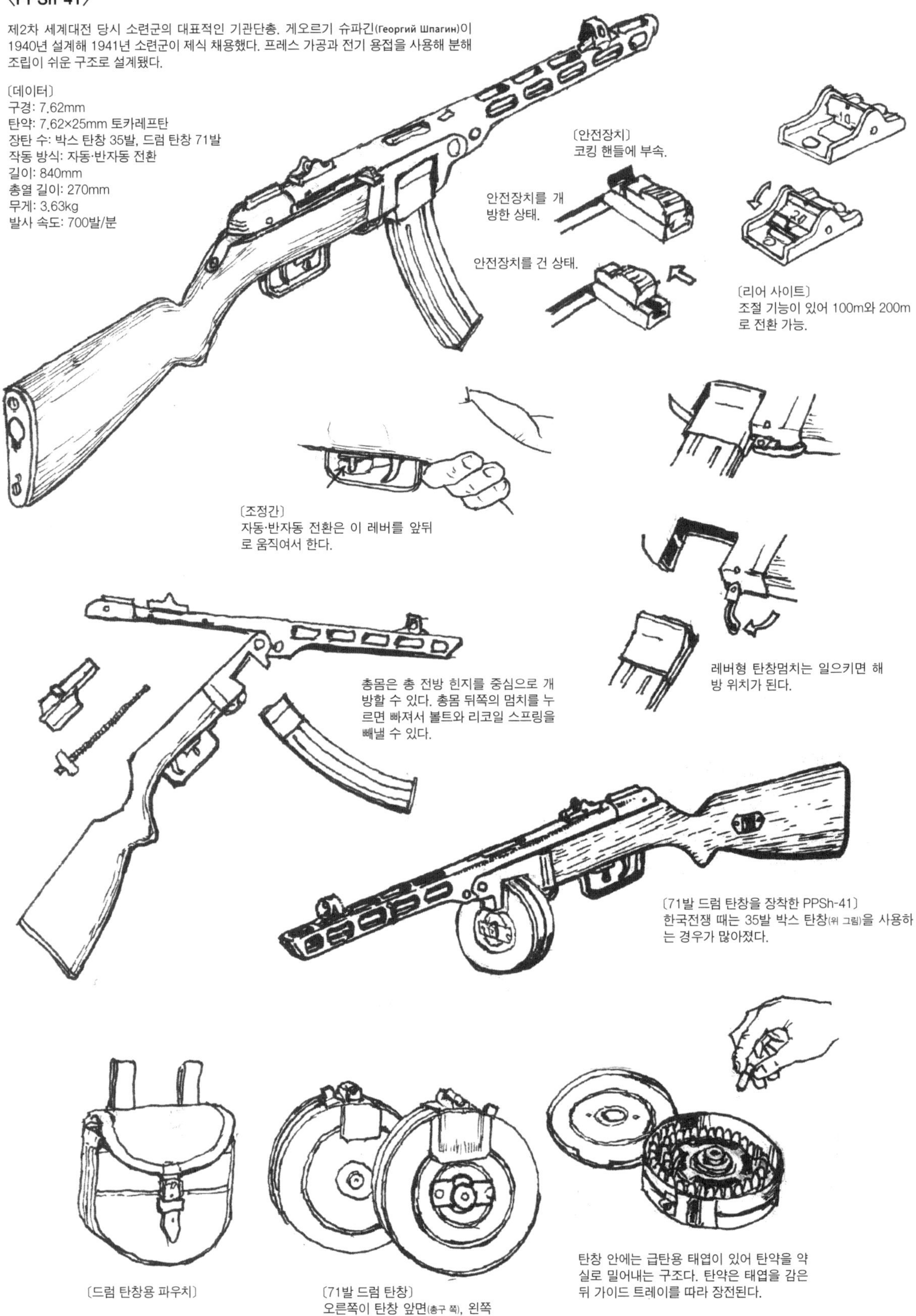

〔안전장치〕
코킹 핸들에 부속.

안전장치를 개방한 상태.

안전장치를 건 상태.

〔리어 사이트〕
조절 기능이 있어 100m와 200m로 전환 가능.

〔조정간〕
자동·반자동 전환은 이 레버를 앞뒤로 움직여서 한다.

레버형 탄창멈치는 일으키면 해방 위치가 된다.

총몸은 총 전방 힌지를 중심으로 개방할 수 있다. 총몸 뒤쪽의 멈치를 누르면 빠져서 볼트와 리코일 스프링을 빼낼 수 있다.

〔71발 드럼 탄창을 장착한 PPSh-41〕
한국전쟁 때는 35발 박스 탄창(위 그림)을 사용하는 경우가 많아졌다.

〔드럼 탄창용 파우치〕

〔71발 드럼 탄창〕
오른쪽이 탄창 앞면(총구 쪽), 왼쪽이 뒷면(방아쇠 쪽).

탄창 안에는 급탄용 태엽이 있어 탄약을 약실로 밀어내는 구조다. 탄약은 태엽을 감은 뒤 가이드 트레이를 따라 장전된다.

〈50년식 단기관총〉

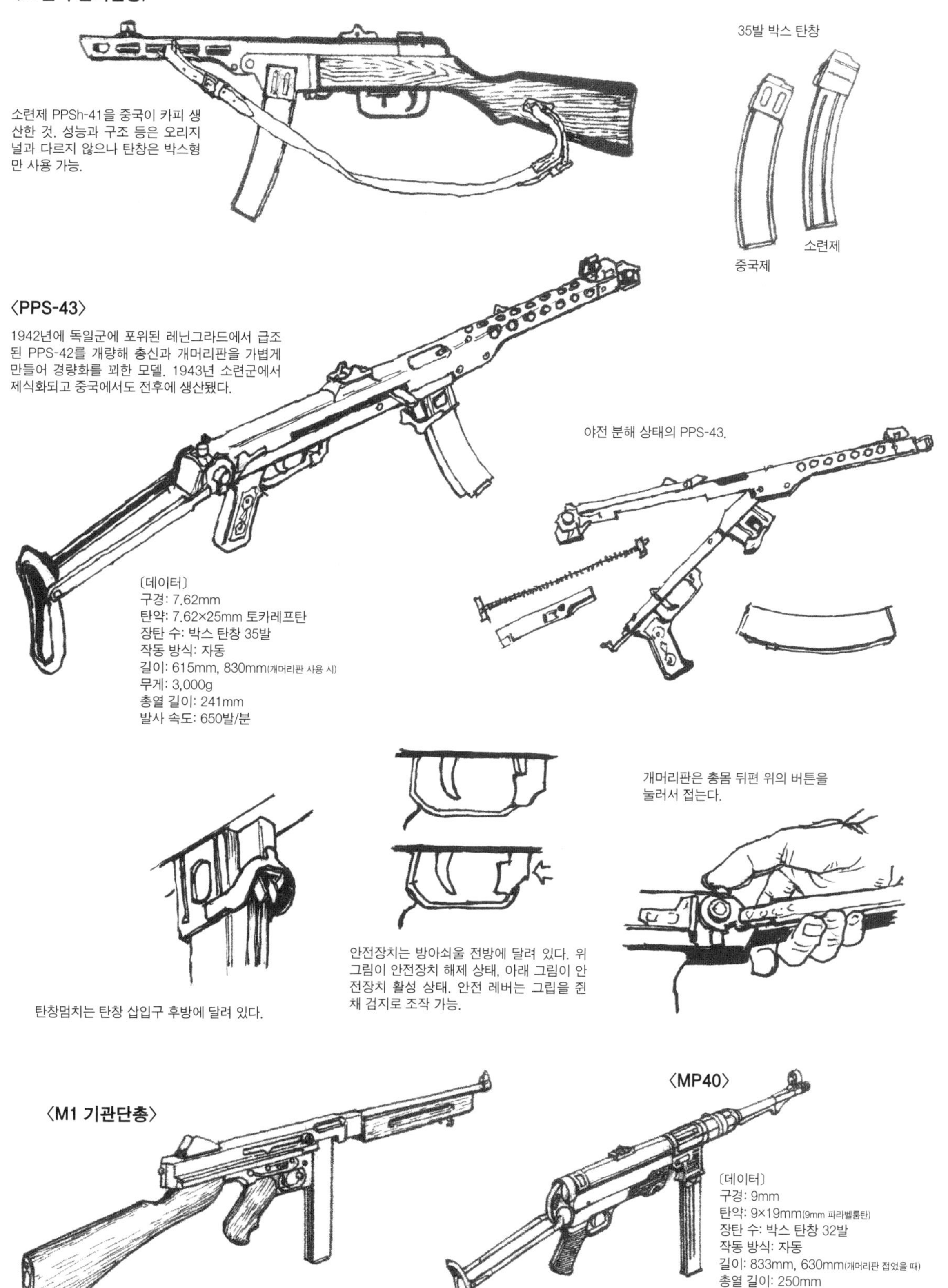

소련제 PPSh-41을 중국이 카피 생산한 것. 성능과 구조 등은 오리지널과 다르지 않으나 탄창은 박스형만 사용 가능.

35발 박스 탄창

중국제

소련제

〈PPS-43〉

1942년에 독일군에 포위된 레닌그라드에서 급조된 PPS-42를 개량해 총신과 개머리판을 가볍게 만들어 경량화를 꾀한 모델. 1943년 소련군에서 제식화되고 중국에서도 전후에 생산됐다.

야전 분해 상태의 PPS-43.

〔데이터〕
구경: 7.62mm
탄약: 7.62×25mm 토카레프탄
장탄 수: 박스 탄창 35발
작동 방식: 자동
길이: 615mm, 830mm(개머리판 사용 시)
무게: 3,000g
총열 길이: 241mm
발사 속도: 650발/분

개머리판은 총몸 뒤편 위의 버튼을 눌러서 접는다.

안전장치는 방아쇠울 전방에 달려 있다. 위 그림이 안전장치 해제 상태, 아래 그림이 안전장치 활성 상태. 안전 레버는 그립을 쥔 채 검지로 조작 가능.

탄창멈치는 탄창 삽입구 후방에 달려 있다.

〈M1 기관단총〉

중국은 미제나 국내에서 M1921을 카피 생산한 모델이나 중국 건국 후 사용. 탄약을 7.62×25mm 토카레프탄으로 개조한 모델을 사용했다.

〈MP40〉

〔데이터〕
구경: 9mm
탄약: 9×19mm(9mm 파라벨룸탄)
장탄 수: 박스 탄창 32발
작동 방식: 자동
길이: 833mm, 630mm(개머리판 접었을 때)
총열 길이: 250mm
무게: 4,027kg
발사 속도: 500발/분

소련이 대전 중 독일에서 노획한 것을 공산군이 사용했다.

기관총

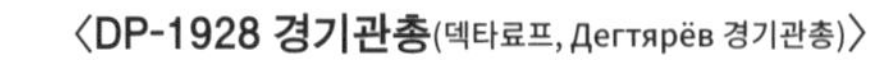

〈DP-1928 경기관총(덱타료프, Дегтярёв 경기관총)〉

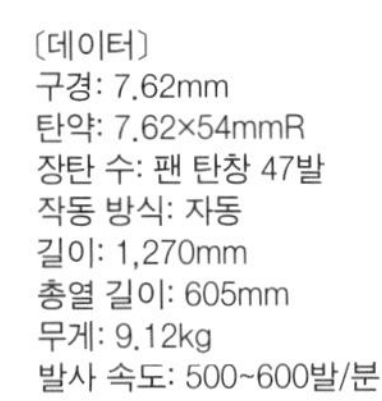

〔데이터〕
구경: 7.62mm
탄약: 7.62×54mmR
장탄 수: 팬 탄창 47발
작동 방식: 자동
길이: 1,270mm
총열 길이: 605mm
무게: 9.12kg
발사 속도: 500~600발/분

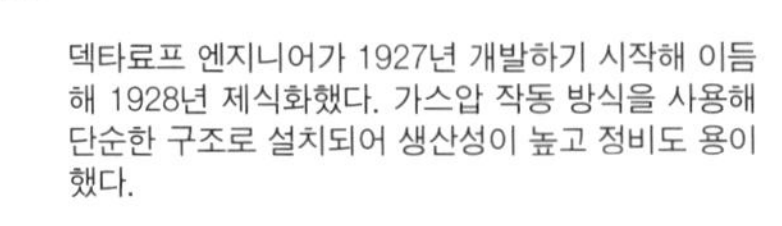

덱타료프 엔지니어가 1927년 개발하기 시작해 이듬해 1928년 제식화했다. 가스압 작동 방식을 사용해 단순한 구조로 설치되어 생산성이 높고 정비도 용이했다.

〈DPM 경기관총〉

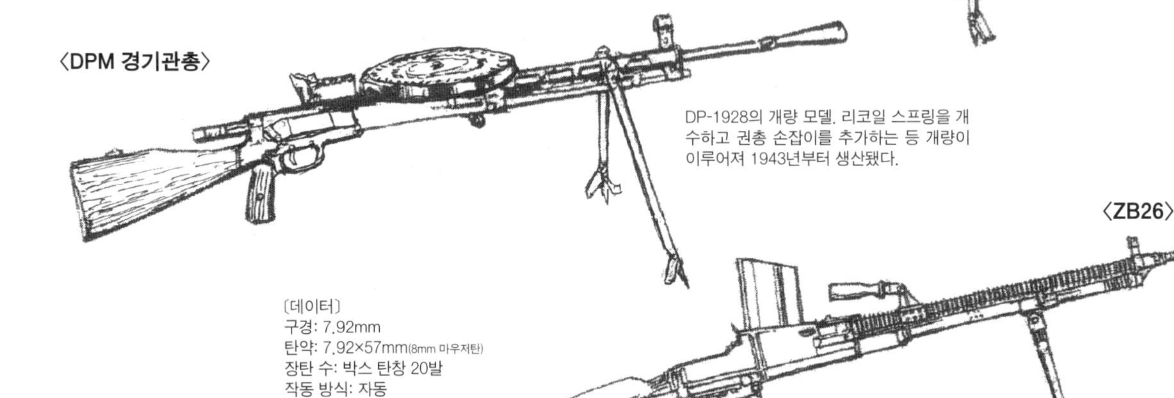

DP-1928의 개량 모델. 리코일 스프링을 개수하고 권총 손잡이를 추가하는 등 개량이 이루어져 1943년부터 생산됐다.

〈ZB26〉

〔데이터〕
구경: 7.92mm
탄약: 7.92×57mm(8mm 마우저탄)
장탄 수: 박스 탄창 20발
작동 방식: 자동
길이: 1,165mm
총열 길이: 600mm
무게: 9.65kg
발사 속도: 550발/분

체코슬로바키아의 브루노사가 1924년 개발한 경기관총. 1930년대에 중국에서도 라이선스 생산됐다.

〈MG34〉

독일군이 1934년 채용한 범용 기관총. 채용 때부터 제2차 세계대전 종결 때까지 44만 2,000정이 생산됐다. 제2차 세계대전에서 영국군과 소련군이 노획한 MG34는 세계대전 후 전자의 노획품은 국민당군으로, 후자의 노획품은 공산군으로 각각 지원됐다.

〔데이터〕
구경: 7.92mm
탄약: 7.92mm×57mm(8mm 마우저탄)
장탄 수: 벨트 급탄 50발~, 드럼 탄창 50발, 75발
작동 방식: 자동·반자동 전환
길이: 1,219mm
총열 길이: 627mm
무게: 12.1kg
발사 속도: 800~900발/분

〈99식 경기관총〉

99식 소총과 같은 99식 보통실포를 사용하는 경기관총. 1939년 채용됐다. 외견이나 구조 등은 96식과 다를 바 없으나 구경이 7.7mm가 되어 위력이 늘었다.

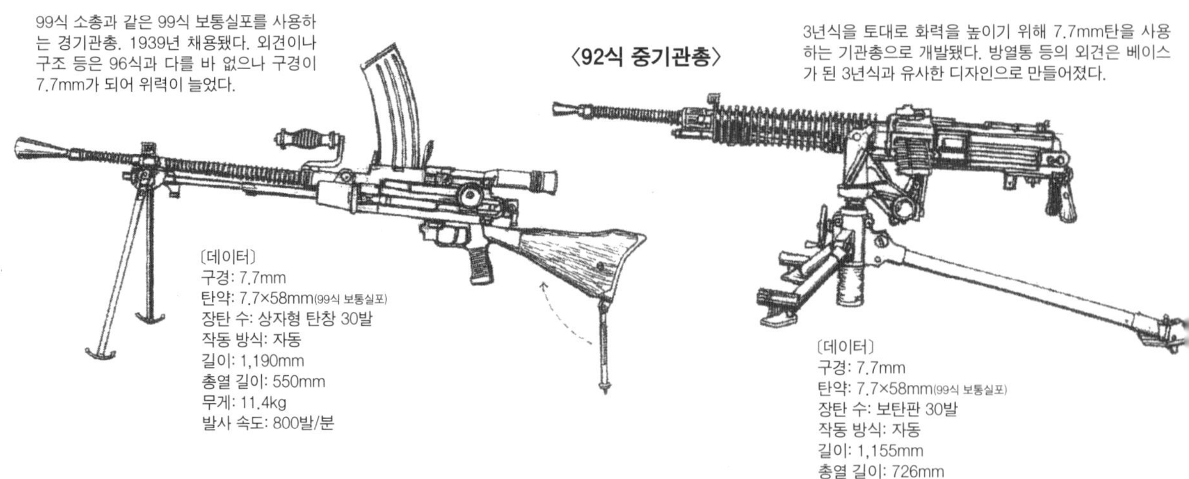

〔데이터〕
구경: 7.7mm
탄약: 7.7×58mm(99식 보통실포)
장탄 수: 상자형 탄창 30발
작동 방식: 자동
길이: 1,190mm
총열 길이: 550mm
무게: 11.4kg
발사 속도: 800발/분

〈92식 중기관총〉

3년식을 토대로 화력을 높이기 위해 7.7mm탄을 사용하는 기관총으로 개발됐다. 방열통 등의 외견은 베이스가 된 3년식과 유사한 디자인으로 만들어졌다.

〔데이터〕
구경: 7.7mm
탄약: 7.7×58mm(99식 보통실포)
장탄 수: 보탄판 30발
작동 방식: 자동
길이: 1,155mm
총열 길이: 726mm
무게: 27.6kg(총 본체), 55.3kg(삼각대 포함)
발사 속도: 450발/분

〈M1910 중기관총〉

후기형 마이너 체인지 모델. 냉수통 상부에 대형 냉각수 주입구가 설치된 것이 특징이다.

〔데이터〕
구경: 7.62mm
총열 길이: 720mm
탄약: 7.62×54mmR
장탄 수: 벨트 급탄 250발
길이: 1,100mm
무게: 64.3kg(총받침 포함)
발사 속도: 550발/분

〔탄약 상자〕
1연 250발 급탄 벨트를 수납.

〈30절식 중기관총〉

M1917 기관총을 중화민국 시대에 라이선스 생산한 모델. 탄약은 7.92×57mm 마우저탄을 사용하도록 개량됐다.

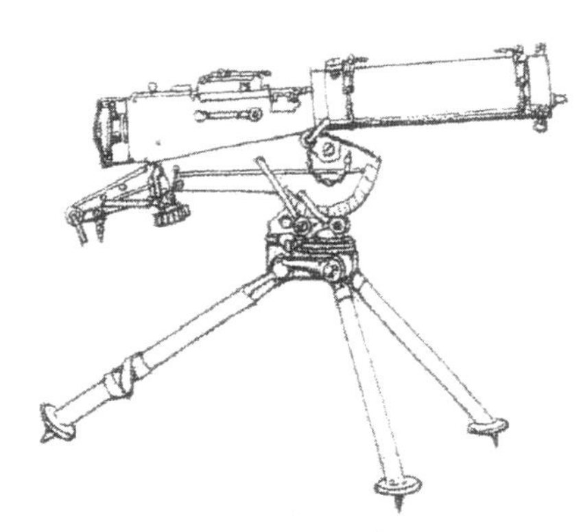

〈24년식 중기관총〉

중국 국내에서 독일의 MG08을 개량해 라이선스 생산한 수랭식 중기관총. 1935년 제식화했다.

〔데이터〕
구경: 7.92mm
총열 길이: 721.22mm
탄약: 7.92×57mm(8mm 마우저탄)
장탄 수: 벨트 급탄 250발
길이: 1,197mm
무게: 49kg(총받침 포함)
발사 속도: 770~870발/분

〈SG-43 중기관총〉

MP1910 중기관총의 후계 모델로 채용된 공랭식 중기관총. 1943년 고류노프가 개발했다. 차륜이 달린 M1943 마운트에 탑재해 사용했다.

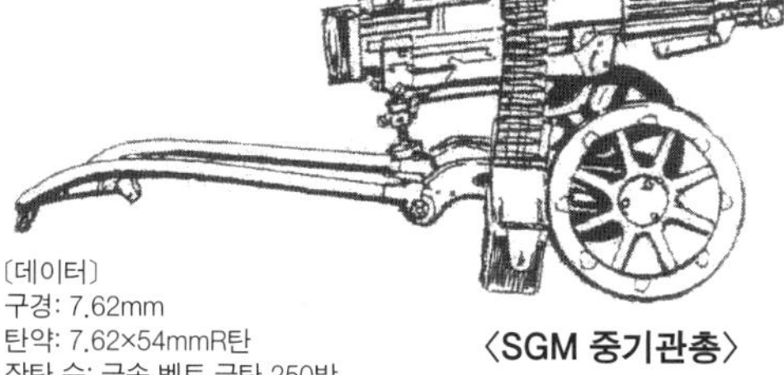

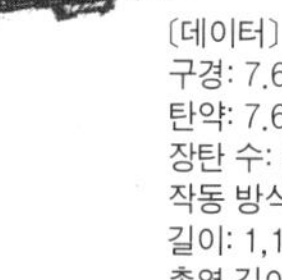

〔데이터〕
구경: 7.62mm
탄약: 7.62×54mmR탄
장탄 수: 금속 벨트 급탄 250발
작동 방식: 자동
길이: 1,120mm
총열 길이: 720mm
무게: 36.6kg(차륜 부속 총받침 포함)
발사 속도: 600~700발/분

〈SGM 중기관총〉

SG-43의 개량 모델. 기본 구조는 SG-43과 거의 같으나, 총신의 냉각 효과를 높이기 위한 홈이 파여 있다.

〔데이터〕
구경: 7.62mm
탄약: 7.62×54mmR탄
장탄 수: 금속 벨트 급탄 250발
작동 방식: 자동
길이: 1,150mm
총열 길이: 508mm
무게: 13.8kg(본체만), 40.7kg(차륜 부속 총받침 포함)
발사 속도: 500~700발/부

〈DShK 38 중기관총〉

1930년 개발된 DK 중기관총을 개량해 1938년에 채용했다. 개량할 때는 덱타료프와 슈파긴이 재설계에 관여했다. 바퀴 달린 운반대에 탑재해 보병부대가 운용한 한편, 전차 등에도 대공용으로 탑재됐다.

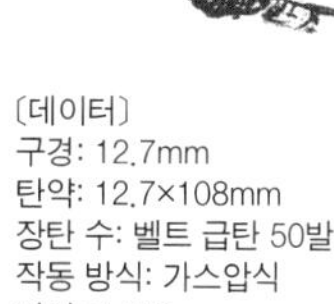

〔데이터〕
구경: 12.7mm
탄약: 12.7×108mm
장탄 수: 벨트 급탄 50발
작동 방식: 가스압식
길이: 1,625mm
총열 길이: 1,000mm
무게: 34kg(총 본체), 157kg(차륜 부속 총받침 포함)
발사 속도: 550~600발/분

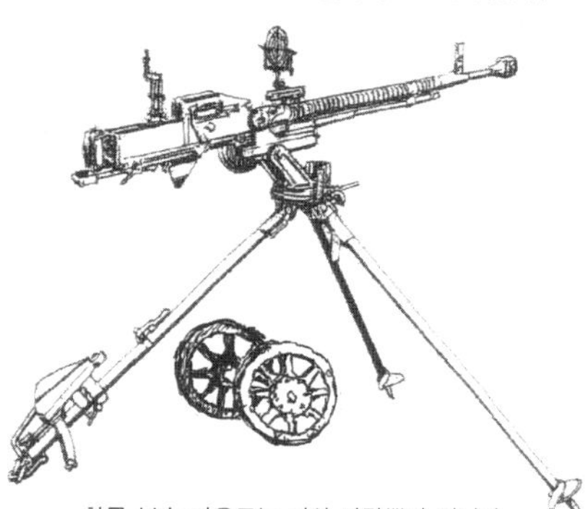

차륜 부속 마운트는 지상 사격뿐만 아니라 차륜을 빼서 대공사격용 삼각대가 되기도 했다.

수류탄

〈RG-33 수류탄〉

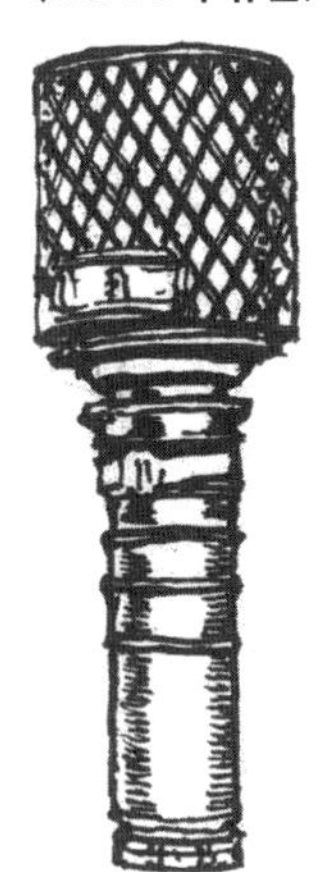

대인용 손잡이가 달린 수류탄. RG1914-30을 대신해 1933년부터 생산이 개시됐다. 공격과 방어 양쪽으로 사용할 수 있도록 탄두 부분에는 탈부착 파편 슬리브가 부속된다.

〔데이터〕
전장: 190mm
직경: 45mm, 54mm(파편 슬리브 장착 시)
무게: 500g, 750g(파편 슬리브 장착 시)
작약: TNT 85g

〈F1 수류탄〉

프랑스군의 F1 수류탄을 토대로 소련에서 1941년부터 제조된 파편형 수류탄. 유효 살상 범위는 반경 20~30m.

〔데이터〕
전장: 117mm
직경: 55mm
무게: 600g
작약: TNT 60g

〈F1의 내부 구조〉

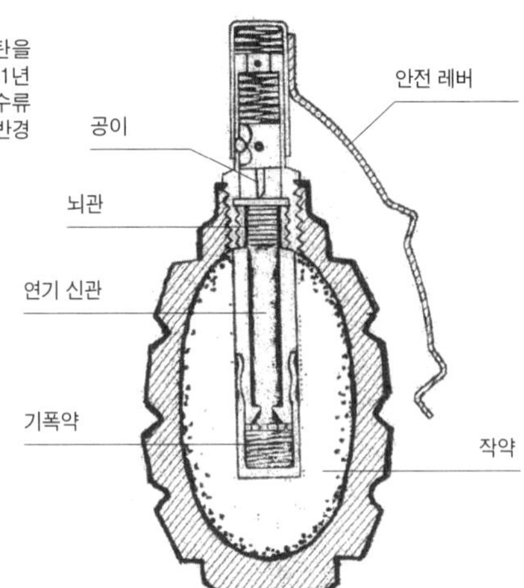

〈RKG-3 대전차 수류탄〉

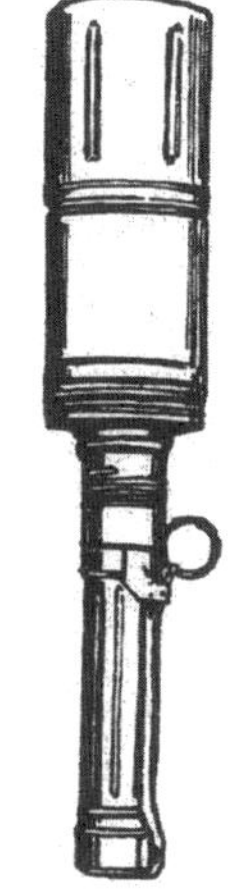

소련군이 1950년 채용한 당시 최신형 대전차 수류탄. 220mm 두께의 균질압연장갑(RHA)을 관통하는 위력이 있었다.

〔데이터〕
길이: 362mm
직경: 70mm
무게: 1.07kg
작약: TNT·RDX 567g

〈RPG-43 대전차 수류탄〉

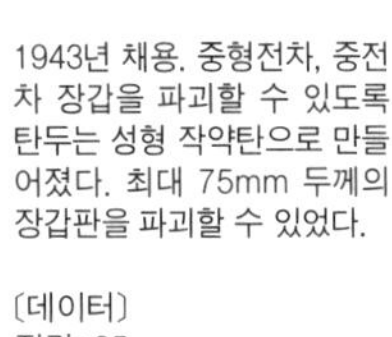

1943년 채용. 중형전차, 중전차 장갑을 파괴할 수 있도록 탄두는 성형 작약탄으로 만들어졌다. 최대 75mm 두께의 장갑판을 파괴할 수 있었다.

〔데이터〕
직경: 95mm
길이: 300mm
무게: 1.2kg
작약: TNT 610g

〈RG-42 수류탄〉

〔데이터〕
길이: 130mm
직경: 55mm
무게: 420g
작약: TNT 200g

RG-33의 후계 모델로서 제2차 세계대전 중 1942년 제식화한 공격형 수류탄. 신관은 F1과 같은 UZGRM 신관을 사용했다.

〈RG-1914·30(M1914·30) 수류탄〉

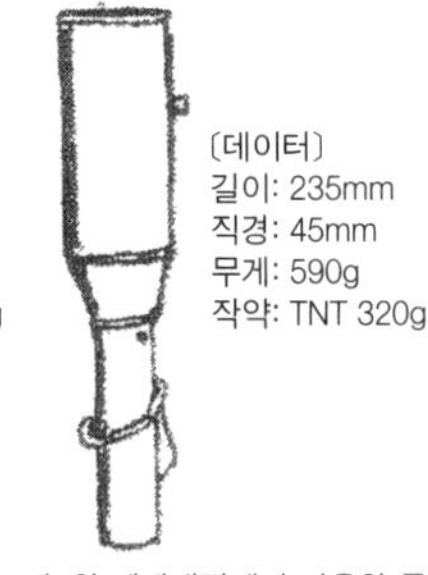

〔데이터〕
길이: 235mm
직경: 45mm
무게: 590g
작약: TNT 320g

제1차 세계대전에서 사용한 공격형 수류탄 RG-14 개량 모델. 작약이 피크르산에서 TNT로 변경됐다. 또 방어용으로 파편 슬리브도 준비됐다.

〈막대형 수류탄〉 / 〈막대형 수류탄의 내부 구조〉

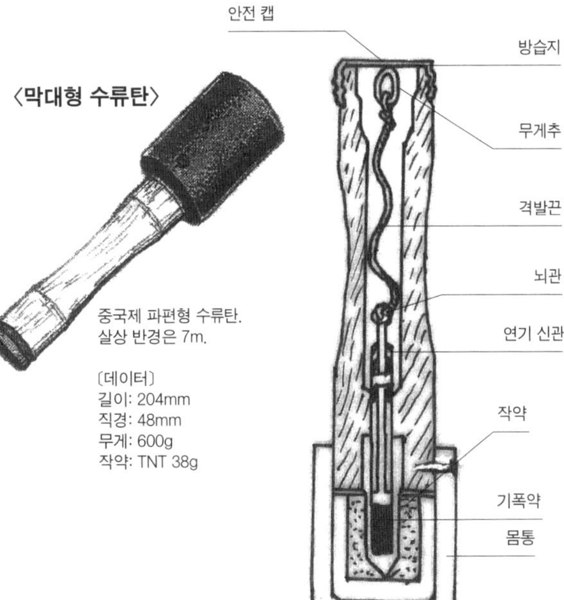

중국제 파편형 수류탄. 살상 반경은 7m.

〔데이터〕
길이: 204mm
직경: 48mm
무게: 600g
작약: TNT 38g

〈막대형 수류탄 투척 방법〉

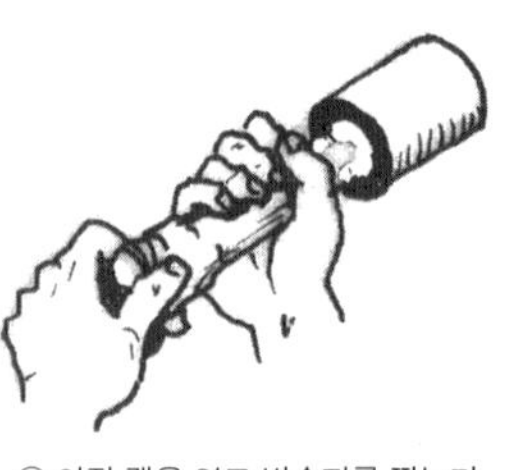

① 안전 캡을 열고 방습지를 찢는다.

② 풀 링을 꺼낸다.

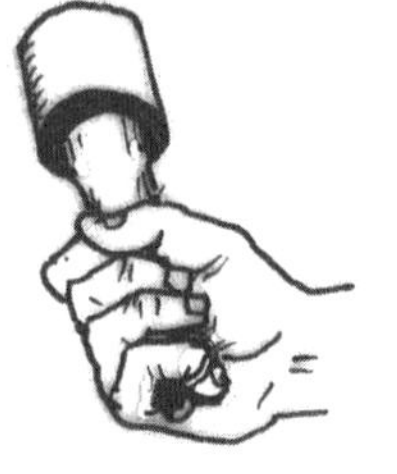

③ 링에 오른손 새끼손가락을 끼운다.

④ 목표를 향해 투척한다.

막대형 수류탄의 투척 스타일

〈맨손으로 선 자세에서의 투척 동작〉

〈이동하면서 투척하는 동작〉

〈총을 휴대했을 때의 투척 동작〉

〈집총 시, 이동하면서 투척하는 동작〉

〈한쪽 무릎을 든 자세로 투척하는 동작〉

〈엎드린 상태에서 한쪽 팔꿈치를 짚은 채로 투척하는 동작〉

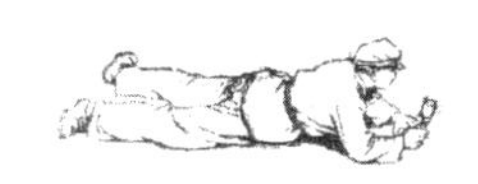

〈참호 안에서의 투척〉

참호 안에서는 움직임이 제한될 경우가 있어 몸을 젖히고 수류탄을 쥔 오른손을 후방으로 젖혀 목표를 향해 던진다.

〈막대형 수류탄 쥐는 법〉

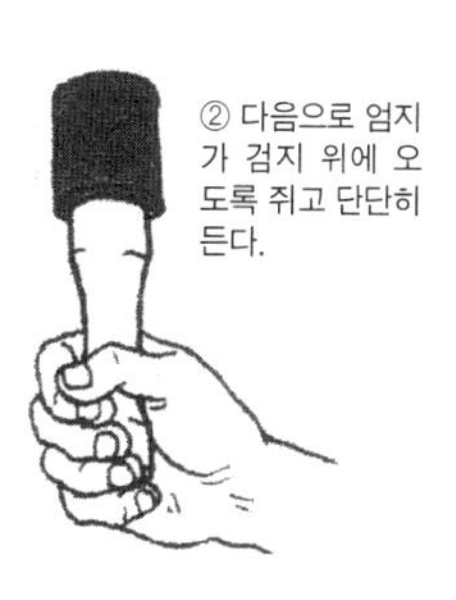

① 먼저 검지 마디가 손잡이 중앙에 위치하도록 쥔다.

② 다음으로 엄지가 검지 위에 오도록 쥐고 단단히 든다.

화 포

박격포

〈RM-38(M1938) 50mm 경박격포〉

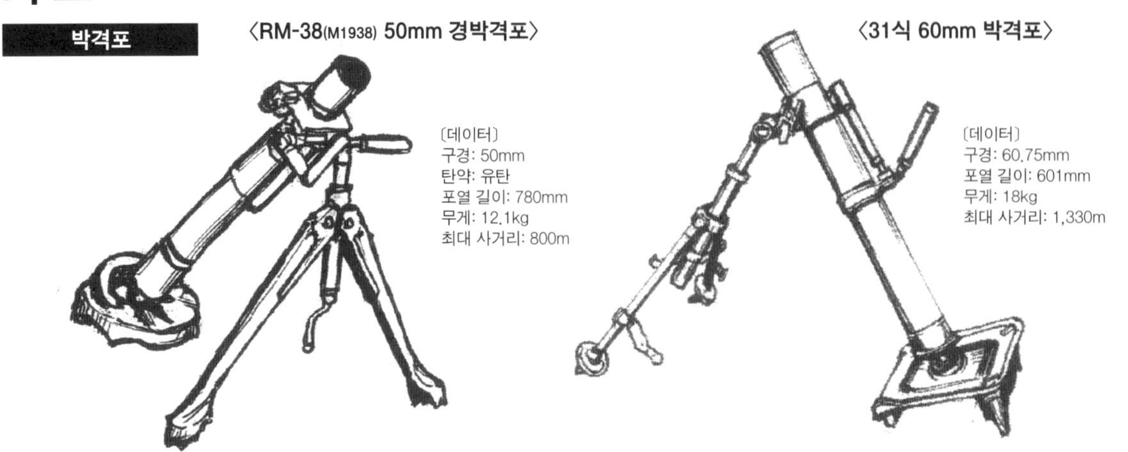

〔데이터〕
구경: 50mm
탄약: 유탄
포열 길이: 780mm
무게: 12.1kg
최대 사거리: 800m

1938년 소련군이 채용한 중대 규모에서 사용하는 박격포. 베리에이션으로 RM-39와 RM-40이 있으며, 한국전쟁에서도 공산군이 사용했다.

〈31식 60mm 박격포〉

〔데이터〕
구경: 60.75mm
포열 길이: 601mm
무게: 18kg
최대 사거리: 1,330m

제2차 세계대전 전부터 대전 중에 걸쳐 중국에서 생산된 박격포. 미제 M2 60mm 박격포를 토대로 개발됐다. 소형이어서 휴대하기 편해 산악전에서 많이 쓰였다.

〈BM-37(M1937) 82mm 박격포〉

〔데이터〕
구경: 82mm
탄약: 유탄
포열 길이: 1,220mm
무게: 56kg
최대 사거리: 3,040m

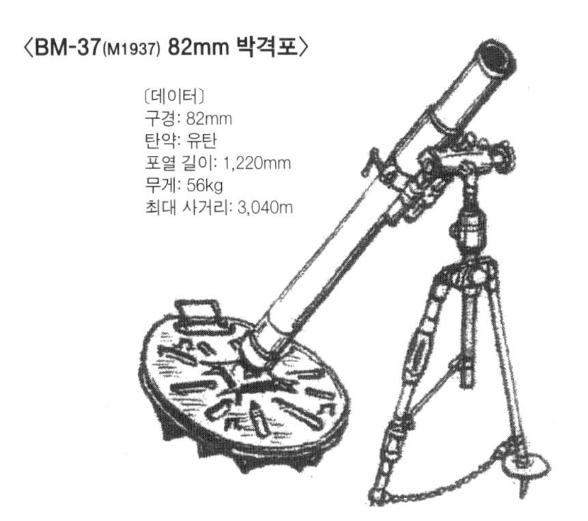

제2차 세계대전 당시 소련군의 주력 중구경 박격포. 구경이 82mm여서 적에게서 노획한 81mm 박격포탄도 사용할 수 있었다. 세계대전 이후에는 공산국에 수출돼 중국은 53식 박격포라는 명칭으로 라이선스 생산했다.

〈GVPM-38(M1938) 107mm 박격포〉

〔데이터〕
구경: 107mm
탄약: 중유탄, 경유탄
포열 길이: 1,670mm
무게: 170kg
최대 사거리: 6,300m

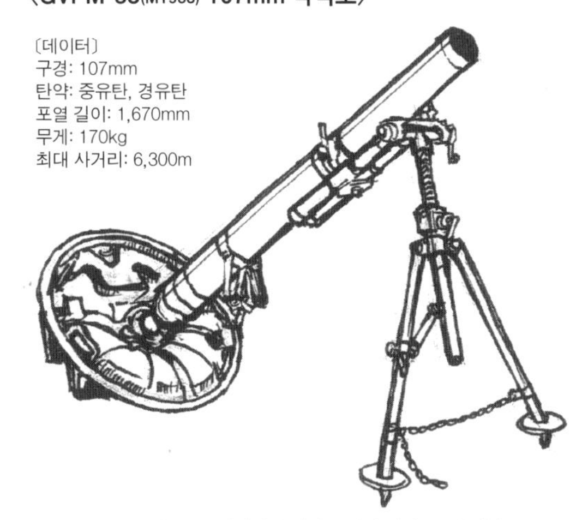

소련군이 산악부대용으로 개발한 중박격포. 연대 단위로 운용했다.

〈BM-43(M1943) 82mm 박격포〉

〔데이터〕
구경: 82mm
탄약: 유탄, 발연탄
무게: 275kg
최대 사거리: 5,700m

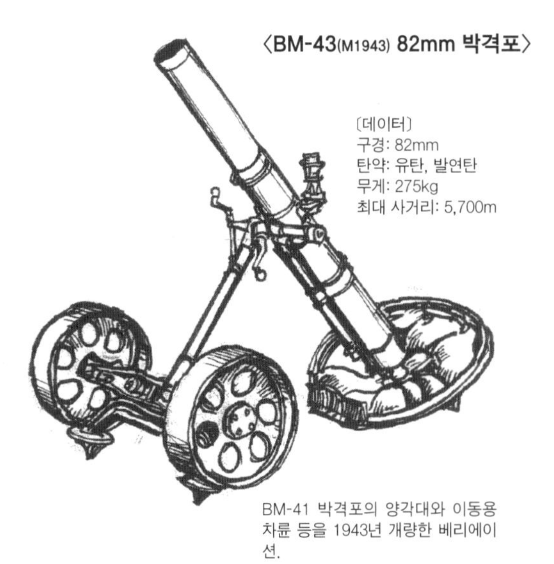

BM-41 박격포의 양각대와 이동용 차륜 등을 1943년 개량한 베리에이션.

BM-43 박격포는 1문당 4명으로 운용된다. 이동용 차륜이 부속되므로 양각대와 받침대를 포신에서 빼지 않고 이동할 수 있었다.

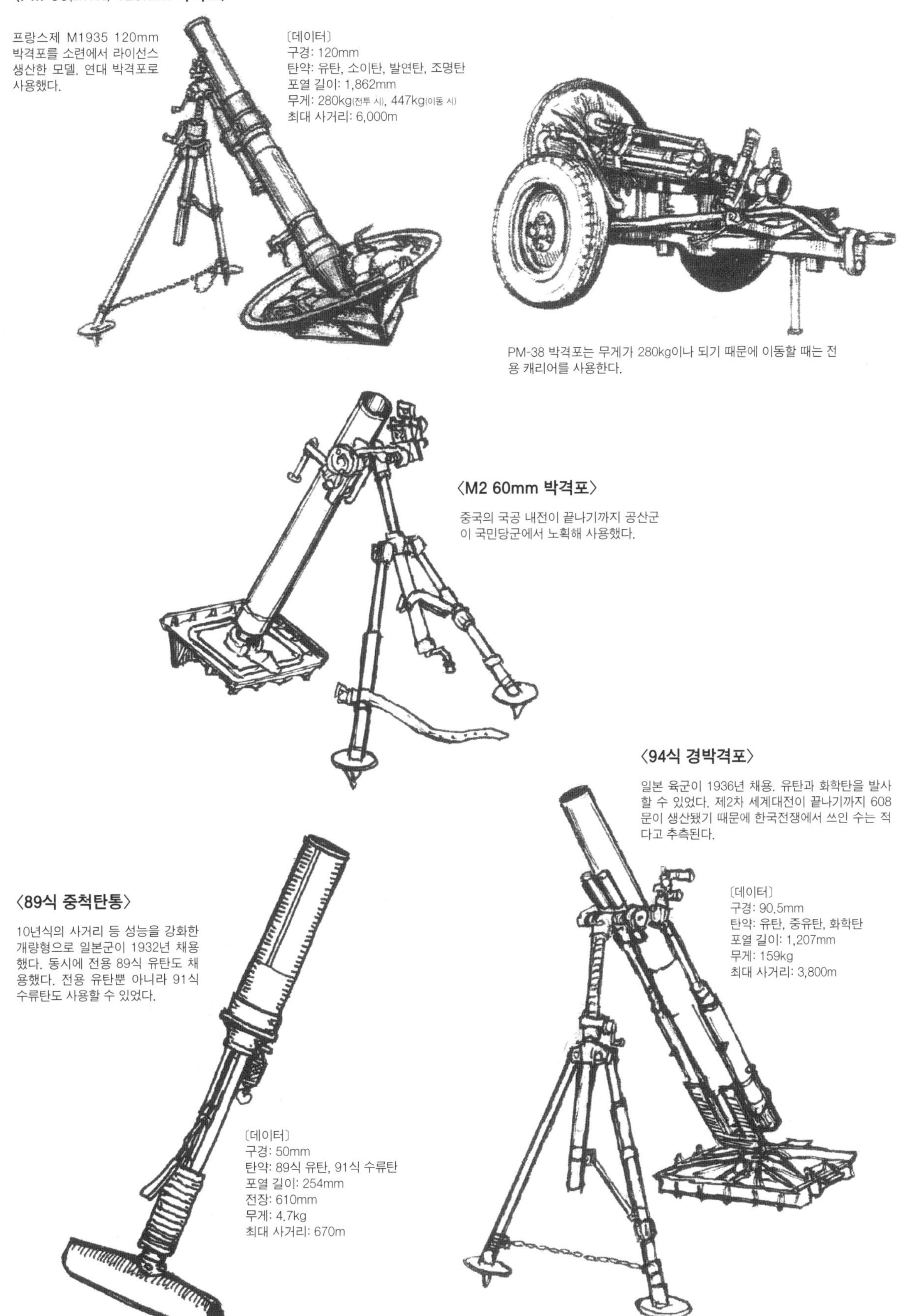

〈PM-38(M1938) 120mm 박격포〉

프랑스제 M1935 120mm 박격포를 소련에서 라이선스 생산한 모델. 연대 박격포로 사용했다.

〔데이터〕
구경: 120mm
탄약: 유탄, 소이탄, 발연탄, 조명탄
포열 길이: 1,862mm
무게: 280kg(전투 시), 447kg(이동 시)
최대 사거리: 6,000m

PM-38 박격포는 무게가 280kg이나 되기 때문에 이동할 때는 전용 캐리어를 사용한다.

〈M2 60mm 박격포〉

중국의 국공 내전이 끝나기까지 공산군이 국민당군에서 노획해 사용했다.

〈94식 경박격포〉

일본 육군이 1936년 채용. 유탄과 화학탄을 발사할 수 있었다. 제2차 세계대전이 끝나기까지 608문이 생산됐기 때문에 한국전쟁에서 쓰인 수는 적다고 추측된다.

〔데이터〕
구경: 90.5mm
탄약: 유탄, 중유탄, 화학탄
포열 길이: 1,207mm
무게: 159kg
최대 사거리: 3,800m

〈89식 중척탄통〉

10년식의 사거리 등 성능을 강화한 개량형으로 일본군이 1932년 채용했다. 동시에 전용 89식 유탄도 채용했다. 전용 유탄뿐 아니라 91식 수류탄도 사용할 수 있었다.

〔데이터〕
구경: 50mm
탄약: 89식 유탄, 91식 수류탄
포열 길이: 254mm
전장: 610mm
무게: 4.7kg
최대 사거리: 670m

〈M1927 76mm 보병포〉

보병의 적 진지에 대한 공격 등에 화력 지원을 할 목적으로 개발된 소련제 보병포. 북한군과 중국군은 보병연대 보병포중대에 지급해 사용했다.

〔데이터〕
구경: 76.2mm
탄약: 167mmR탄(유탄, 성형 작약탄)
포열 길이: 1,250mm
무게: 920kg
최대 사거리: 4,200m(유탄)

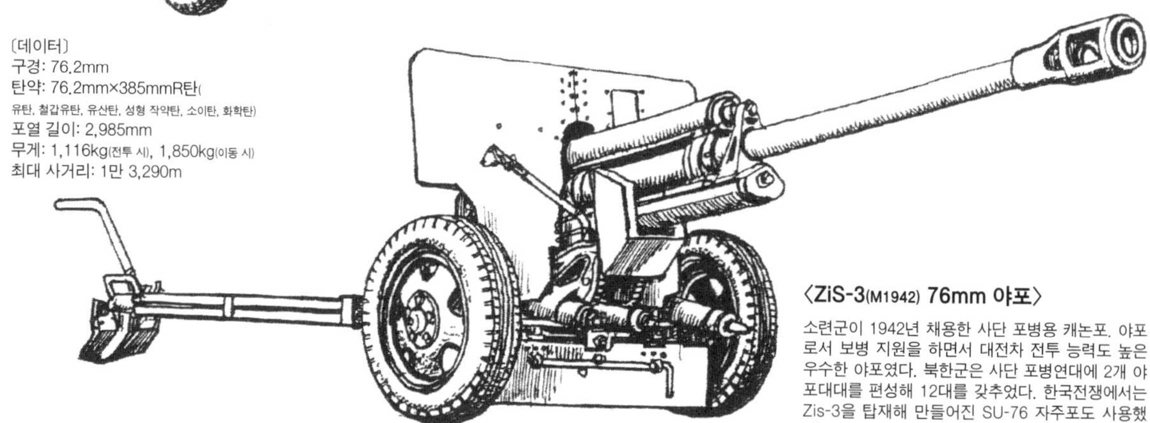

〈ZiS-3(M1942) 76mm 야포〉

소련군이 1942년 채용한 사단 포병용 캐논포. 야포로서 보병 지원을 하면서 대전차 전투 능력도 높은 우수한 야포였다. 북한군은 사단 포병연대에 2개 야포대대를 편성해 12대를 갖추었다. 한국전쟁에서는 Zis-3을 탑재해 만들어진 SU-76 자주포도 사용했다.

〔데이터〕
구경: 76.2mm
탄약: 76.2mm×385mmR탄(유탄, 철갑유탄, 유산탄, 성형 작약탄, 소이탄, 화학탄)
포열 길이: 2,985mm
무게: 1,116kg(전투 시), 1,850kg(이동 시)
최대 사거리: 1만 3,290m

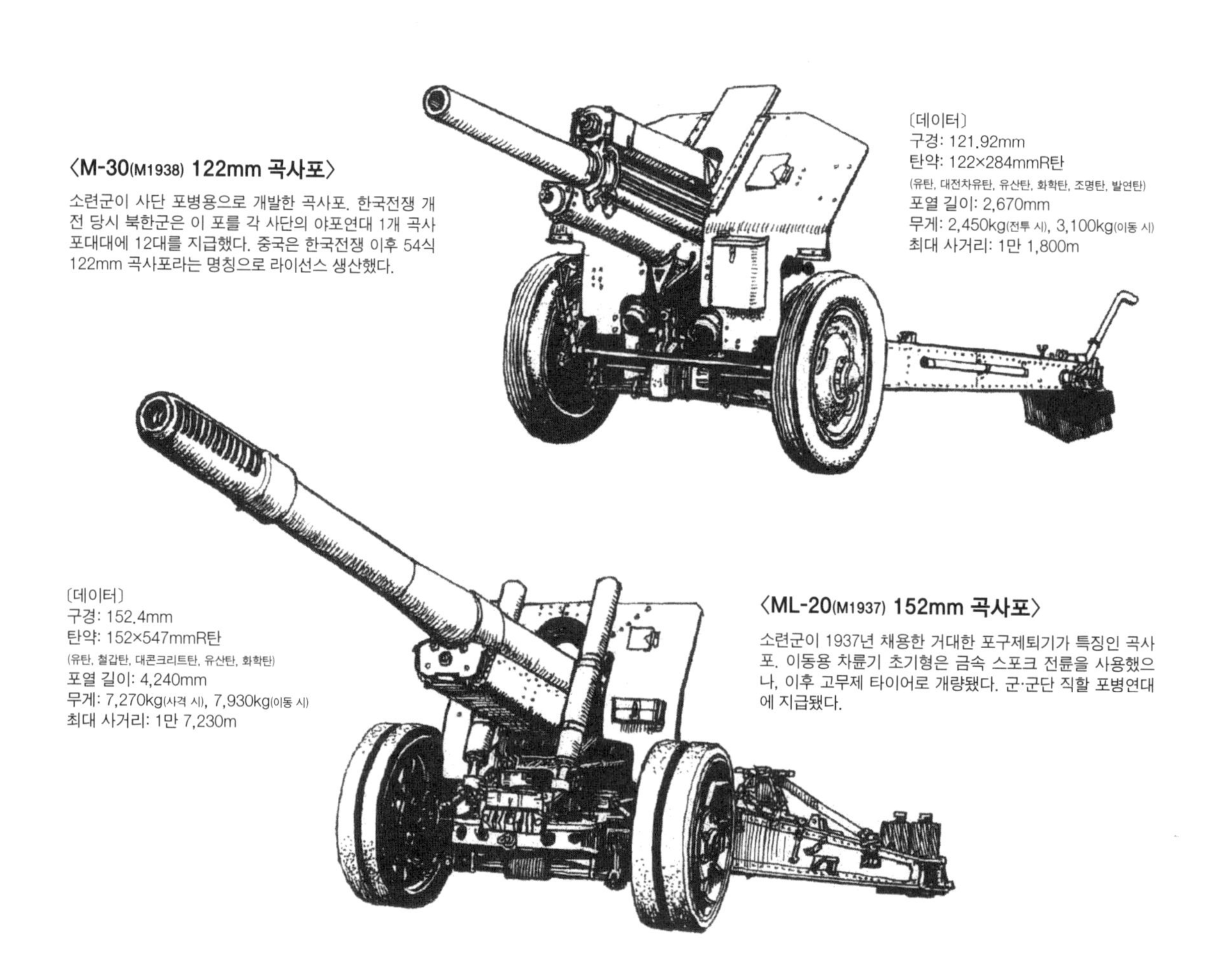

〈M-30(M1938) 122mm 곡사포〉

소련군이 사단 포병용으로 개발한 곡사포. 한국전쟁 개전 당시 북한군은 이 포를 각 사단의 야포연대 1개 곡사포대대에 12대를 지급했다. 중국은 한국전쟁 이후 54식 122mm 곡사포라는 명칭으로 라이선스 생산했다.

〔데이터〕
구경: 121.92mm
탄약: 122×284mmR탄(유탄, 대전차유탄, 유산탄, 화학탄, 조명탄, 발연탄)
포열 길이: 2,670mm
무게: 2,450kg(전투 시), 3,100kg(이동 시)
최대 사거리: 1만 1,800m

〈ML-20(M1937) 152mm 곡사포〉

소련군이 1937년 채용한 거대한 포구제퇴기가 특징인 곡사포. 이동용 차륜기 초기형은 금속 스포크 전륜을 사용했으나, 이후 고무제 타이어로 개량됐다. 군·군단 직할 포병연대에 지급됐다.

〔데이터〕
구경: 152.4mm
탄약: 152×547mmR탄(유탄, 철갑탄, 대콘크리트탄, 유산탄, 화학탄)
포열 길이: 4,240mm
무게: 7,270kg(사격 시), 7,930kg(이동 시)
최대 사거리: 1만 7,230m

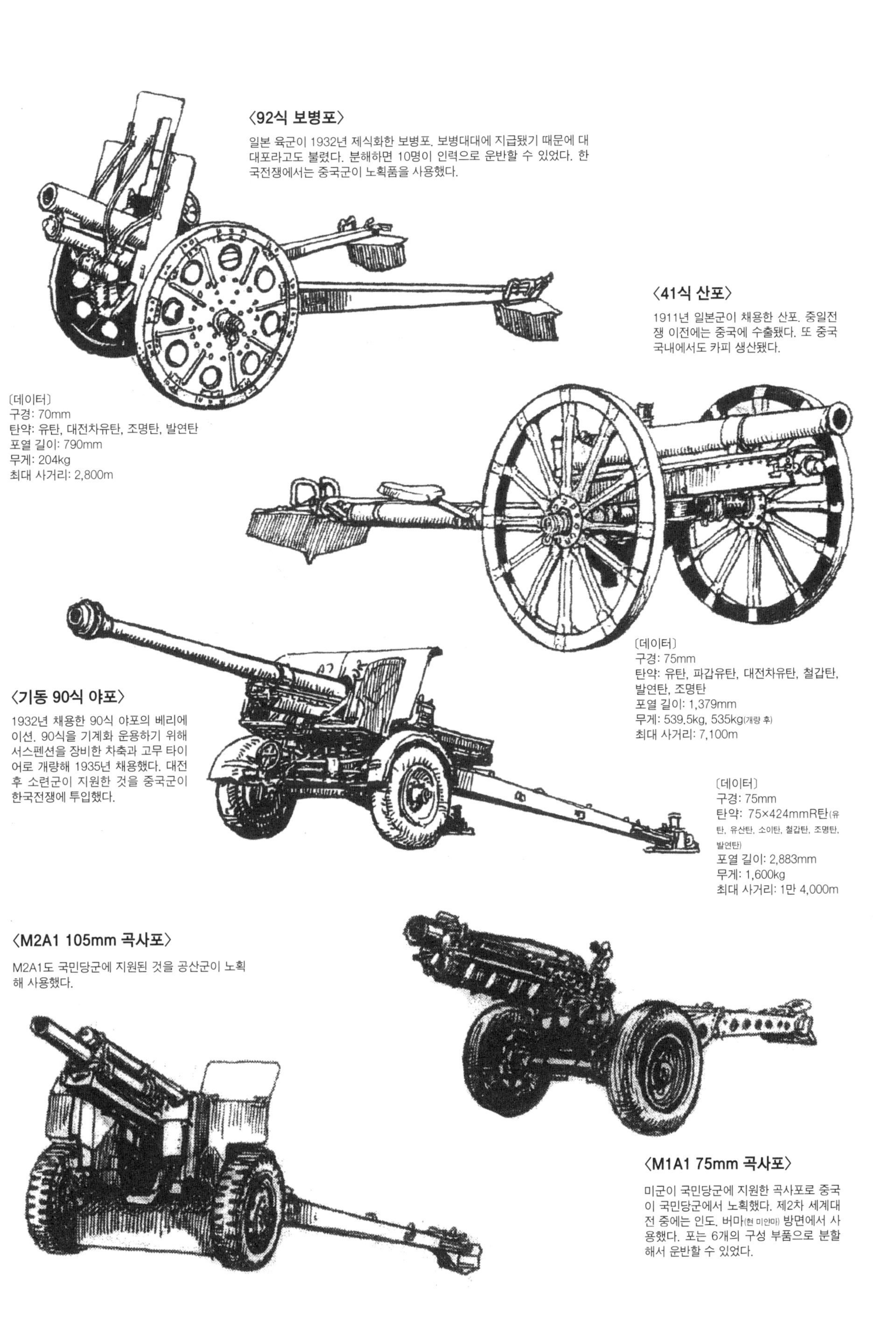

〈92식 보병포〉

일본 육군이 1932년 제식화한 보병포. 보병대대에 지급됐기 때문에 대대포라고도 불렸다. 분해하면 10명이 인력으로 운반할 수 있었다. 한국전쟁에서는 중국군이 노획품을 사용했다.

〔데이터〕
구경: 70mm
탄약: 유탄, 대전차유탄, 조명탄, 발연탄
포열 길이: 790mm
무게: 204kg
최대 사거리: 2,800m

〈41식 산포〉

1911년 일본군이 채용한 산포. 중일전쟁 이전에는 중국에 수출됐다. 또 중국 국내에서도 카피 생산됐다.

〔데이터〕
구경: 75mm
탄약: 유탄, 파갑유탄, 대전차유탄, 철갑탄, 발연탄, 조명탄
포열 길이: 1,379mm
무게: 539.5kg, 535kg(개량 후)
최대 사거리: 7,100m

〈기동 90식 야포〉

1932년 채용한 90식 야포의 베리에이션. 90식을 기계화 운용하기 위해 서스펜션을 장비한 차축과 고무 타이어로 개량해 1935년 채용했다. 대전 후 소련군이 지원한 것을 중국군이 한국전쟁에 투입했다.

〔데이터〕
구경: 75mm
탄약: 75×424mmR탄(유탄, 유산탄, 소이탄, 철갑탄, 조명탄, 발연탄)
포열 길이: 2,883mm
무게: 1,600kg
최대 사거리: 1만 4,000m

〈M2A1 105mm 곡사포〉

M2A1도 국민당군에 지원된 것을 공산군이 노획해 사용했다.

〈M1A1 75mm 곡사포〉

미군이 국민당군에 지원한 곡사포로 중국이 국민당군에서 노획했다. 제2차 세계대전 중에는 인도, 버마(현 미얀마) 방면에서 사용했다. 포는 6개의 구성 부품으로 분할해서 운반할 수 있었다.

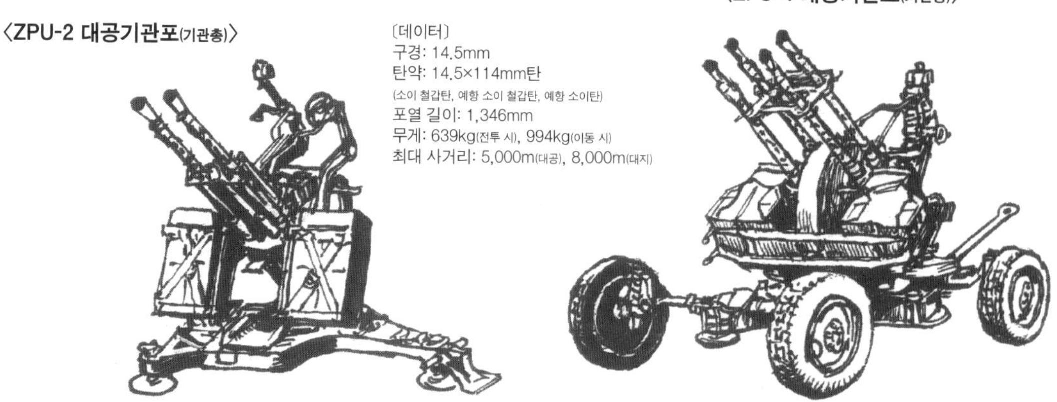

〈ZPU-2 대공기관포(기관총)〉

〔데이터〕
구경: 14.5mm
탄약: 14.5×114mm탄
(소이 철갑탄, 예항 소이 철갑탄, 예항 소이탄)
포열 길이: 1,346mm
무게: 639kg(전투 시), 994kg(이동 시)
최대 사거리: 5,000m(대공), 8,000m(대지)

ZPU-2는 ZPU-4와 함께 1949년 소련군이 채용한 공랭식 대공 기관포. KPV 중기관총을 새로 설계한 대공 마운트에 탑재한 것으로, 연장형은 ZPU-2, 4연장형은 ZPU-4다. 북한군과 중국군 대공부대에 지급돼 한국전쟁에서 처음 실전에 사용됐다.

〈ZPU-4 대공기관포(기관총)〉

ZPU-2는 이동용으로 견인식 트레일러를 사용하나, ZPU-4는 견인용 마운트 앞뒤에 타이어를 달았다. 사격할 때는 잭으로 마운트를 내려 고정하지만 견인 상태인 채로도 차륜에 브레이크를 걸면 사격할 수 있었다.

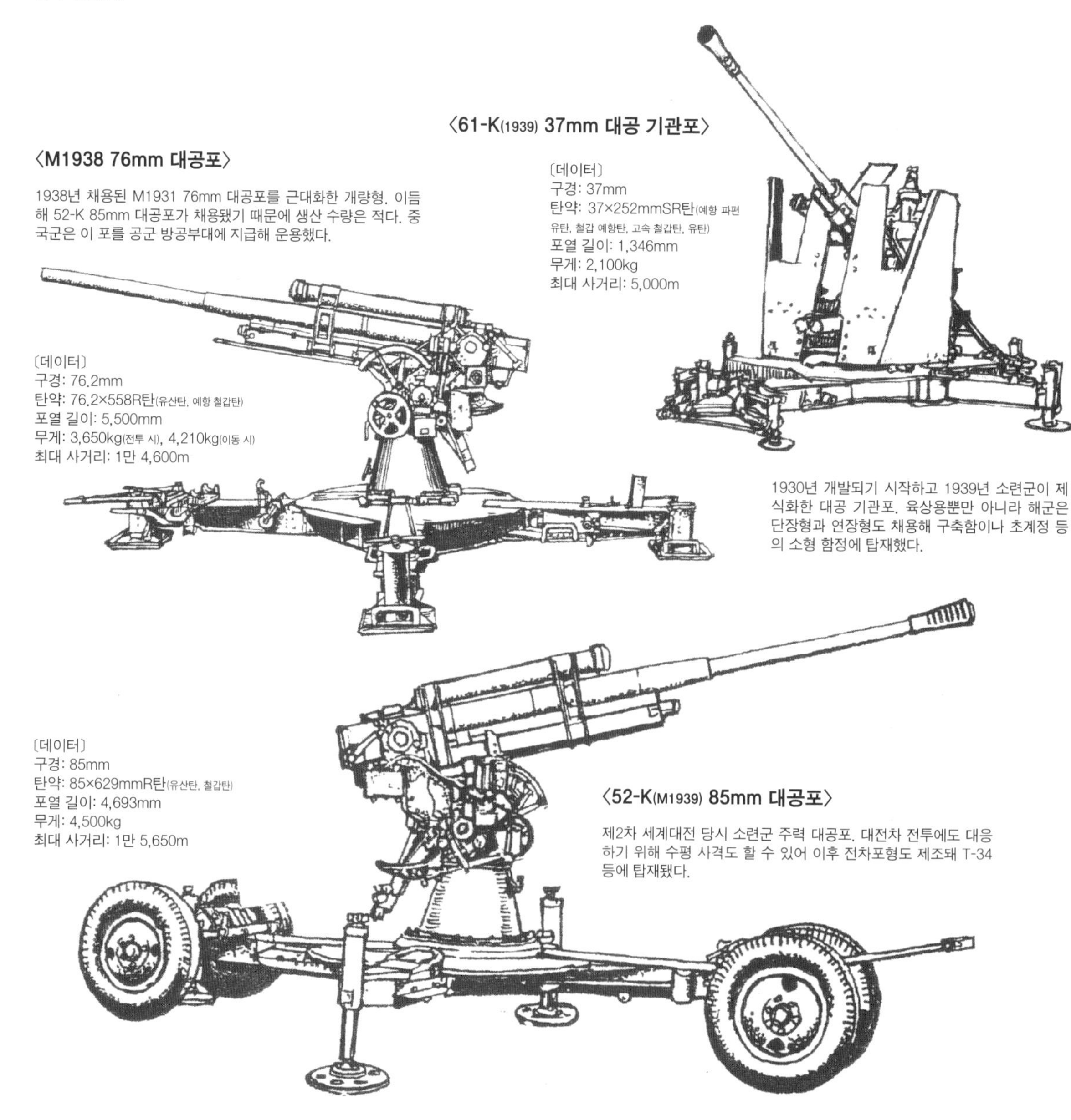

〈M1938 76mm 대공포〉

1938년 채용된 M1931 76mm 대공포를 근대화한 개량형. 이듬해 52-K 85mm 대공포가 채용됐기 때문에 생산 수량은 적다. 중국군은 이 포를 공군 방공부대에 지급해 운용했다.

〔데이터〕
구경: 76.2mm
탄약: 76.2×558R탄(유산탄, 예항 철갑탄)
포열 길이: 5,500mm
무게: 3,650kg(전투 시), 4,210kg(이동 시)
최대 사거리: 1만 4,600m

〈61-K(1939) 37mm 대공 기관포〉

〔데이터〕
구경: 37mm
탄약: 37×252mmSR탄(예항 파편 유탄, 철갑 예항탄, 고속 철갑탄, 유탄)
포열 길이: 1,346mm
무게: 2,100kg
최대 사거리: 5,000m

1930년 개발되기 시작하고 1939년 소련군이 제식화한 대공 기관포. 육상용뿐만 아니라 해군은 단장형과 연장형도 채용해 구축함이나 초계정 등의 소형 함정에 탑재했다.

〈52-K(M1939) 85mm 대공포〉

〔데이터〕
구경: 85mm
탄약: 85×629mmR탄(유산탄, 철갑탄)
포열 길이: 4,693mm
무게: 4,500kg
최대 사거리: 1만 5,650m

제2차 세계대전 당시 소련군 주력 대공포. 대전차 전투에도 대응하기 위해 수평 사격도 할 수 있어 이후 전차포형도 제조돼 T-34 등에 탑재됐다.

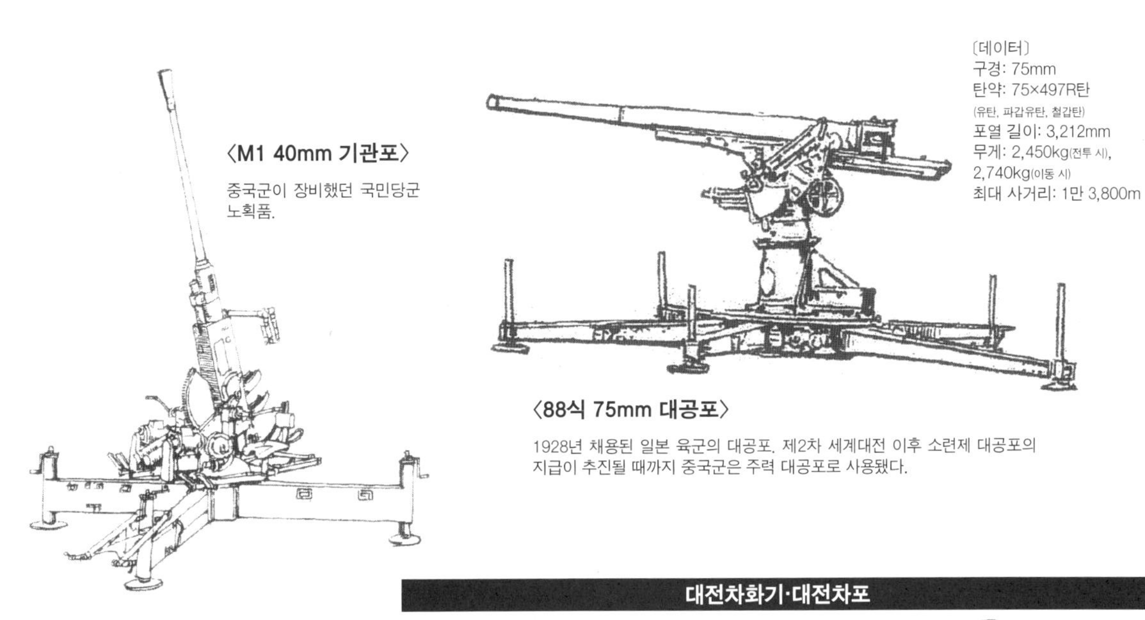

〈M1 40mm 기관포〉

중국군이 장비했던 국민당군 노획품.

〔데이터〕
구경: 75mm
탄약: 75×497R탄(유탄, 파갑유탄, 철갑탄)
포열 길이: 3,212mm
무게: 2,450kg(전투 시), 2,740kg(이동 시)
최대 사거리: 1만 3,800m

〈88식 75mm 대공포〉

1928년 채용된 일본 육군의 대공포. 제2차 세계대전 이후 소련제 대공포의 지급이 추진될 때까지 중국군은 주력 대공포로 사용됐다.

대전차화기·대전차포

〈PTRD1941 대전차 소총〉

소련군이 보병용 대전차병기로 개발한 대구경 소총. 제2차 세계대전 후반에는 전차의 장갑이 두꺼워져 대전차병기로서의 가치는 낮았다. 한국전쟁에서는 공산군이 상대 진지와 경장비·비장갑차량에 대한 공격에도 사용했다.

〔데이터〕
구경: 14.5mm
탄약: 14.5×114mm탄
장탄 수: 1발
작동 방식: 볼트 액션
길이: 2,020mm
총열 길이: 115mm
무게: 15.75g

〔데이터〕
구경: 45mm
탄약: 45×310mmR탄(철갑탄, 유탄, 유산탄, 발연탄)
포열 길이: 2,070mm
무게: 425kg
최대 사거리: 4,400m

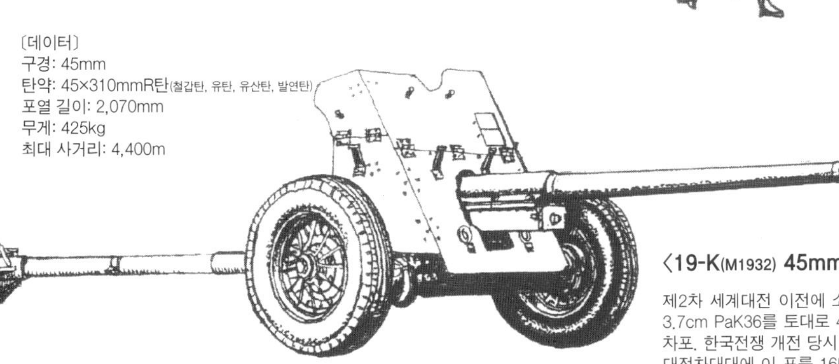

〈19-K(M1932) 45mm 대전차포〉

제2차 세계대전 이전에 소련이 라이선스 생산한 독일의 3.7cm PaK36를 토대로 47mm 구경으로 재설계한 대전차포. 한국전쟁 개전 당시 북한군은 보병사단이나 여단의 대전차대대에 이 포를 16대, 대전차중대에 4대를 배치했다.

로켓포

'카추샤'라는 애칭으로 유명한 다연장로켓. 1938년 개발한 M-13 로켓을 발사하는 런처는 ZiS-151 등의 트럭에 탑재해 사용됐다. 로켓탄은 런처의 레일 하나당 2발씩 합계 16발을 장전할 수 있다. 중국군은 1개 로켓포병사단(3개 로켓 포병연대 편성)을 파병했다. 일러스트는 스튜드베이커 US6U3 트럭 탑재형인 BM-13-16.

〔M-13 로켓탄 데이터〕
탄체 직경: 132mm
길이: 1,420mm
무게: 42.5kg
최대 사거리: 8,500m

전차와 전투차량

북한의 주력 전차 T-34-85

북한군의 주력 전차였던 T-34-85는 소련이 독일군의 티거와 판터 전차에 대항하기 위해 1943년 개발한 85mm포를 탑재한 T-34 화력 강화형이다. 북한군은 소련의 군사 원조를 받아 개전 이전 해당 차량을 240대 보유했다. 개전 당시에는 각 부대에 제공된 합계 120대의 T-34-85가 한국군을 덮쳤다. 개전 이후에도 소련은 계속 원조했으나 지상 전투뿐 아니라 항공 공격으로 파괴되는 차량도 많아 휴전 시 보유 수는 개전 당시를 밑돌았다고 한다.

〔데이터〕
전체 길이: 8.15m
차체 길이: 6.10m
전폭: 3m
전고: 2.72m
무게: 32t
엔진: V형 12기통 수랭 디젤
장갑 두께: 20~90mm
무장: 85mm D-5T 전차포, S-53·ZiS-53 전차포×1, DT 기관총×2
정원: 5명

〈T-34-85의 내부 구조〉

❶ 외부 연료 탱크
❷ 통기 그릴
❸ 벤틸레 이터
❹ 포탄 수납부
❺ 차장용 큐폴라
❻ 무선기
❼ 포수용 페리스코프
❽ 망원경식 조준기
❾ 조종석
❿ 전방 기총 마운트
⓫ 조종수용 해치
⓬ 85mm DT-5 전차포
⓭ 무한궤도 장력 조정 장치
⓮ 클러치
⓯ 공압 시동기용 봄베
⓰ 공기압 펌프
⓱ 브레이크 페달
⓲ 액셀 페달
⓳ 유도륜
⓴ DT 기관총
㉑ 무선수석
㉒ 서스펜션 스프링
㉓ 연료 탱크
㉔ 서스펜션 스프링
㉕ 전륜
㉖ 기동륜

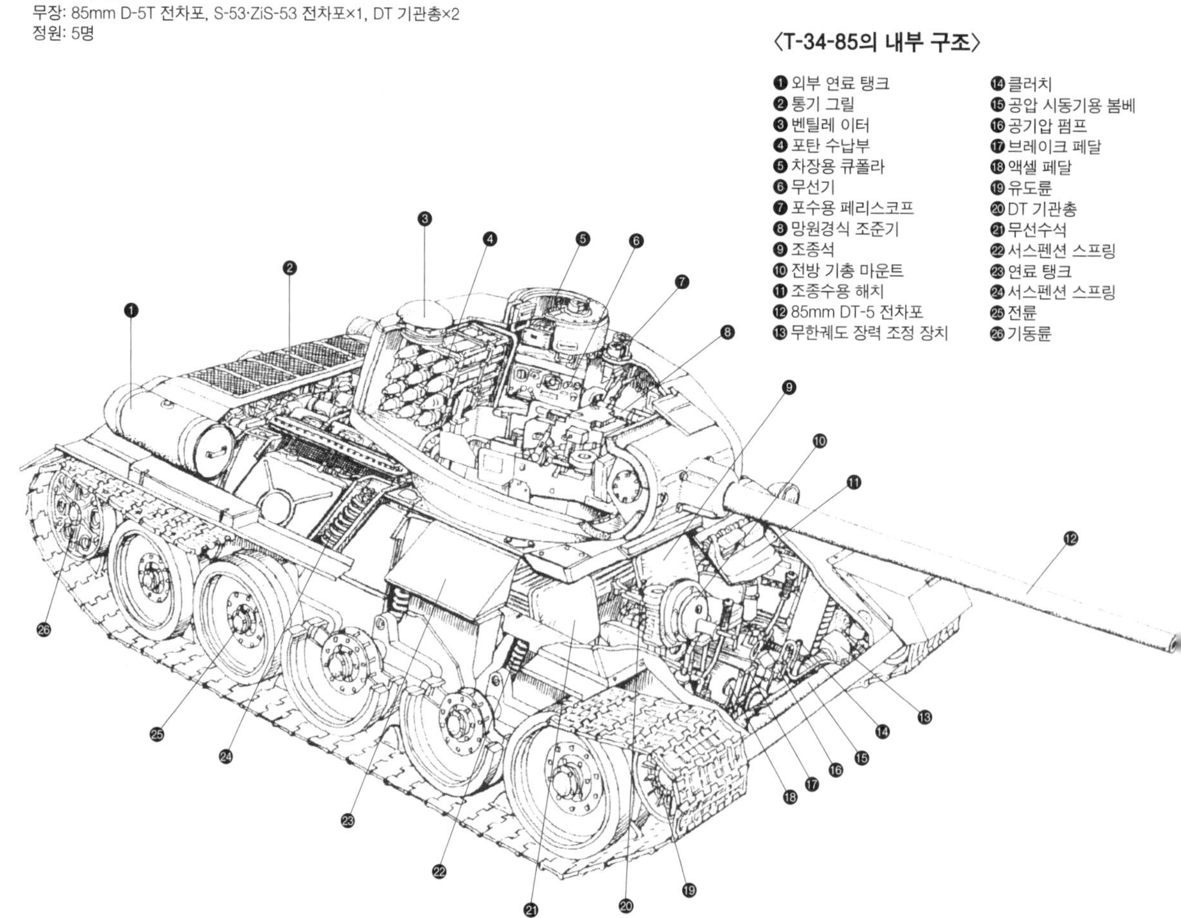

T-34-85의 디테일 변천

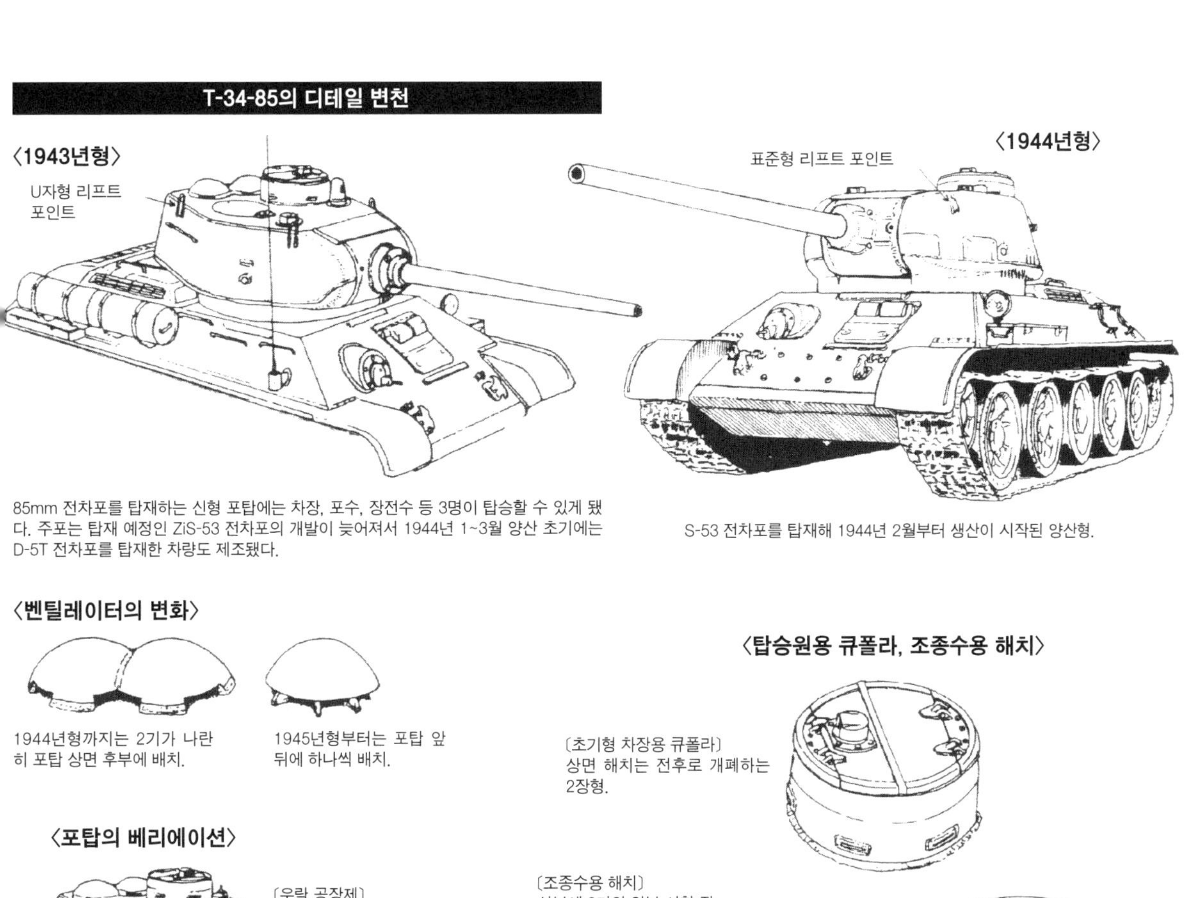

〈1943년형〉

85mm 전차포를 탑재하는 신형 포탑에는 차장, 포수, 장전수 등 3명이 탑승할 수 있게 됐다. 주포는 탑재 예정인 ZiS-53 전차포의 개발이 늦어져서 1944년 1~3월 양산 초기에는 D-5T 전차포를 탑재한 차량도 제조됐다.

〈1944년형〉

S-53 전차포를 탑재해 1944년 2월부터 생산이 시작된 양산형.

〈벤틸레이터의 변화〉

1944년형까지는 2기가 나란히 포탑 상면 후부에 배치.

1945년형부터는 포탑 앞뒤에 하나씩 배치.

〈탑승원용 큐폴라, 조종수용 해치〉

〔초기형 차장용 큐폴라〕
상면 해치는 전후로 개폐하는 2장형.

〔조종수용 해치〕
상부에 2기의 외부 시찰 장치용 장갑 커버를 설치.

〔후기형 차장용 큐폴라〕
해치가 전방으로 열리는 1장형이 되었다.

〔MK-IV 페리스코프〕
영국제 Mk.4 페리스코프의 카피. 후드가 달린 것도 있다.

〈포탑의 베리에이션〉

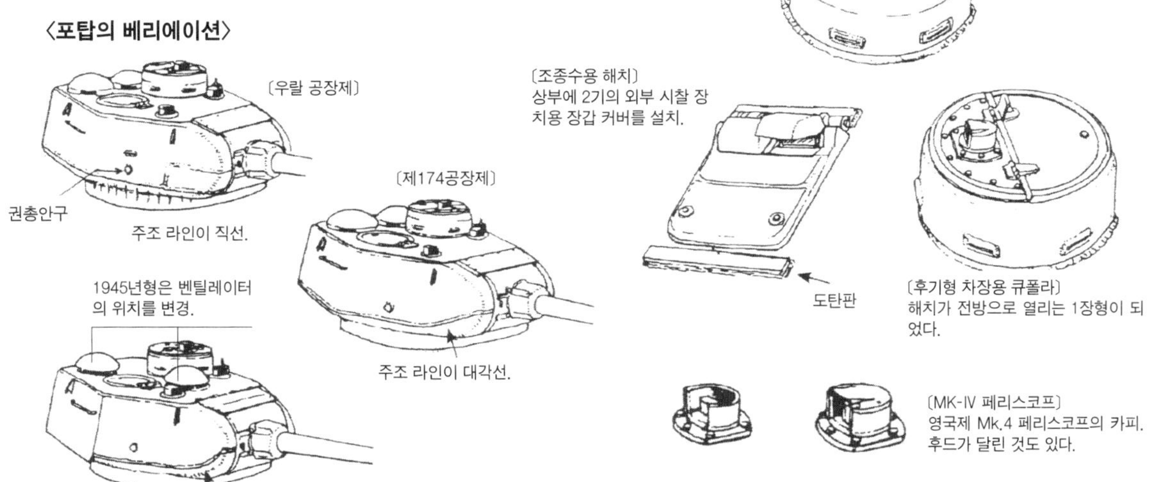

〔우랄 공장제〕
주조 라인이 직선.

〔제174공장제〕
주조 라인이 대각선.

1945년형은 벤틸레이터의 위치를 변경.

〔제112공장제〕
주조 라인 전방이 곡선을 그림.

〈차체 후방〉

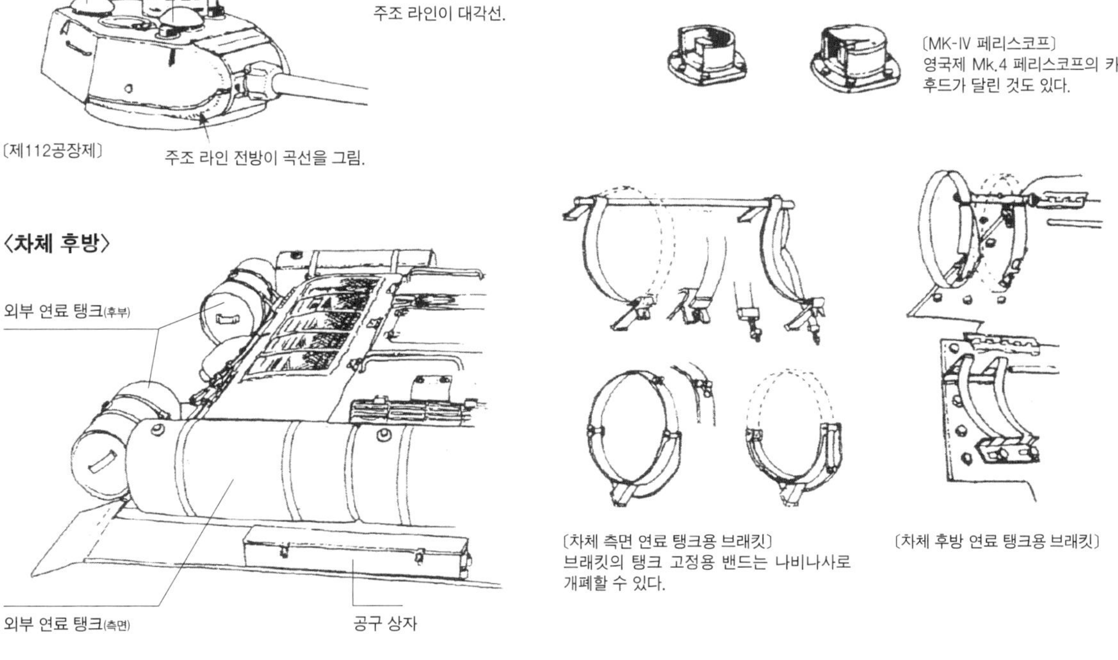

〔차체 측면 연료 탱크용 브래킷〕
브래킷의 탱크 고정용 밴드는 나비나사로 개폐할 수 있다.

〔차체 후방 연료 탱크용 브래킷〕

공산군에 지원된 소련제 차량

소련은 T-34-85 외에도 북한군과 중국군에 중전차나 자주포도 지원했다. 1952년 이후 이들 차량도 한국전쟁에 투입됐다고 하나 유엔군 측의 기록이나 장병의 증언에 따르면 실전에서 운용됐다는 사실은 현재로서는 확인되지 않았다.

〈JS-2 스탈린 중전차〉

독일군 중전차에 대항하기 위해 1943년 개발되기 시작된 중전차. 한국전쟁 당시 중국군은 1950년 11월 소련이 지원한 JS-2 장비의 부대를 파견했다고 한다. 또 북한에는 한국전쟁 이후 지원됐다.

〔데이터〕
전체 길이: 9.9m
차체 길이: 6.77m
전폭: 3.09m
전고: 2.73m
무게: 46t
엔진: V2 V형 12기통 수랭 디젤
장갑 두께: 20~160mm
무장: 122mm D-25T 전차포×1, DT 기관총×2, DShK 기관총×1
정원: 4명

〈KV-85 중전차〉

KV-1 중전차의 개량 차체에 85mm 전차포를 장비한 신형 포탑을 탑재한 중전차. 한국전쟁 중 또는 전후 중국을 경유해 북한군에 지원됐다고 한다.

〔데이터〕
전체 길이: 8.49m
차체 길이: 6.75m
전폭: 3.32m
전고: 2.53m
무게: 46t
엔진: 하리코프 V-2 V형 12기통 수랭 디젤
장갑 두께: 20~100mm
무장: 85mm D-5T 전차포×1, DT 기관총×3
정원: 4명

〈SU-100 자주포〉

T-34를 바탕으로 만들어진 대전차 자주포. 중국군이 한국전쟁 후반에 투입했다고 한다. 그러나 유엔군 측의 기록에서는 교전했다는 등의 사실은 확인되지 않았다.

〔데이터〕
길이: 9.45m
전폭: 3m
전고: 2.25m
무게: 31.6t
엔진: 하리코프 V-2 V형 12기통 수랭 디젤
장갑 두께: 20~75mm
무장: 100 mmD-10S 전차포×1
정원: 4명

〈SU-122 자주포〉

T-34의 프레임을 토대로 생산된 자주곡사포. 중국군 측의 기록에는 한국전쟁에 파견됐다고 되어 있으나, 유엔군의 자료에는 기록되지 않았다.

〔데이터〕
길이: 6.95m
전폭: 3m
전고: 2.32m
무게: 30.9t
엔진: 클리모프 V-2 V형 12기통 수랭 디젤
장갑 두께: 15~45mm
무장: 122mm M-30S 곡사포
정원: 4명

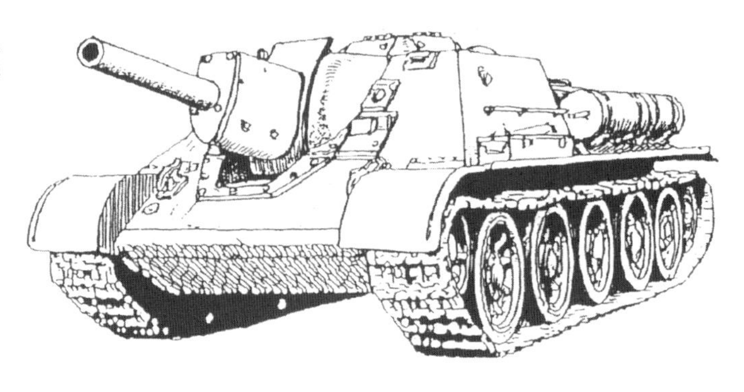

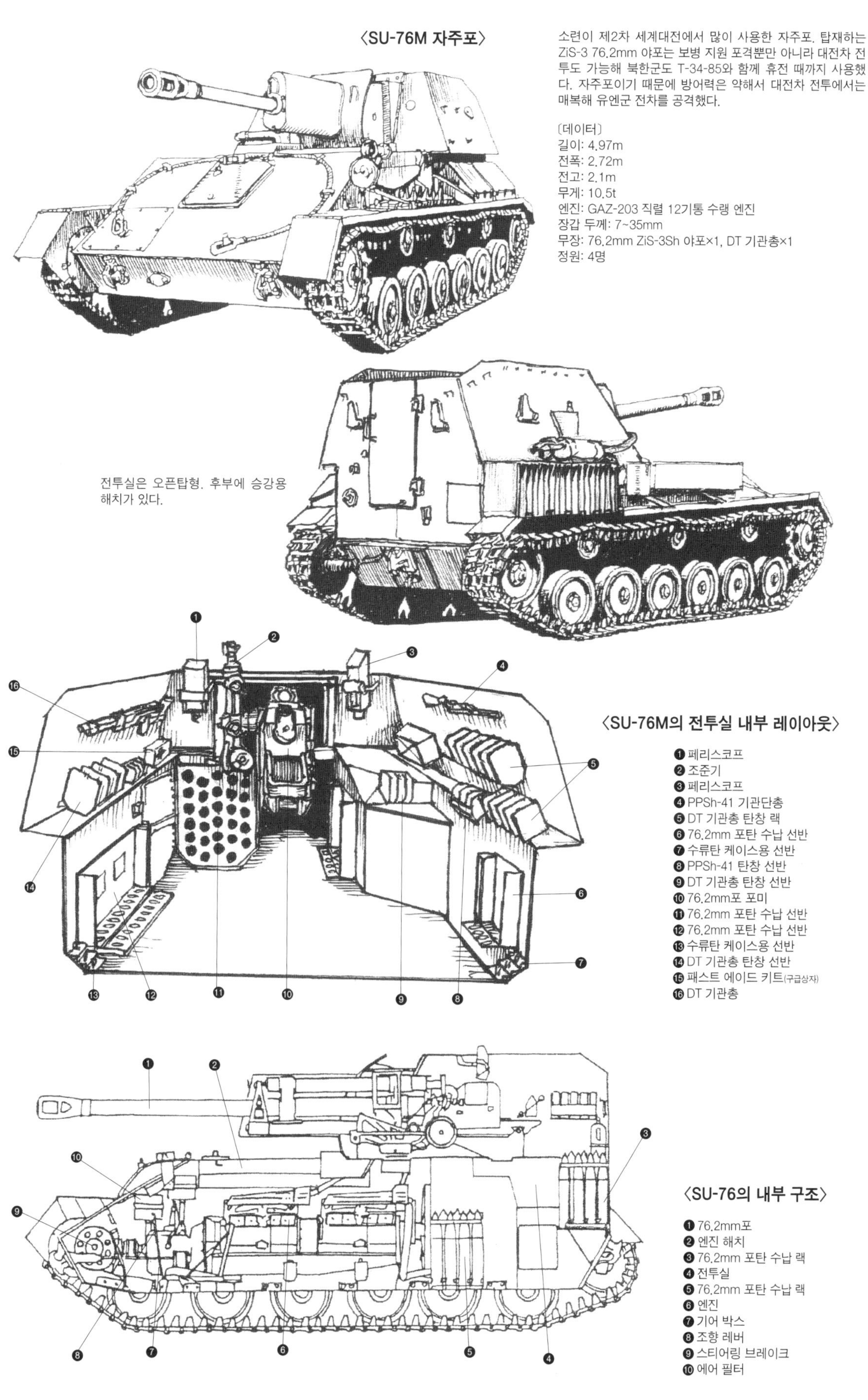

〈SU-76M 자주포〉

소련이 제2차 세계대전에서 많이 사용한 자주포. 탑재하는 ZiS-3 76.2mm 야포는 보병 지원 포격뿐만 아니라 대전차 전투도 가능해 북한군도 T-34-85와 함께 휴전 때까지 사용했다. 자주포이기 때문에 방어력은 약해서 대전차 전투에서는 매복해 유엔군 전차를 공격했다.

〔데이터〕
길이: 4.97m
전폭: 2.72m
전고: 2.1m
무게: 10.5t
엔진: GAZ-203 직렬 12기통 수랭 엔진
장갑 두께: 7~35mm
무장: 76.2mm ZiS-3Sh 야포×1, DT 기관총×1
정원: 4명

전투실은 오픈탑형. 후부에 승강용 해치가 있다.

〈SU-76M의 전투실 내부 레이아웃〉

❶ 페리스코프
❷ 조준기
❸ 페리스코프
❹ PPSh-41 기관단총
❺ DT 기관총 탄창 랙
❻ 76.2mm 포탄 수납 선반
❼ 수류탄 케이스용 선반
❽ PPSh-41 탄창 선반
❾ DT 기관총 탄창 선반
❿ 76.2mm포 포미
⓫ 76.2mm 포탄 수납 선반
⓬ 76.2mm 포탄 수납 선반
⓭ 수류탄 케이스용 선반
⓮ DT 기관총 탄창 선반
⓯ 패스트 에이드 키트(구급상자)
⓰ DT 기관총

〈SU-76의 내부 구조〉

❶ 76.2mm포
❷ 엔진 해치
❸ 76.2mm 포탄 수납 랙
❹ 전투실
❺ 76.2mm 포탄 수납 랙
❻ 엔진
❼ 기어 박스
❽ 조향 레버
❾ 스티어링 브레이크
❿ 에어 필터

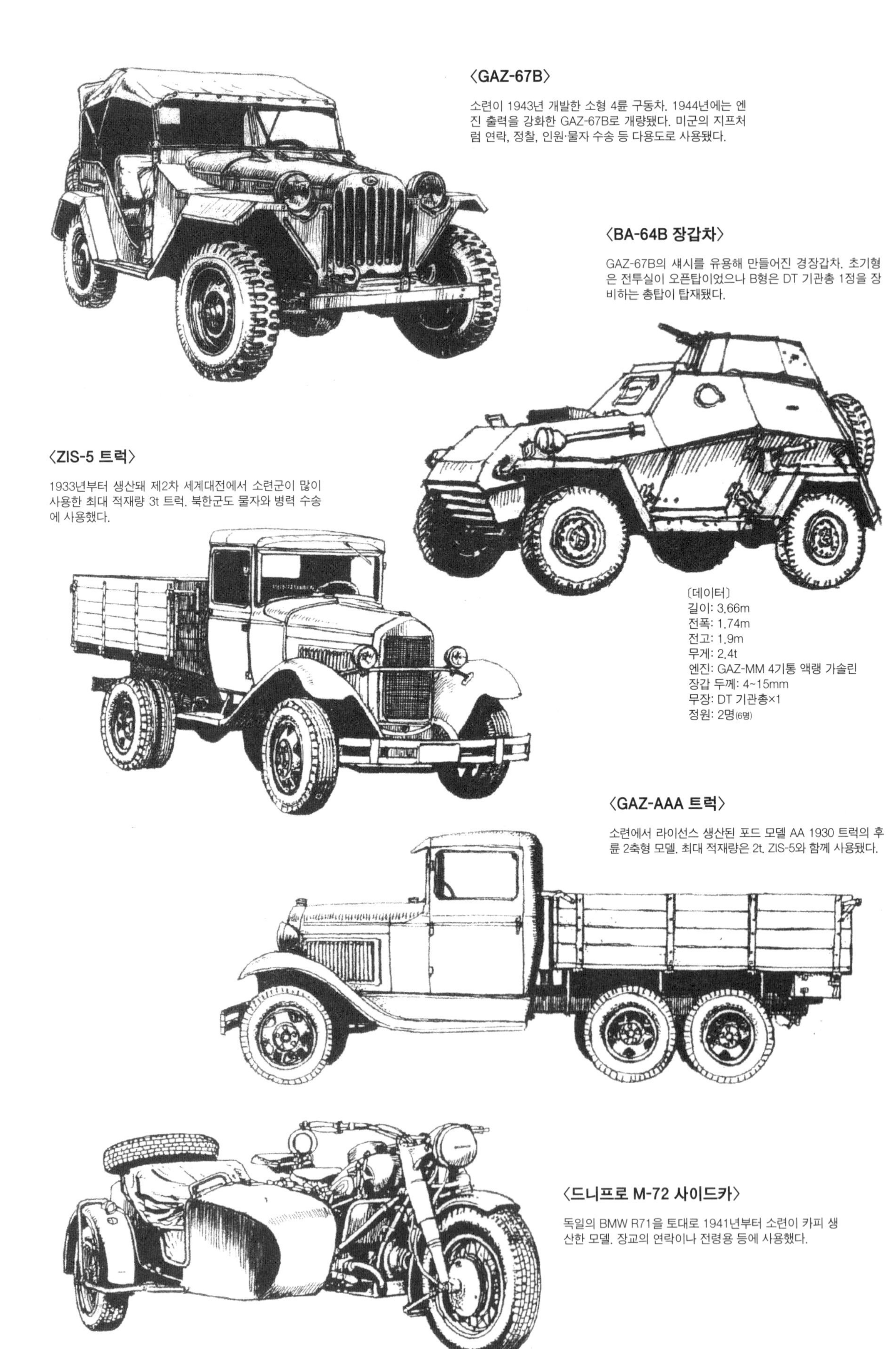

〈GAZ-67B〉

소련이 1943년 개발한 소형 4륜 구동차. 1944년에는 엔진 출력을 강화한 GAZ-67B로 개량됐다. 미군의 지프처럼 연락, 정찰, 인원·물자 수송 등 다용도로 사용됐다.

〈BA-64B 장갑차〉

GAZ-67B의 섀시를 유용해 만들어진 경장갑차. 초기형은 전투실이 오픈탑이었으나 B형은 DT 기관총 1정을 장비하는 총탑이 탑재됐다.

〔데이터〕
길이: 3.66m
전폭: 1.74m
전고: 1.9m
무게: 2.4t
엔진: GAZ-MM 4기통 액랭 가솔린
장갑 두께: 4~15mm
무장: DT 기관총×1
정원: 2명(6명)

〈ZIS-5 트럭〉

1933년부터 생산돼 제2차 세계대전에서 소련군이 많이 사용한 최대 적재량 3t 트럭. 북한군도 물자와 병력 수송에 사용했다.

〈GAZ-AAA 트럭〉

소련에서 라이선스 생산된 포드 모델 AA 1930 트럭의 후륜 2축형 모델. 최대 적재량은 2t. ZIS-5와 함께 사용됐다.

〈드니프로 M-72 사이드카〉

독일의 BMW R71을 토대로 1941년부터 소련이 카피 생산한 모델. 장교의 연락이나 전령용 등에 사용했다.

미제 차량

공산군이 사용한 미제 차량은 제2차 세계대전 중 미국에서 소련으로 수출돼 대전 후 소련이 지원한 차량, 또 중국 국민당군이 장비한 차량, 한국전쟁 개전 후 유엔군에서 노획한 차량 등으로 나뉜다.

〈¼t 트럭(지프)〉

중국군은 국공 내전이 끝나기까지 미국이 국민당군에 지원한 지프를 노획해 사용했다. 소련이 북한군에 지원했는지는 알 수 없다. 당시 사진과 영상으로 전장에서 미군으로부터 노획한 지프를 중국 북한군이 사용한 것을 알 수 있다.

〈M3 스카웃 카〉

미 육군이 기병부대를 기계화하기 위해 1939년 채용한 장갑차. 정찰 임무용으로 개발되었으나 병력 수송차 등의 용도에도 사용됐다. 공산군이 사용한 이 차는 미국이 제2차 세계대전 중 소련에 수출한 것으로 대전 후 소련에서 중국, 북한에 지원됐다.

〔데이터〕
전장: 5.62m
전폭: 2.03m
전고: 1.96m
무게: 5.67t
엔진: 허큘리스 JXD 직렬 6기통 가솔린
장갑 두께: 6~13mm
무장: M2 중기관총×1, M1917 기관총 또는 M1919A6 기관총×1~2
정원: 8명

〈GMS CCKW 353 2 ½t 화물 트럭〉

미제 화물 트럭은 국민당군이 사용한 차량과 소련이 지원한 차량이 쓰였다.

〈1½t 화물 트럭〉

〈CCKW 353 오픈캡형〉

공산군의 군장

조선인민군(북한) 육군의 군복과 장비

조선인민군(이하 북한군)은 1948년 2월 8일 창설됐다. 한국전쟁 개전 당시 병력은 8개 보병사단, 1개 전차여단, 1개 독립전차연대를 바탕으로 기타 부대를 합쳐 19만 8,000명의 병력을 보유했다. 군장은 소련군의 원조품과 국산품을 사용했으나, 국산품은 소련군의 영향이 전투복 등의 디자인에 짙게 반영됐다.

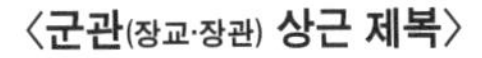

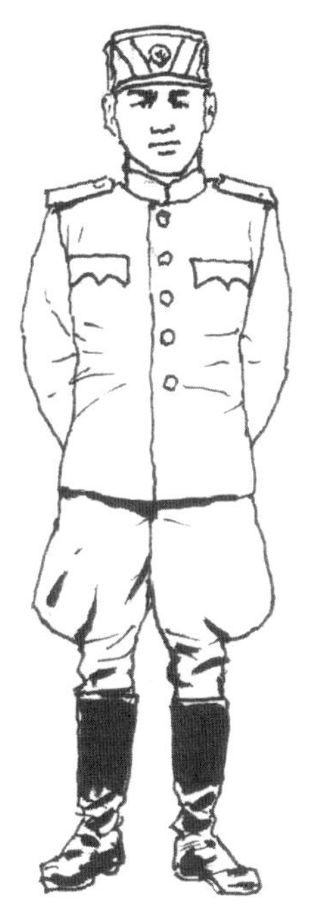

소련군의 키텔 제복과 같은 디자인으로 만들어진 국산품. 목닫이 구조이며 계급장은 어깨에 단다. 바지는 승마형. 여름용으로 백색 제복도 만들어졌다.

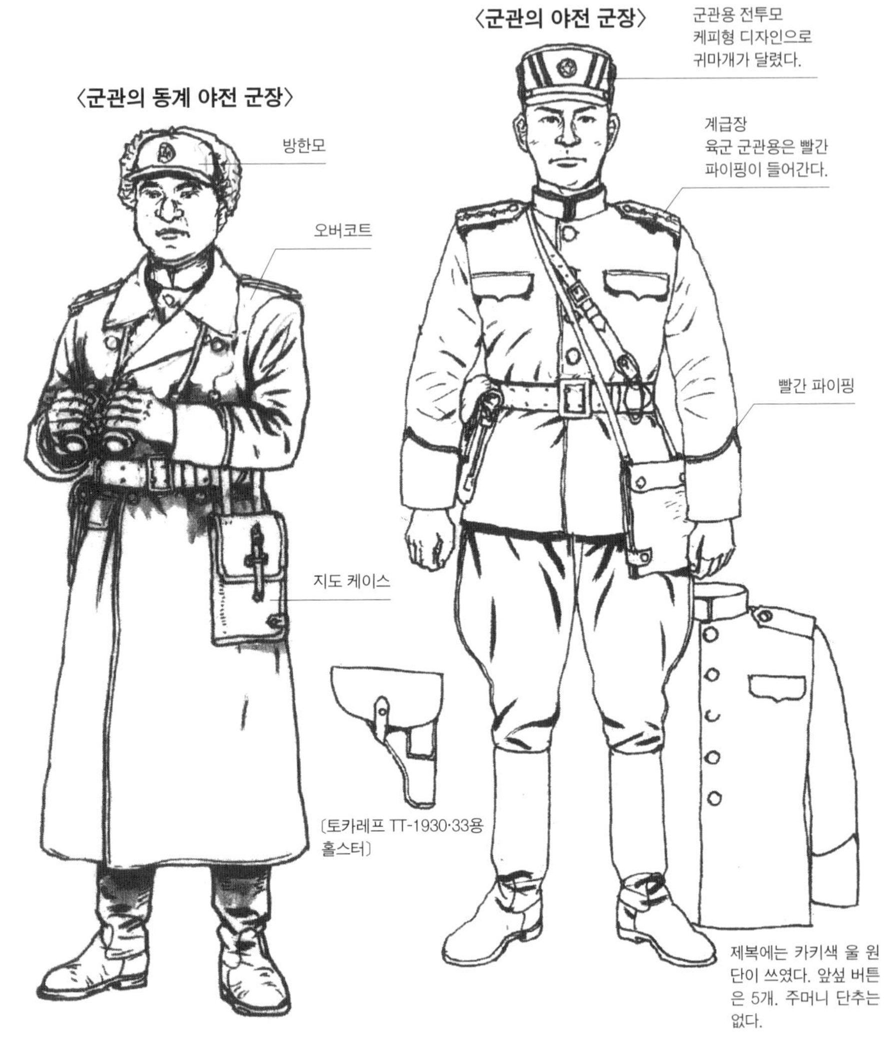

제복에는 카키색 울 원단이 쓰였다. 앞섶 버튼은 5개. 주머니 단추는 없다.

〈계급장〉

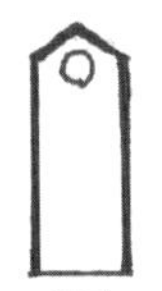
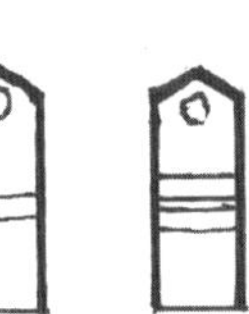
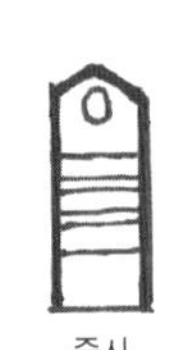

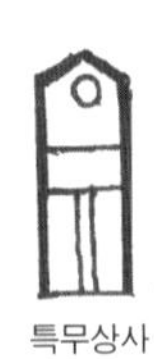

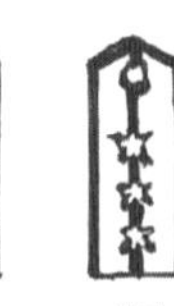

전사 초급병사 하사 중사 상사 특무상사 소위 중위 상위 대위

소좌 중좌 상좌 대좌 소장 중장 상장 대장 원수

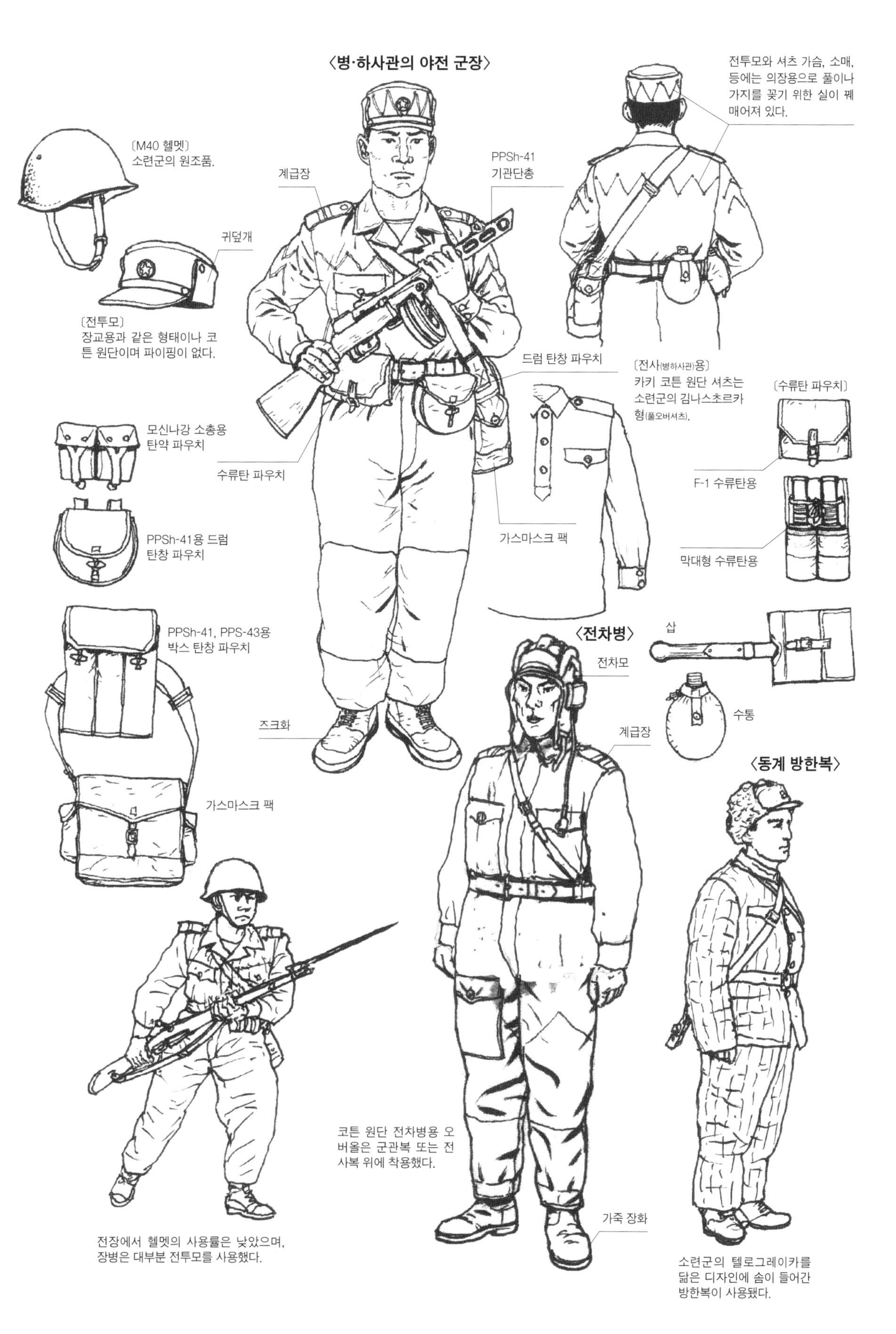
〈병·하사관의 야전 군장〉
〔M40 헬멧〕
소련군의 원조품.
귀덮개
〔전투모〕
장교용과 같은 형태이나 코
튼 원단이며 파이핑이 없다.
계급장
PPSh-41
기관단총
전투모와 셔츠 가슴, 소매,
등에는 의장용으로 풀이나
가지를 꽂기 위한 실이 꿰
매어져 있다.
드럼 탄창 파우치
〔전사(병하사관)용〕
카키 코튼 원단 셔츠는
소련군의 김나스초르카
형(풀오버셔츠).
〔수류탄 파우치〕
모신나강 소총용
탄약 파우치
수류탄 파우치
F-1 수류탄용
PPSh-41용 드럼
탄창 파우치
가스마스크 팩
막대형 수류탄용
PPSh-41, PPS-43용
박스 탄창 파우치
〈전차병〉
삽
전차모
수통
즈크화
계급장
〈동계 방한복〉
가스마스크 팩
코튼 원단 전차병용 오
버올은 군관복 또는 전
사복 위에 착용했다.
가죽 장화
전장에서 헬멧의 사용률은 낮았으며,
장병은 대부분 전투모를 사용했다.
소련군의 텔로그레이카를
닮은 디자인에 솜이 들어간
방한복이 사용됐다.

중국 인민지원군(중국군)의 군복과 장비

북한군을 원조하기 위해 파병된 인민해방군(이하 중국군)은 명목상 의용군이었기 때문에 중국 인민지원군(항미원조 의용군)이라는 명칭으로 불렸다. 이 부대는 개입 당초부터 100만 명 규모(전투부대는 약 20만 명)의 병력을 투입해 1953년 7월 휴전 당시 그 수는 120만 명에 이르렀다. 중국군의 군복은 인민복을 기본으로 했으나 이 스타일은 중일전쟁 때 팔로군 시대부터 사용했으며, 한국전쟁 당시에는 1948~1952년 사이 채용된 하·동계 군복이 기본이었다.

〈인민해방군 간부〉

인민복형 제복은 1950년 제정된 간부용 50년식 군복. 상근·전투복을 겸하며 동형 제복 중 단추 색이 금색인 것은 예복으로 규정되었다. 모자는 1951년 제정된 해방모.

인민해방군에서 사용한 모장과 흉장. 한반도에 파견된 중국 인민지원군은 대외적으로는 의용군이었기 때문에 사용하지 않았다.

〔50년식 모장〕

〔50년식 흉장〕

〈평더화이(彭德懷)〉 (1898. 10. 24.~1974. 11. 29.)

1928년 공산당에 입당. 중일전쟁 중에는 팔로군 부총지휘관. 제2차 세계대전 이후에는 중앙군사위원회 부주석, 총참모장을 맡았다. 중국이 한국전쟁에 개입할 때 중국 인민지원군의 사령관으로 임명돼 중국·북한군의 지휘를 맡았다.

〈제정 군복〉

〔48년 제정 군복 간부복〕

〔48년 제정 전사복〕

〔52년 제정 전사복〕

〈막대형 수류탄 파우치〉

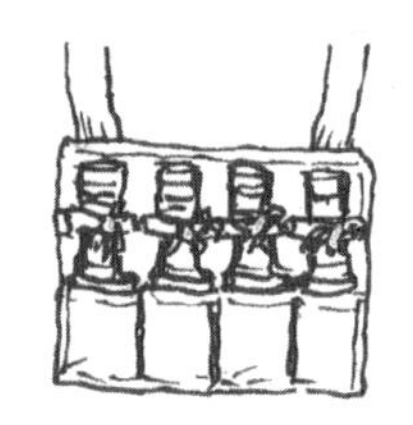

〈경기관총용 체스트 파우치〉

ZB나 BAR 등의 20발 탄창을 수납.

〈기관단총용 체스트 파우치〉

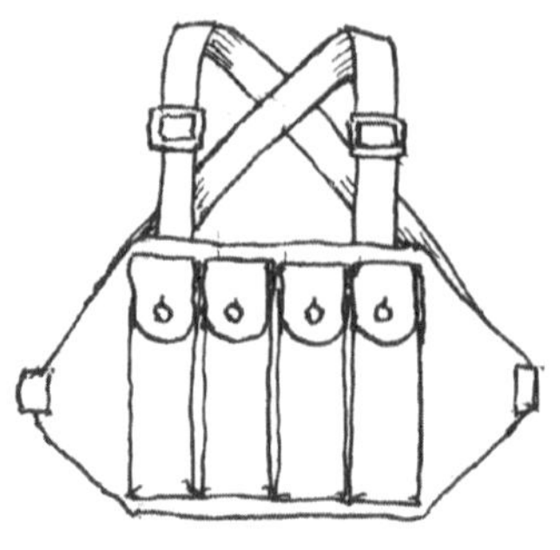

PPSh-41, PPS-43, M1, M3 등의 탄창 휴대용으로 사용.

〈야전 군장 지원군 병사〉

옷은 1952년 제정 하계 전사복. PPSh-41 또는 중국제 50식 단기관총(형봉창)을 장비했다.

〈간부의 야전 군장〉

간부는 호신용으로 자동권총을 장비했다. 사용한 권총은 토카레프 TT-1930·33 또는 동 모델을 중국에서 생산한 51식 권총이었다.

〈병·하사관의 동계 군장〉

〈솜 방한복을 장비한 병사〉

〔소총용 탄대〕
팔로군 시대부터 사용한 타입. 허리에 감거나 어깨에 걸거나 대각선으로 걸어 사용했다.

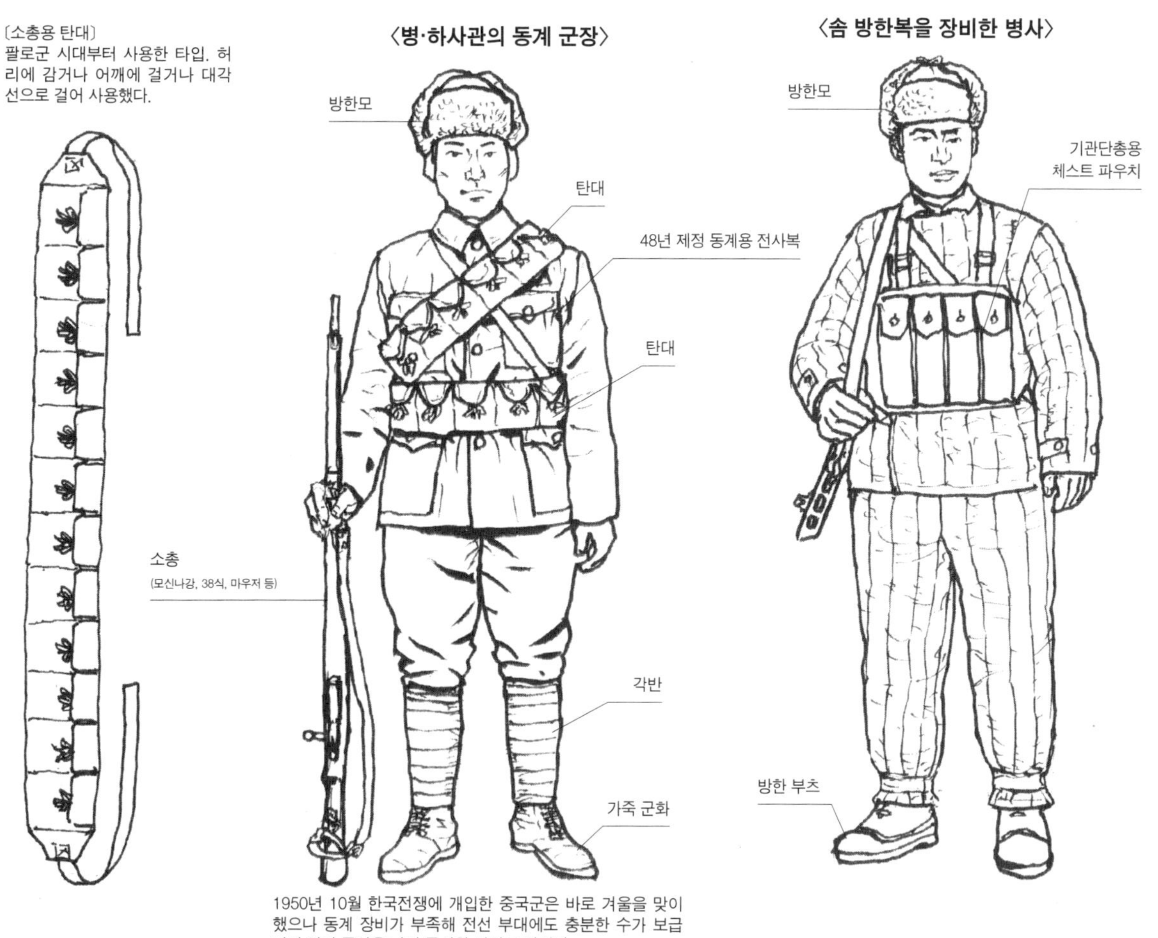

1950년 10월 한국전쟁에 개입한 중국군은 바로 겨울을 맞이했으나 동계 장비가 부족해 전선 부대에도 충분한 수가 보급되지 않아 동상을 넘어 동사한 장병도 많았다.

중국 군사 교본

단독 기본 동작

〈부동자세(차려!)〉

손가락은 자연스럽게, 중지를 바지 솔기에 맞춘다.
뒤꿈치를 모으고 발끝은 발 하나만큼 벌린다.

〈바른걸음〉 〈빠른 걸음〉

머리와 목은 똑바로, 입을 닫고, 시선은 수평으로.

손은 가볍게 주먹을 쥐고.

〈뛰기〉

〈차려!(집총 시)〉

〔소총일 경우〕 〈어깨걸어 총〉〔기관단총일 경우〕

〈받들어 총〉

〈앞에 총〉

〈비껴들어 총〉

〔기관단총일 경우〕

〈뒤로 메어 총〉

〔기관단총일 경우〕

〈뒤로 메어 총〉

〔소총일 경우〕

〈엎드려!〉

집총 시는 엎드려쏴 자세로 전방을 주시.

〈일어나!〉

몸을 일으켜 부동자세를 취한다.

〈차려!〉

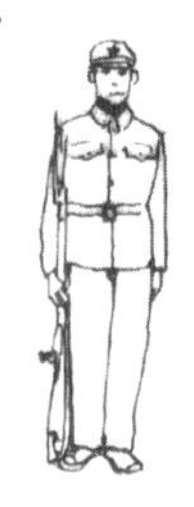

〈(총을 오른쪽 어깨에 기대고) 앉아!〉

배낭을 휴대했을 때는 "배낭 내려!"라는 호령에 따라 배낭을 내리고 거기에 걸터앉는다.

〈(총을 오른쪽 어깨에 기대고) 웅크려!〉

오래 앉아 있을 경우 발을 바꿔도 된다.

〈포복전진〉

양 팔꿈치를 교대로 내밀어 전진한다.

〈측면 포복전진〉

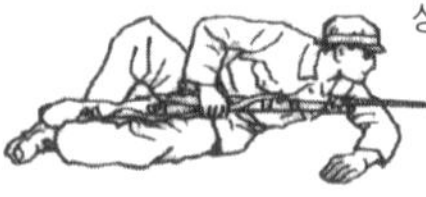

상반신을 일으켜 포복한다.

〈행군 군장〉

장구, 수통, 잡낭, 수류탄 주머니를 장착.

〔완전 무장〕

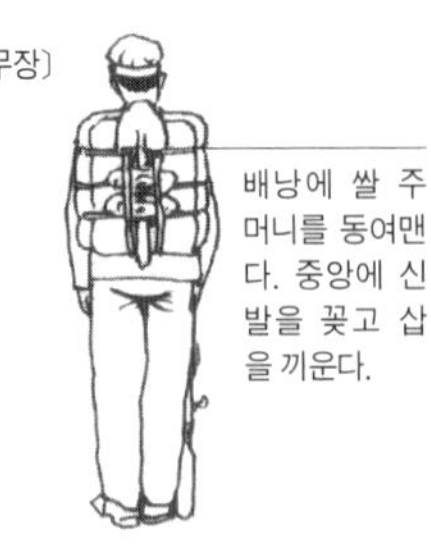

배낭에 쌀 주머니를 동여맨다. 중앙에 신발을 꽂고 삽을 끼운다.

장비를 차고 탄대, 배낭을 장착. 마지막으로 무기를 든다.

〔긴급 시 장구〕

배낭 없이 쌀 주머니와 우비를 따로 묶고 장구를 찬다.

〈적 앞에서의 행동〉

〔굴러서 전진〕
적의 감시나 사격을 피하며 좌우로 이동.

〔숙이고 전진〕
전방을 주시하면서 빠른 걸음으로 전진. 돌격 위치로 간다.

사격의 기본 동작

〈사격술(총 겨누는 법)〉

〔엎드려쏴 의탁 사격〕

의탁 사격은 발사할 때 안정성이 늘어난다.

〈지형지물 이용(의탁 사격)〉

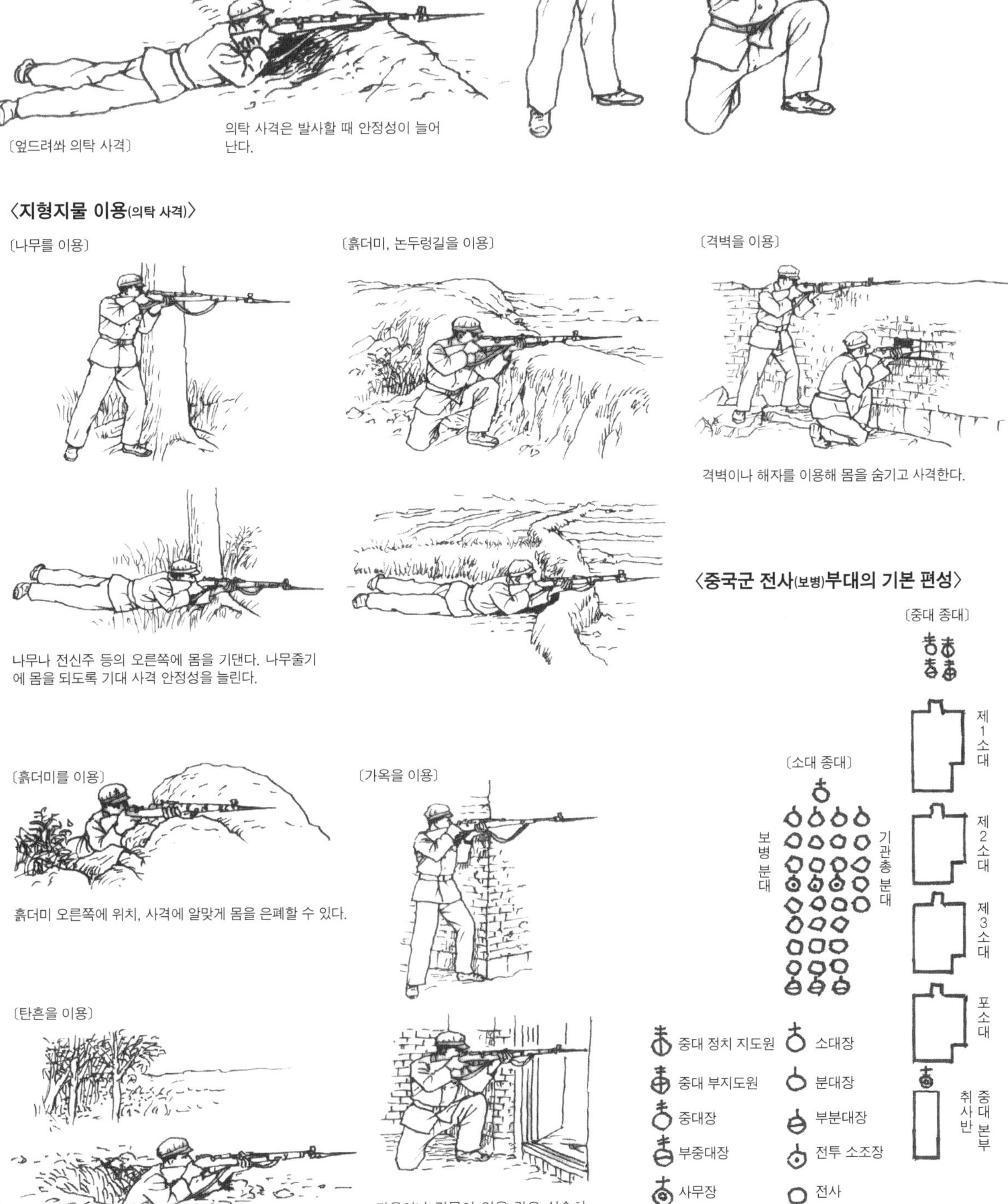

격벽이나 해자를 이용해 몸을 숨기고 사격한다.

나무나 전신주 등의 오른쪽에 몸을 기댄다. 나무줄기에 몸을 되도록 기대 사격 안정성을 늘린다.

흙더미 오른쪽에 위치, 사격에 알맞게 몸을 은폐할 수 있다.

구덩이가 얕으면 파서 깊게 만든다.

가옥이나 건물이 있을 경우 신속히 벽 모서리, 문이나 창문 왼쪽을 이용해 몸을 숨기고 사격한다.

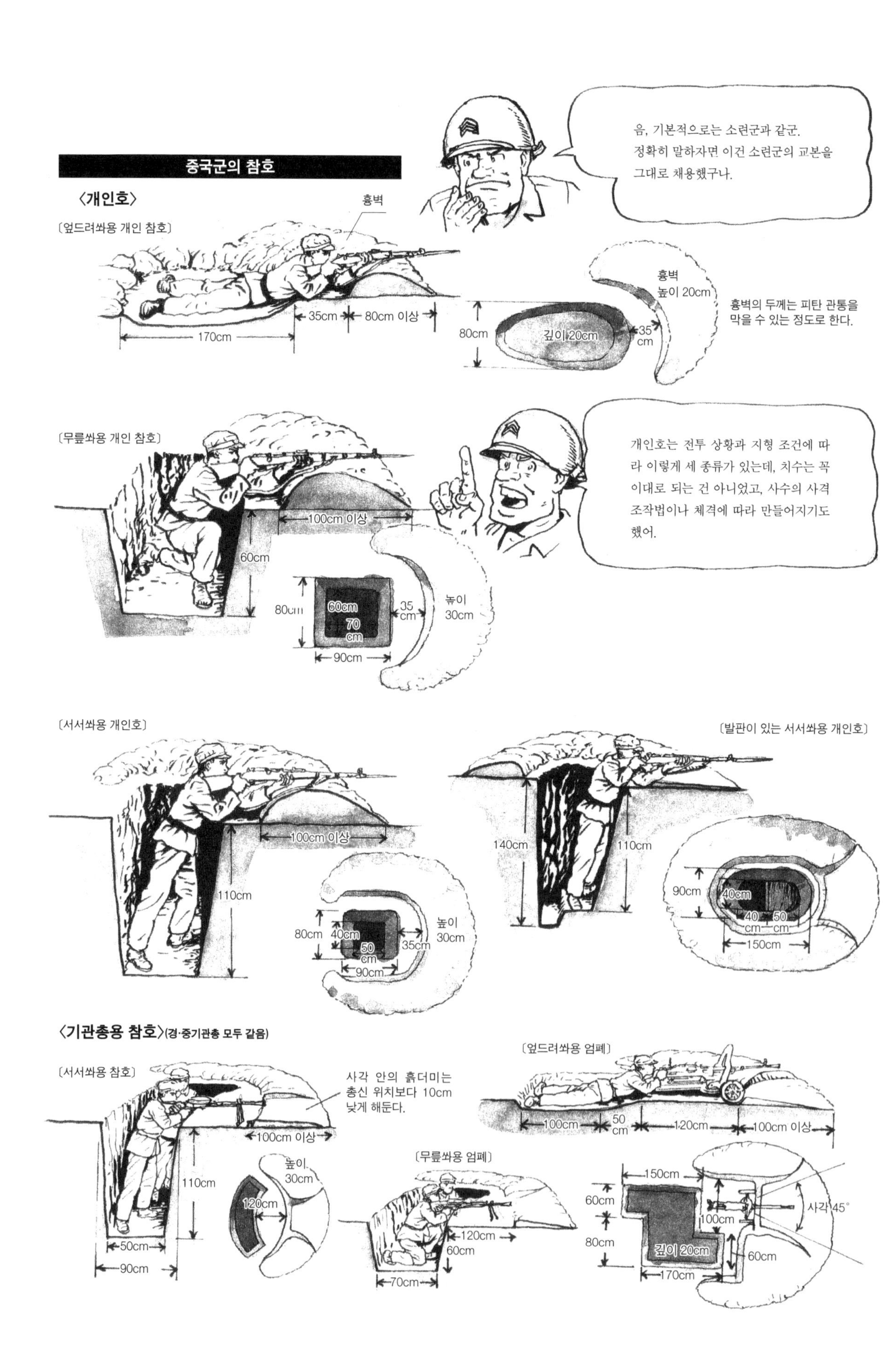

중국군의 참호
음, 기본적으로는 소련군과 같군.
정확히 말하자면 이건 소련군의 교본을 그대로 채용했구나.
〈개인호〉
〔엎드려쏴용 개인 참호〕
흉벽
35cm
80cm 이상
170cm
80cm
흉벽 높이 20cm
깊이 20cm
35 cm
흉벽의 두께는 피탄 관통을 막을 수 있는 정도로 한다.
〔무릎쏴용 개인 참호〕
개인호는 전투 상황과 지형 조건에 따라 이렇게 세 종류가 있는데, 치수는 꼭 이대로 되는 건 아니었고, 사수의 사격 조작법이나 체격에 따라 만들어지기도 했어.
100cm 이상
60cm
80cm
60cm
70 cm
35 cm
높이 30cm
90cm
〔서서쏴용 개인호〕
〔발판이 있는 서서쏴용 개인호〕
100cm 이상
110cm
80cm
40cm
50 cm
35cm
높이 30cm
90cm
140cm
110cm
90cm
40cm
40 cm
50 cm
150cm
〈기관총용 참호〉(경·중기관총 모두 같음)
〔서서쏴용 참호〕
사각 안의 흙더미는 총신 위치보다 10cm 낮게 해둔다.
100cm 이상
110cm
높이 30cm
120cm
50cm
90cm
〔엎드려쏴용 엄폐〕
100cm
50 cm
120cm
100cm 이상
〔무릎쏴용 엄폐〕
120cm
60cm
70cm
150cm
60cm
80cm
100cm
깊이 20cm
60cm
170cm
사각 45°

〈지물을 이용한 참호 구축〉

〈트렌치, 교통호 구축〉

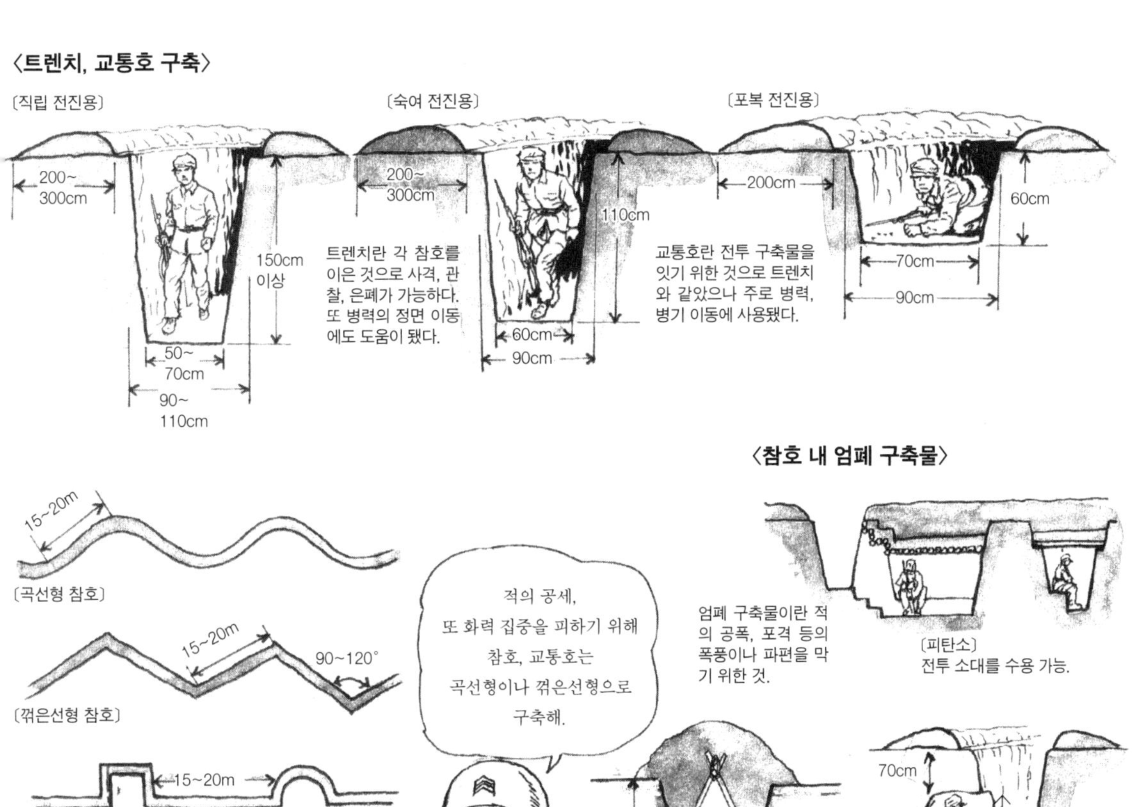

〈참호 내 엄폐 구축물〉

엄폐 구축물이란 적의 공폭, 포격 등의 폭풍이나 파편을 막기 위한 것.

〔피탄소〕
전투 소대를 수용 가능.

북한 군사 교본(소련군 교본 1939년)

소련의 지원을 받은 북한군은 장비도 편성도 소련식이었다. 북한군은 소련군 참모가 제작한 침공 계획을 한국어로 번역해 그 작전을 실시했다.

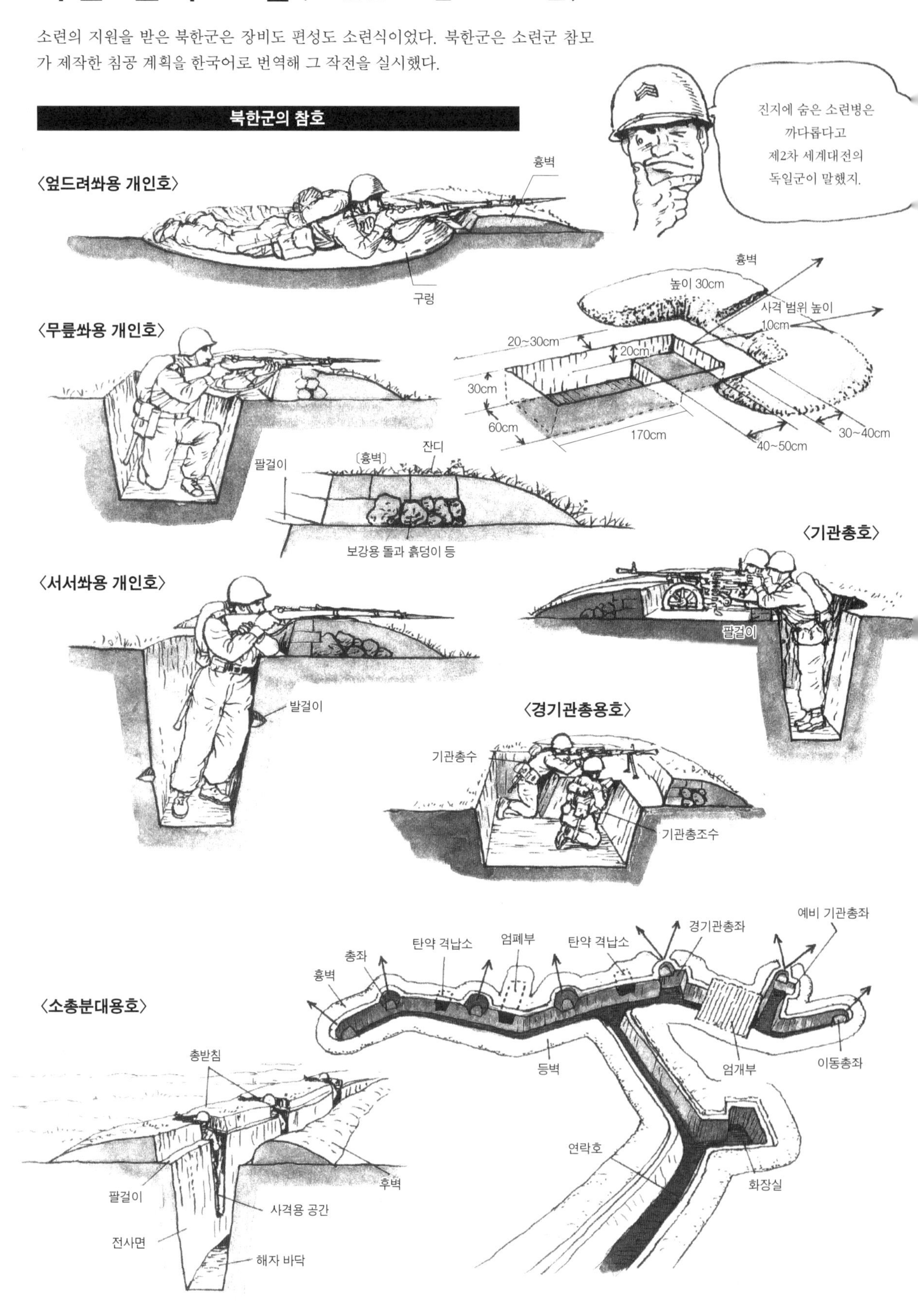

총검술

총검술이란 근접전에서 적을 섬멸하기 위한 중요한 수단 중 하나로, 반침공 전쟁에서는 중요한 의의가 있었다.

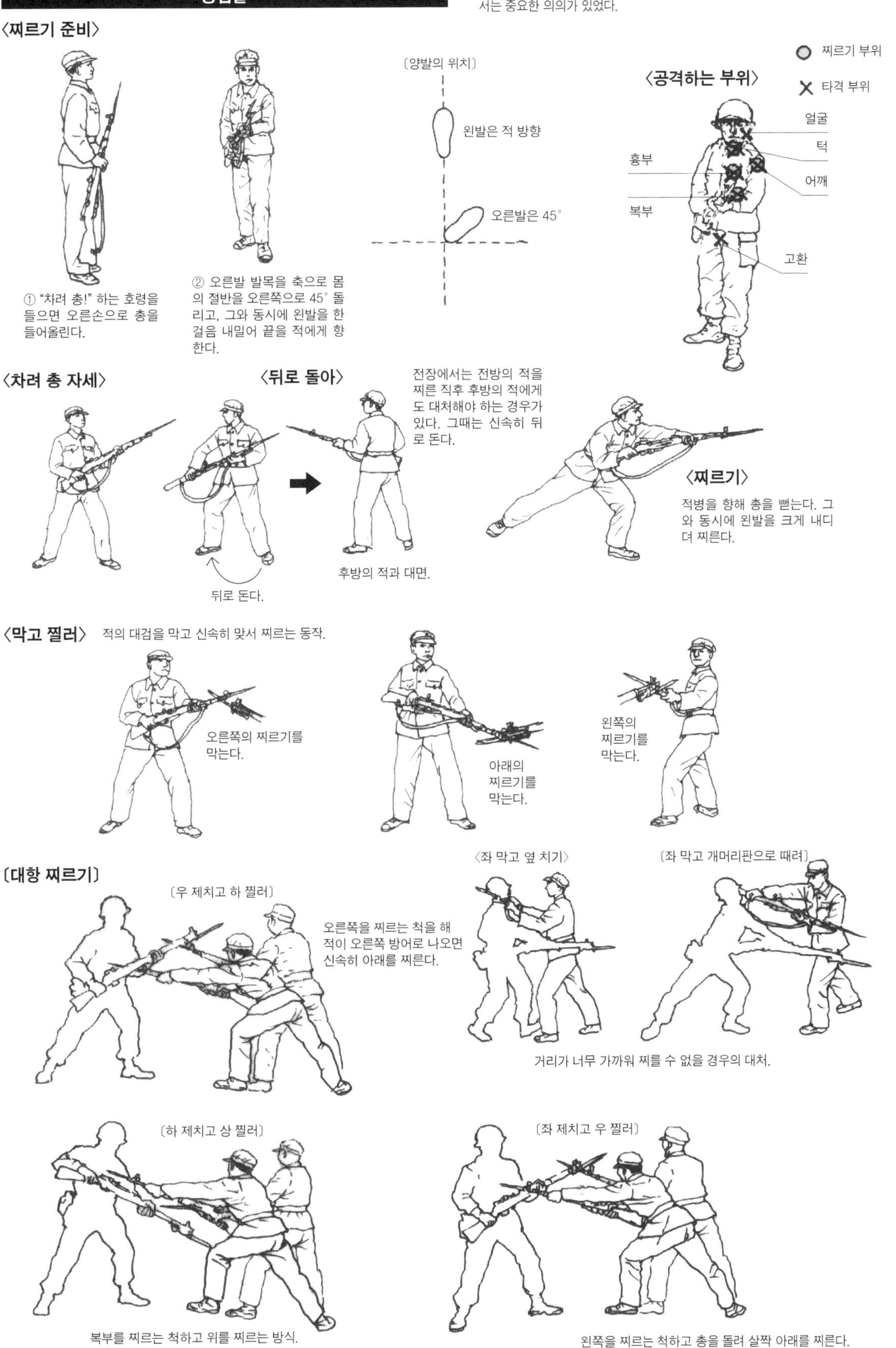

소화기에 의한 대공 사격

〈지상에서 본 적기 대형〉

■전투기의 경우

〔횡대 대형〕

〔사선 대형〕

〔종대 대형〕

■폭격기의 경우

〔델타 대형〕

〔빅 대형〕

〔마름모 대형〕

〈비행기 소토〉

① 상공에 비행기를 발견했을 경우, 우선 기체가 적기인지 아군기인지 식별한다.
② 적기(제공권은 유엔군이 장악했다)라면 기종, 성능, 특징 등을 판단한다.
③ 효과적인 공격 방법을 선택한다.

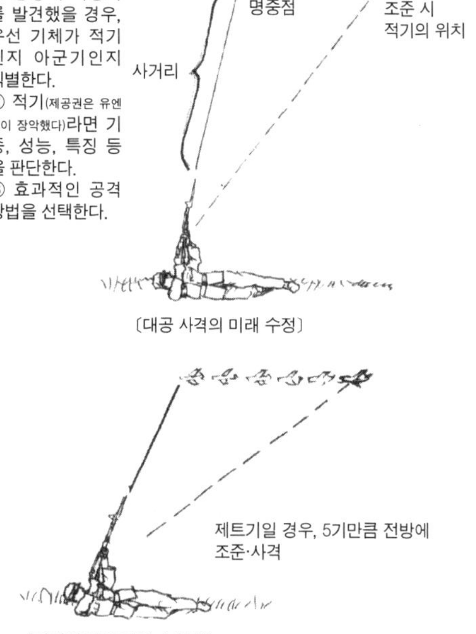

〔대공 사격의 미래 수정〕

〔기체에 따른 미래 수정량〕

■ 비행기의 미래 수정량 계산표

사거리(m)		미래 수정량(기체 수) / 병기의 종류	비행 속도(m/초) 62 동체	160 동체 대형	160 동체 소형	300 동체 대형	300 동체 소형	360 동체 대형	360 동체 소형	500 동체 대형	500 동체 소형
사거리(m)	200	반자동소총	2	2	3.5	4.5	7	5	8.5	7	11.5
		각종 소총 카빈 각종 기관총	1	2	3	4	6	4.5	7.5	6.5	10
	300	반자동소총	2.5	3.5	5.5	7	11	8.5	13.5	11.5	18.5
		각종 소총 카빈 각종 기관총	2	3	5	6	10	7.5	12	10	16
	400	반자동소총	4	5	8.5	10	16.5	12	20	17	27
		각종 소총 카빈 각종 기관총	3	4.5	7	8.5	14	10	16.5	14	22.5
	500	반자동소총	5	7	11	14	22.5	16.5	27	23	36.5
		각종 소총 카빈 각종 기관총	3.5	6	9.5	11.5	18	13.5	22	18.5	30

㈜·1976년판 표를 참고했다.
⊙기체(동체장) 평균 길이는 대형기=21m, 소형기=13m.
⊙최초의 속도 62m/초는 헬리콥터의 평균 비행 속도.
⊙기관총에는 고사 기관총은 포함하지 않음.
⊙이 표는 평균 수치를 뜻하며 정확한 미래 수정량은 기종에 따라 다르다.

〈급강하하는 적기에 대한 사격〉

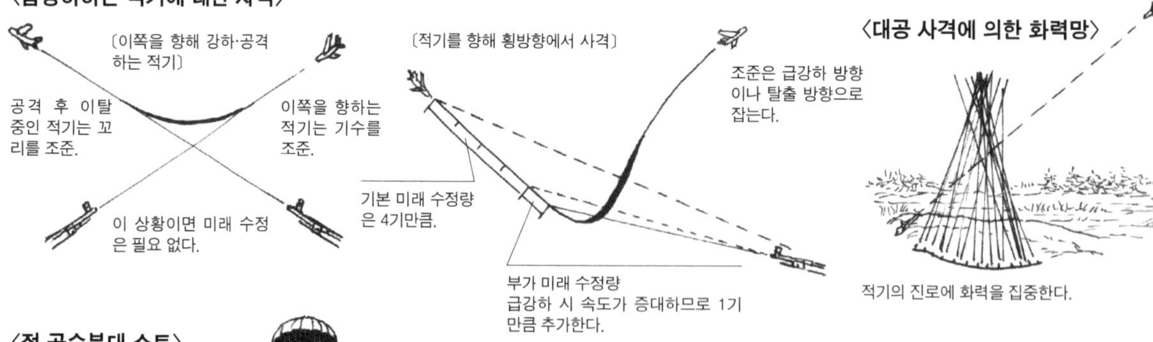

〈적 공수부대 소토〉

'병사를 쏘고 낙하산은 쏘지 마라!'
낙하산은 몇 발을 명중하든 낙하산병은 무사히 착지할 수 있기 때문이다.

적 낙하산병이 낙하산을 펼치는 지점은 보통 고도 500m 이하다. 강하 중인 병사는 효과적인 사격을 할 수 없으므로 신중히 조준·사격할 수 있다.

〔낙하산병에 대한 미래 수정량〕
풍향을 고려해 4명만큼 아래를 조준한다.

① 적 공수부대의 강하 징조를 알아차리면 즉시 선발대를 보내 강하 지점에 전개해 적 섬멸에 만전을 기한다.
② 강하 이전에는 비행기를 공격한다.
③ 강하 중일 때 가장 방비가 허약하므로 되도록 공중에서 섬멸한다.
④ 적병이 착지한 뒤에는 적이 집결하기 전에 섬멸한다.

■ 적 낙하산병에 대한 미래 수정량

사거리(m)	100	200	300	400	500
미래 수정량(인체)	복사뼈	1인분	1.5인분	2.5인분	3.5인분

대공 사격 자세

〈소총에 의한 대공 사격〉

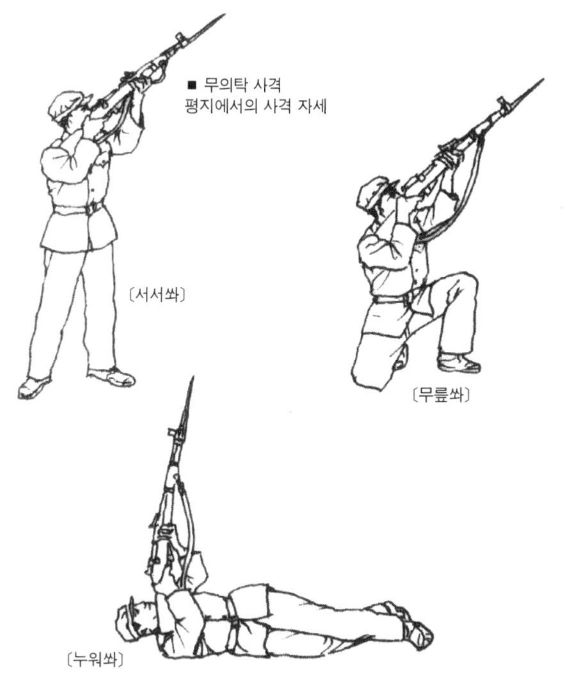

의탁할 수 있는 지형, 구조물 등을 이용할 수 있다면 안정적인 조준, 사격이 가능하다.

〈기관총에 의한 대공 사격〉

■ 경기관총일 경우

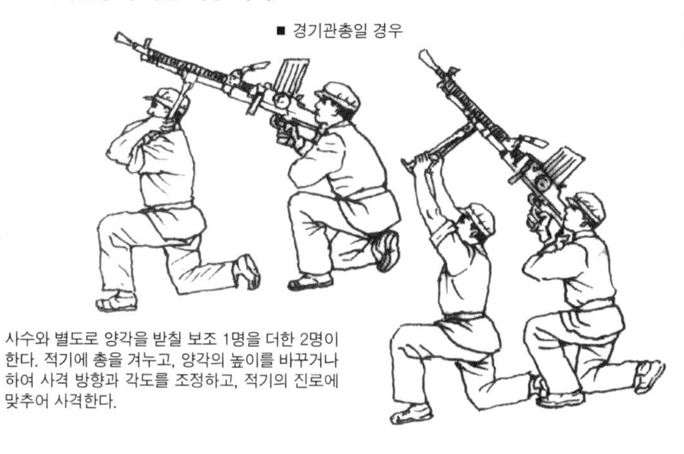

사수와 별도로 양각을 받칠 보조 1명을 더한 2명이 한다. 적기에 총을 겨누고, 양각의 높이를 바꾸거나 하여 사격 방향과 각도를 조정하고, 적기의 진로에 맞추어 사격한다.

■ 52식 중기관총일 경우

차륜 부속 총받침에서 일단 기관총 본체를 빼고 총받침을 세워 총 후방에 설치된 고사기총받침을 설치해 사용한다.

■ 92식 중기관총일 경우

고사 전용 총받침을 설치해 사용한다.

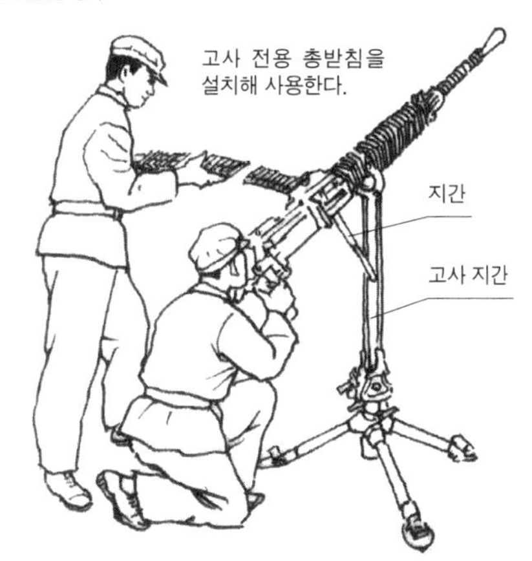

■ 맥심 중기관총일 경우

삼각대를 늘려 고사 위치에 고정해 사용한다.

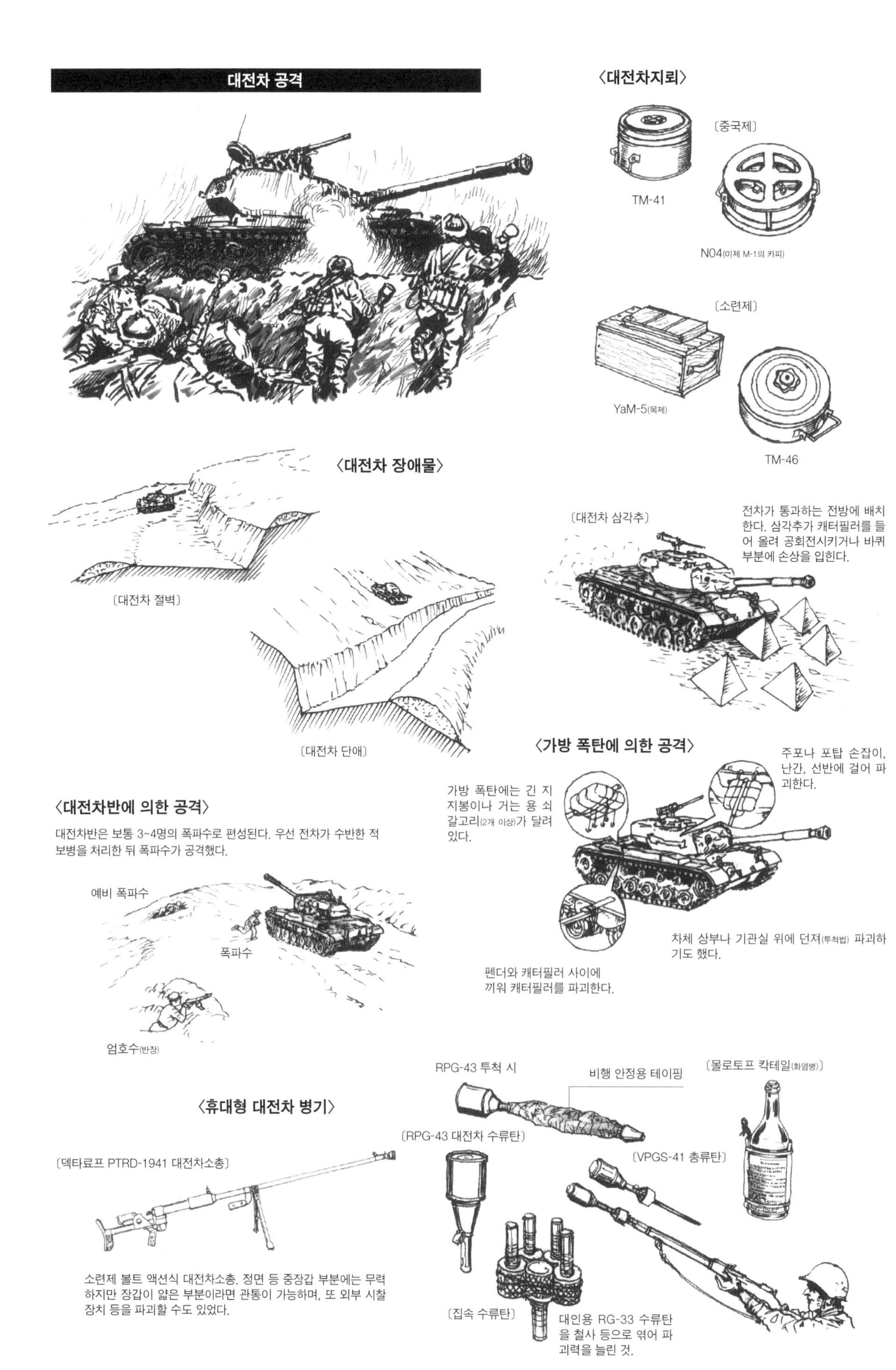

대전차 공격
〈대전차지뢰〉
〔중국제〕
TM-41
N04(미제 M-1의 카피)
〔소련제〕
YaM-5(목제)
TM-46
〈대전차 장애물〉
〔대전차 절벽〕
〔대전차 단애〕
〔대전차 삼각추〕
전차가 통과하는 전방에 배치한다. 삼각추가 캐터필러를 들어 올려 공회전시키거나 바퀴 부분에 손상을 입힌다.
〈가방 폭탄에 의한 공격〉
가방 폭탄에는 긴 지지봉이나 거는 용 쇠갈고리(2개 이상)가 달려 있다.
주포나 포탑 손잡이, 난간, 선반에 걸어 파괴한다.
차체 상부나 기관실 위에 던져(투척법) 파괴하기도 했다.
펜더와 캐터필러 사이에 끼워 캐터필러를 파괴한다.
〈대전차반에 의한 공격〉
대전차반은 보통 3~4명의 폭파수로 편성된다. 우선 전차가 수반한 적 보병을 처리한 뒤 폭파수가 공격했다.
예비 폭파수
폭파수
엄호수(반장)
〈휴대형 대전차 병기〉
〔덱타료프 PTRD-1941 대전차소총〕
소련제 볼트 액션식 대전차소총. 정면 등 중장갑 부분에는 무력하지만 장갑이 얇은 부분이라면 관통이 가능하며, 또 외부 시찰 장치 등을 파괴할 수도 있었다.
RPG-43 투척 시
비행 안정용 테이핑
〔몰로토프 칵테일(화염병)〕
〔RPG-43 대전차 수류탄〕
〔VPGS-41 총류탄〕
〔집속 수류탄〕
대인용 RG-33 수류탄을 철사 등으로 엮어 파괴력을 늘린 것.

장애물에 대한 대처

〈철조망 돌파〉

철조망은 보통 폭약을 사용해 통로를 열지만, 남은 철조망이 방해되거나 소리를 낼 수 없는 은밀 작전을 할 때는 와이어 커터나 다른 기재를 사용한다.

〈적의 공격을 받으며 개인호 파는 법〉

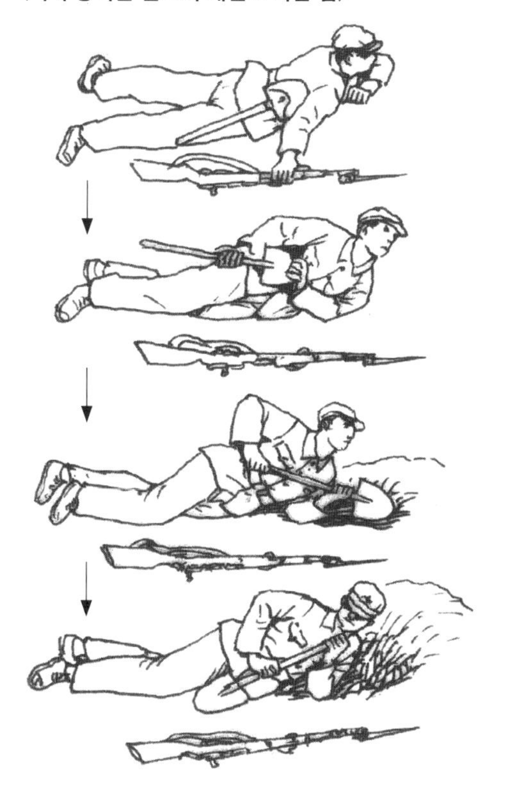

① 우선 엎드린 상태로 한쪽을 앞에서 뒤로 판다.
② 판 흙을 전방에 쌓아 흉벽으로 만든다.
③ 반대쪽도 똑같이 판다.
④ 그 뒤 상황에 따라 깊이를 늘려 엎드려쏴용, 나아가 서서쏴용 개인호를 만든다.

〈철조망 폭파〉

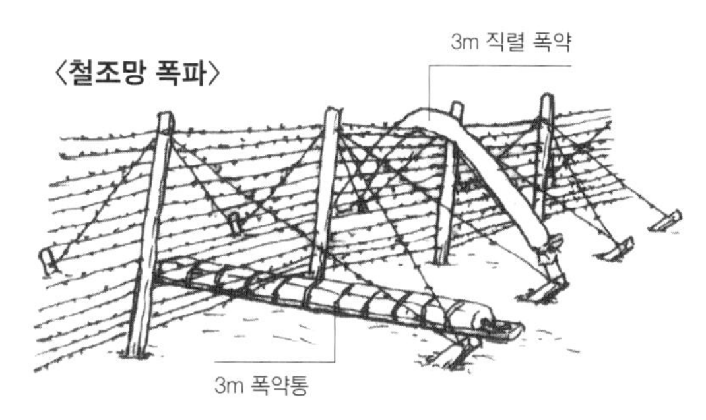

지붕형 철조망의 종심은 약 3m. 세 개의 폭약통을 아래에서 끼우거나 위에 씌워 폭파한다. 종심이 더 클 경우 연속 폭파로 통로를 만든다.

〈참호, 대전차호 폭파〉

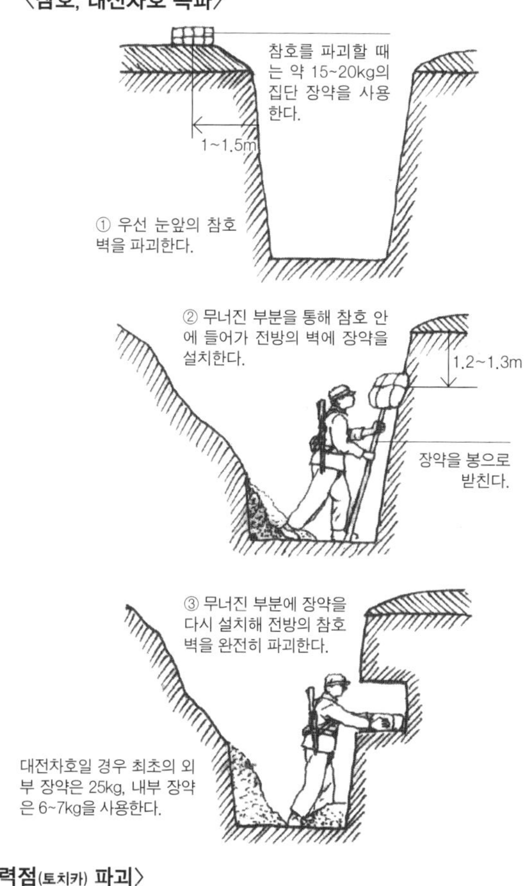

〈적의 화력점(토치카) 파괴〉

적 토치카의 총안에 화력을 집중하고 그사이 폭파수를 돌입시킨다. 전차, 화포 지원이 가능할 경우 목표를 지시해 포격으로 파괴할 수도 있다.

각종 급조폭발물

〈집단 장약〉

점화 장치 혹은 전기 신관을 삽입한다. 끄집어내지지 않도록 장약 안까지 넣고 고정한다.

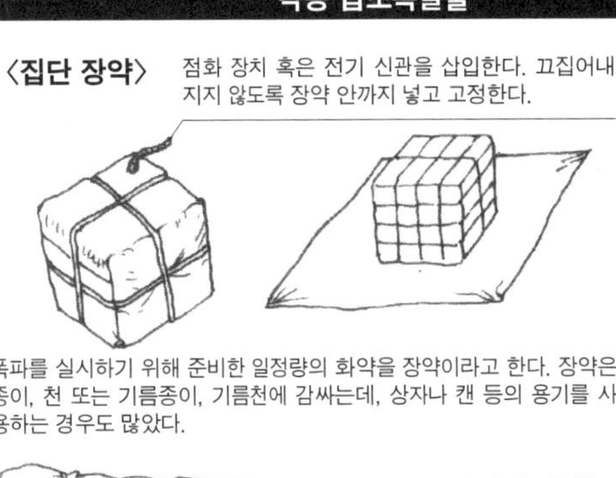

폭파를 실시하기 위해 준비한 일정량의 화약을 장약이라고 한다. 장약은 종이, 천 또는 기름종이, 기름천에 감싸는데, 상자나 캔 등의 용기를 사용하는 경우도 많았다.

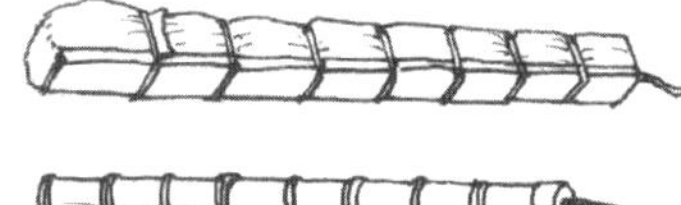

〈직렬 장약〉

길이 1~3m, 판(위 그림) 또는 대나무(아래 그림)를 대어 단단히 고정했다.

〈투척 소형 포장 폭약〉

수류탄처럼 사용한다.

〈지뢰〉

지뢰는 구조가 간단해서 제조하기 쉽고 효과적인 병기다. 뇌각은 현지에서 쉽게 입수할 수 있는 소재로 만들어졌다.

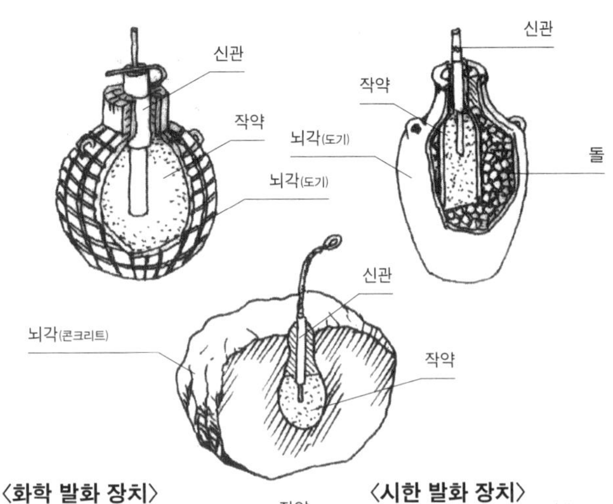

〈화학 발화 장치〉

〈시한 발화 장치〉

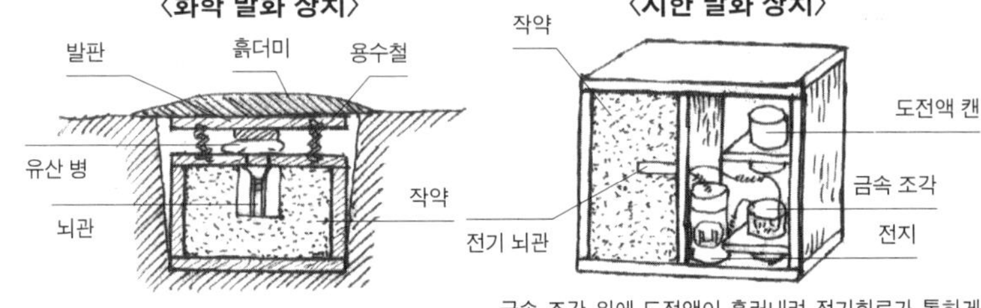

발판을 밟으면 유산이 들어간 병이 깨져 발화·폭발하는 구조.

금속 조각 위에 도전액이 흘러내려 전기회로가 통하게 돼 발화한다. 도전액의 양에 따라 발화하기까지의 시간을 조정하는 구조였다.

〈점화 장치〉

화약을 인화하기 위한 용구로, 신관, 뇌관, 화관, 도화선 등이 있다.

〔신관〕
줄(발화선)을 잡아당겨 발화시키는 타입.

줄
안전 핀
인화통
고정편
발화모
뇌관

〔신관〕
봉을 밀어 넣어 내장한 성냥을 발화시키는 장치.

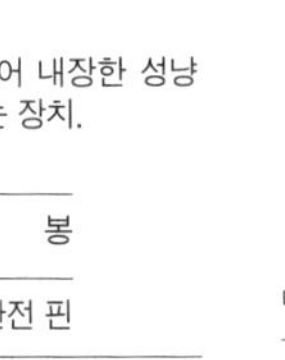

〔뇌관〕 여기에 도화선을 삽입.

〔전기 신관〕
뇌관을 전기로 발화시키는 타입.

〔화관〕
발화 손잡이를 당겨 발화시키는 타입.

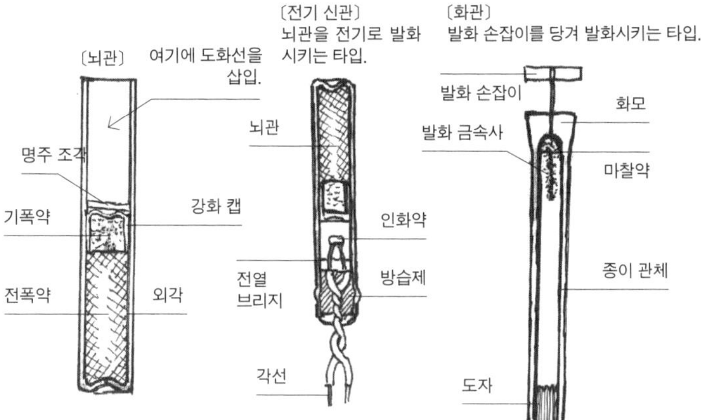

〈도화선과 뇌관 연결〉

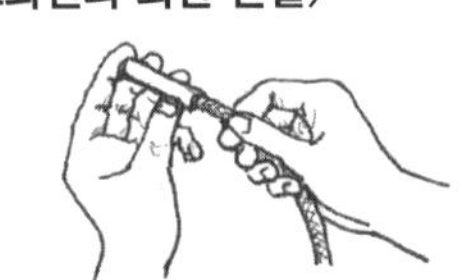

① 도화선에 뇌관을 연결한다.

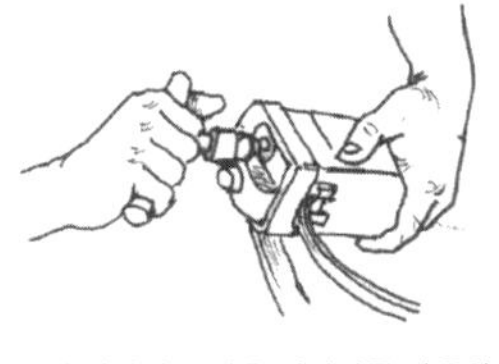

④ 전기 점화식은 전용 점화기를 사용한다.

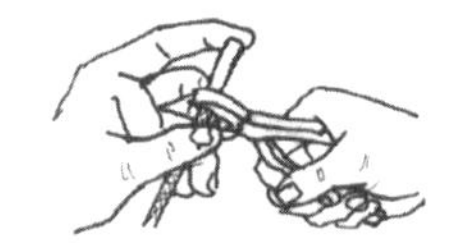

② 펜치로 끼우고 단단히 고정한다.

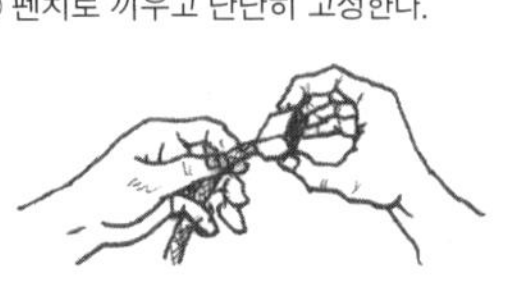

③ 성냥 점화식은 문질러 점화한다.

제3층
심사와 심약
제4층
제2층
제1층

〔도화선의 구조〕

〈폭파통〉

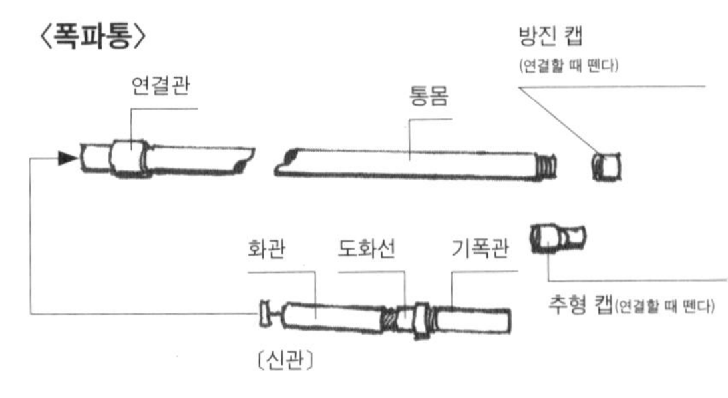

통형 폭약으로 굵기 5.3cm, 길이 0.5~1m인 것이 있다. 가장 긴 1m 타입은 30kg의 TNT 화약이 들어가며, 무게는 6kg. 연결관(내부에는 신관을 넣는 공간이 있다)으로 여러 대를 연결해 사용할 수 있다.

지뢰 매설

지뢰는 적이 활동하는 지역이나 적의 진로상에 설치한다. 또 트릭 지뢰, 설치 지뢰, 부비 트랩 등은 적병이 지나는 길이나 적병이 건드리는 장소, 물건에 설치한다.

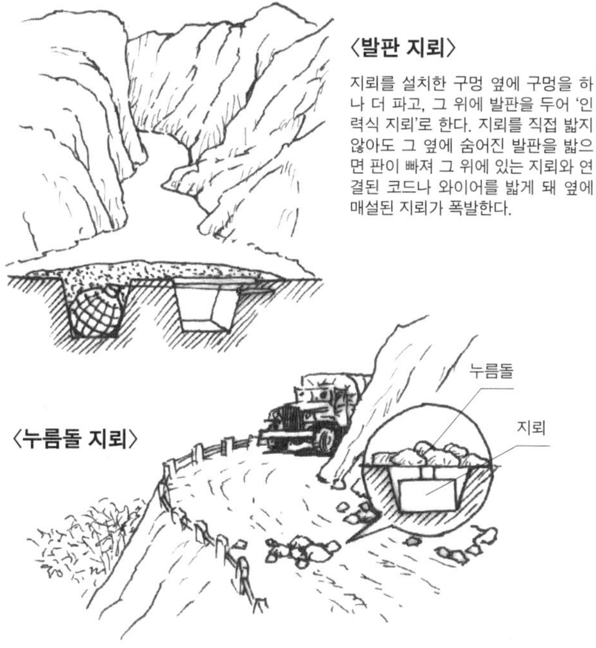

〈발판 지뢰〉

지뢰를 설치한 구멍 옆에 구멍을 하나 더 파고, 그 위에 발판을 두어 '인력식 지뢰'로 한다. 지뢰를 직접 밟지 않아도 그 옆에 숨어진 발판을 밟으면 판이 빠져 그 위에 있는 지뢰와 연결된 코드나 와이어를 밟게 돼 옆에 매설된 지뢰가 폭발한다.

〈누름돌 지뢰〉

장애물을 일부러 적이 발견하기 쉽도록 설치한다. 이것도 '트릭 지뢰'의 일종. 지뢰 위에 얹은 누름돌을 치우면 폭발한다.

〈방사 지뢰〉

수류탄을 걸어 신관으로 이용한다.

돌

칸막이

작약

전기 신관

밟으면 전기 신관이 작동해 작약이 폭발한다. 내부에 깐 돌이 방사형으로 흩뿌려져 적병을 살상한다.

〈팝업 지뢰〉

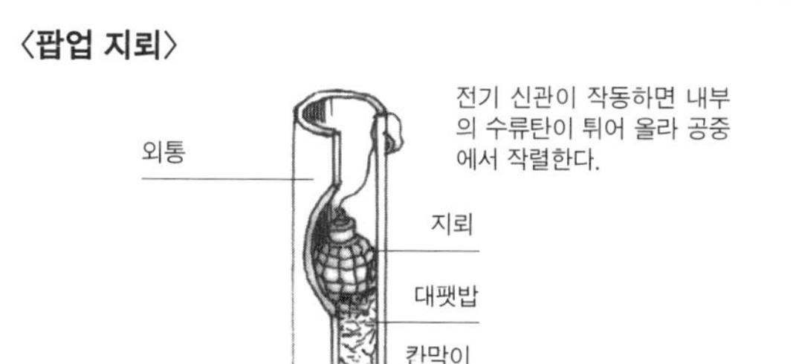

전기 신관이 작동하면 내부의 수류탄이 튀어 올라 공중에서 작렬한다.

〈인장식 지뢰〉

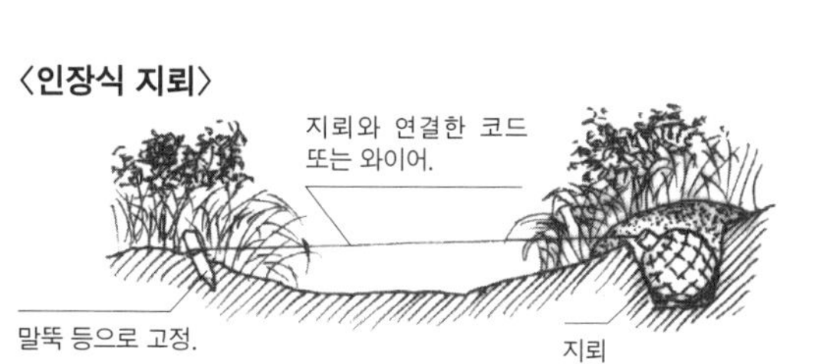

가장 흔히 쓰이는 이른바 '부비 트랩'의 일종. 지나가는 길에 쳐진 줄, 와이어 등에 걸리면 그에 연결된 지뢰가 폭발한다.

〈탄환 개폐기〉

이른바 '트릭 지뢰', '부비 트랩'의 일종. 적병이 재미삼아 간판을 쏘면 명중한 탄환으로 내부의 금속편 2장에 전기가 통해 폭발한다. 대검으로 찔러도 마찬가지다.

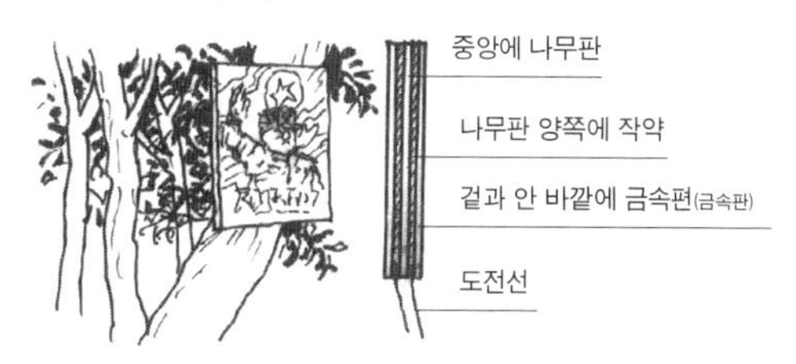

〈가옥 안의 트릭 지뢰 설치 장소〉

문이나 문 바닥 밑, 밥솥 안, 항아리 아래, 의자 아래 등 적이 지나가는 곳, 또 건드리거나 움직이거나 하는 물건에 설치해둔다.

〈인력식 지뢰〉

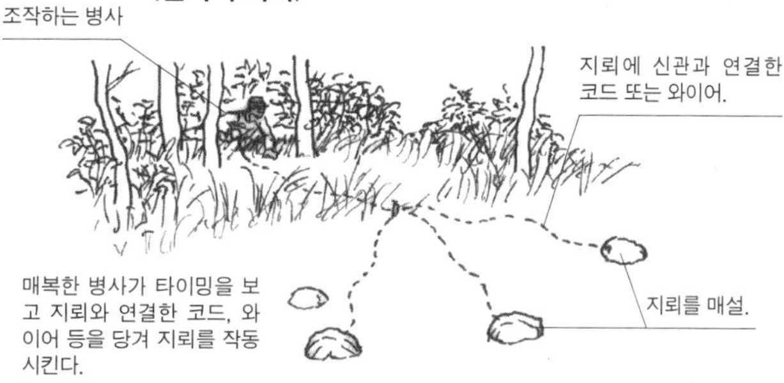

매복한 병사가 타이밍을 보고 지뢰와 연결한 코드, 와이어 등을 당겨 지뢰를 작동시킨다.

〈무게추 연환 지뢰〉

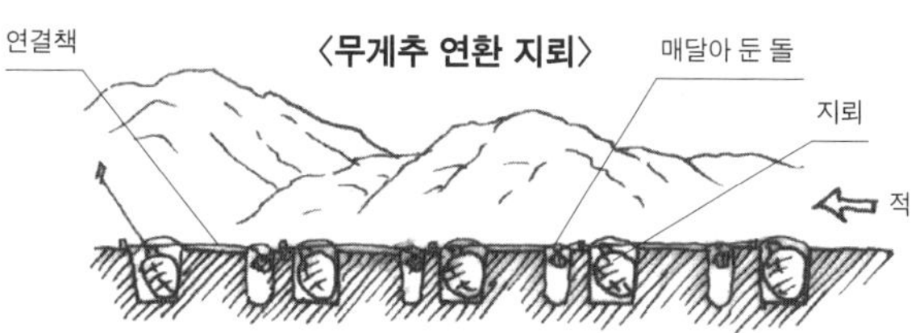

적이 (최초의) 지뢰를 밟으면 그에 연결된 돌이 떨어져 다음 지뢰가 폭발한다. 또 그다음 돌이 떨어져 연결된 지뢰가 잇따라 폭발한다.

〈굴리는 지뢰〉

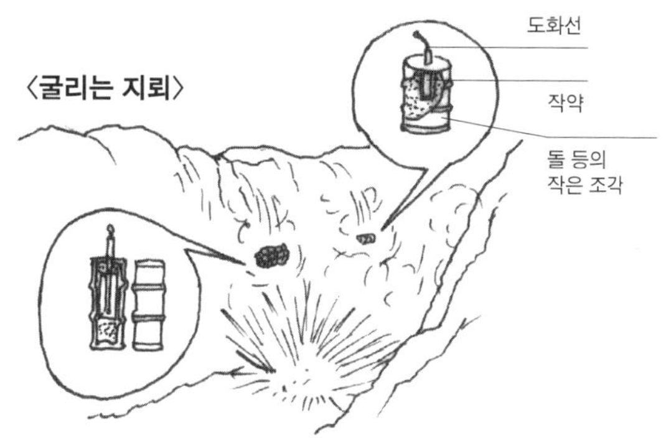

벼랑 위에서 아래의 적을 향해 도화선에 점화한 드럼형 지뢰를 굴려 떨어뜨린다. 산악전이 많았던 한국전쟁에서 자주 쓰인 독특한 지뢰.

한반도 상공에서의 전투

한국전쟁 항공전

한국전쟁에서 벌어진 항공전은 사상 최초의 제트기 간 전투가 주목받지만, 항공전 전반을 통틀어보면 유엔군, 공산군 모두 신·구 항공기를 투입해 사투를 벌인 3년간이었다고 할 수 있다. 참전한 항공부대는 공산군이 북한 공군과 중국 지원 공군, 소련 군사 고문단이었고, 유엔군은 한국 공군, 미국 공군·해군·해병대, 영국 공군·해군, 호주 공군·해군, 남아프리카 공군이다.

최초의 항공전은 북한 공군이 한국군을 공격하면서 시작됐다. 이 시기에 북한 공군이 장비한 항공기는 Yak-9 전투기와 Il-10 지상공격기 등 모두 프로펠러기다. 그에 맞서는 한국 공군은 전투기를 보유하지 않았으며, 지상부대의 기습 공격에 의한 혼란도 있어 제공권은 북한군이 쥐게 되었다.

유엔군과 북한군의 첫 공중전은 개전한 지 이틀이 지난 7월 27일 발생했다. 이 전투에서는 미 공군의 F-80이 북한 공군의 Yak-7 3기를 격추했다. 지상부대의 남진에 맞추어 각 전선에서 공격을 이어가던 북한 공군은 소규모였지만 항공 전력이 부족한 유엔군에는 위협이었다. 그러나 유엔군의 항공 전력이 갖춰지자 북한군 공군기는 피해를 거듭하게 되어 공중전이나 지상에서 파괴되는 등 개전으로부터 약 2개월 뒤인 8월 말에는 괴멸 상태에 빠졌다.

유엔군이 항공 우세를 되찾은 뒤 하늘의 전투는 제2단계로 이행했다. 유엔군 항공부대는 제공 전투에서 지상 목표에 대한 전략 폭격과 전술 공격으로 주 임무를 바꾸었다. 그에 의해 항공대는 남진하는 북한군의 저지 공격과 보급 거점 공격, 또 북한군 내의 군사·공업 시설, 교통망 등에 대한 공격을 벌여 북한군의 남진을 막는 데 중요한 역할을 했다.

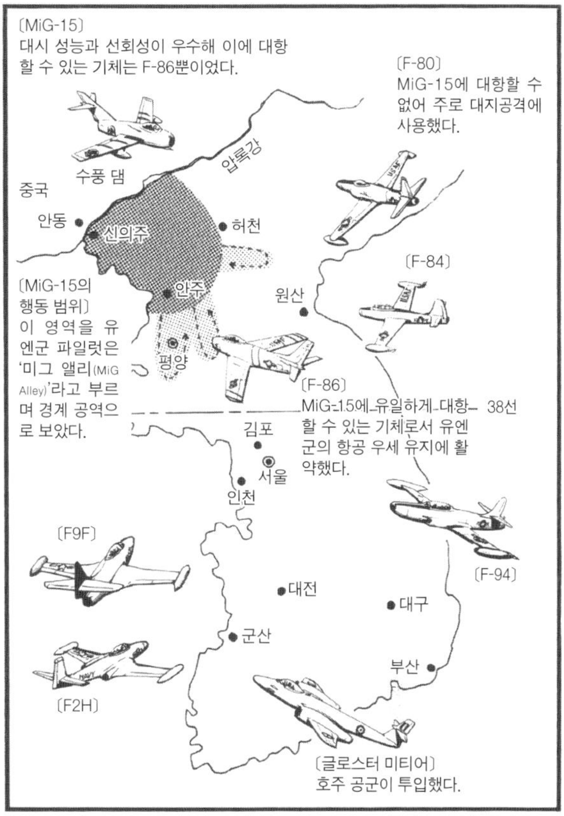

그리고 유엔군 지상부대의 반공작전이 시작되자, 하늘의 주전장도 북한 영내로 북상하게 됐다. 이 시기에 적 전투기의 위협이 적어진 것과 북한군의 대공화기가 허약한 것도 좋게 작용해 유엔군 항공기의 손해는 경미했다.

그런 전황이 MiG-15가 출현하면서 뒤바뀌었다. 1950년 11월 1일, 미 공군이 그 존재를 확인하자 11월 8일 사상 첫 제트 전투기 간의 공중전이 벌어졌다. 싸움은 MiG-15를 격추한 미 공군 F-80의 승리였으나, 같은 제트 전투기라도 유엔군이 장비한 F-80과 같은 직선익 제트기는 MiG-15에 비하면 구식이어서, 그 성능 때문에 여유를 가지고 공중전을 벌일 수 있는 상황이 아니며, MiG-15의 출현과 기체 성능의 격차는 지상전의 T-34-85 전차처럼 유엔군에게 충격을 주었다.

이 사태에 미 공군은 최신예 F-86 투입을 결정해 12월 5일 첫 부대가 한국에 도착하고 12월 17일 F-86은 MiG-15와 첫 공중전을 벌였다.

11월부터 전선에 모습을 드러낸 MiG-15는 중국 지원 공군 소속기였다. 단 파일럿은 중국인뿐만 아니라 소련군 군사 고문단의 파일럿이 조종하는 기체도 있었으며, 유엔군 측은 폭격기나 공격기뿐만 아니라 제트 전투기의 손해도 늘어나게 되었다.

1951년 2월이 되자 중국에서 소련군의 교육을 받은 북한 공군의 MiG-15도 요격에 더해져, 유엔군에서는 제공 전투는 F-86이 담당하고 그 외의 제트기와 프로펠러기는 지상 공격을 주 임무로 변경해 대응하게 되었다.

1951~1953년 휴전까지 항공전은 유엔군의 항공 공세에 공산군이 이를 요격한다는 방공전의 형태가 되었다. 한반도의 항공 우세는 계속 유엔군이 쥐었으나, MiG-15가 출격하는 중국 영내의 항공 기지 공격은 성공하지 못했으며, 휴전까지 한반도의 제공권을 완전히 장악하는 데는 이르지 못했다.

3년간 양군 항공기 전투에서 입은 손실은 유엔군이 2,800대, 공산군은 약 2,000대라고 한다.

미 공군의 항공기

미 공군의 경우 전쟁 발발 직후부터 일본에 주둔한 제5공군의 휘하 부대가 한국에 출격했다. 그 이후 휴전까지 제공, 대지공격, 수송 임무 등을 계속 맡게 된다. 이들의 보유기 수는 유엔군 항공기의 60%를 차지했으며, 항공 전력의 주력이었다.

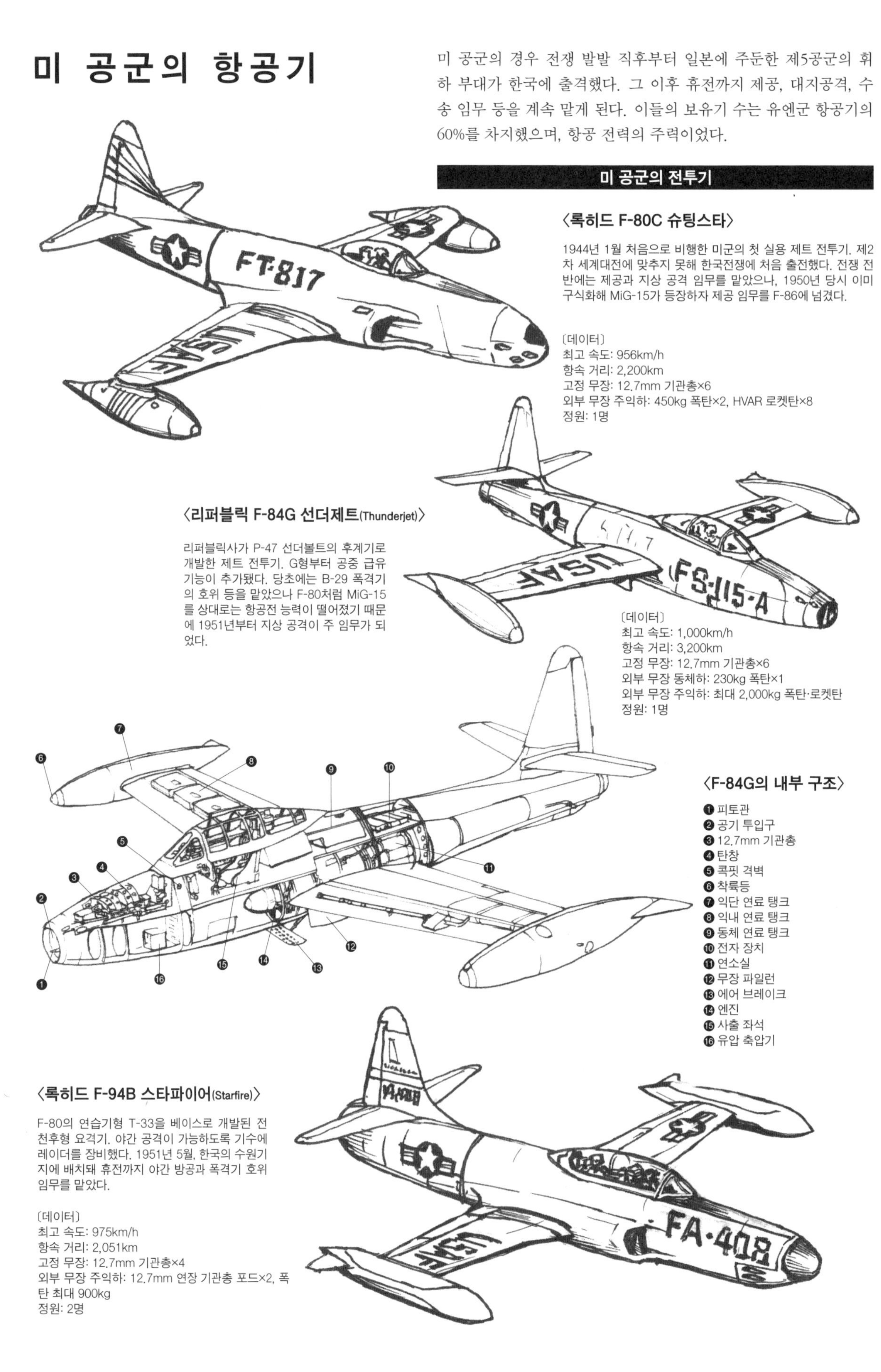

미 공군의 전투기

〈록히드 F-80C 슈팅스타〉

1944년 1월 처음으로 비행한 미군의 첫 실용 제트 전투기. 제2차 세계대전에 맞추지 못해 한국전쟁에 처음 출전했다. 전쟁 전반에는 제공과 지상 공격 임무를 맡았으나, 1950년 당시 이미 구식화해 MiG-15가 등장하자 제공 임무를 F-86에 넘겼다.

〔데이터〕
최고 속도: 956km/h
항속 거리: 2,200km
고정 무장: 12.7mm 기관총×6
외부 무장 주익하: 450kg 폭탄×2, HVAR 로켓탄×8
정원: 1명

〈리퍼블릭 F-84G 선더제트(Thunderjet)〉

리퍼블릭사가 P-47 선더볼트의 후계기로 개발한 제트 전투기. G형부터 공중 급유 기능이 추가됐다. 당초에는 B-29 폭격기의 호위 등을 맡았으나 F-80처럼 MiG-15를 상대로는 항공전 능력이 떨어졌기 때문에 1951년부터 지상 공격이 주 임무가 되었다.

〔데이터〕
최고 속도: 1,000km/h
항속 거리: 3,200km
고정 무장: 12.7mm 기관총×6
외부 무장 동체하: 230kg 폭탄×1
외부 무장 주익하: 최대 2,000kg 폭탄·로켓탄
정원: 1명

〈F-84G의 내부 구조〉

❶ 피토관
❷ 공기 투입구
❸ 12.7mm 기관총
❹ 탄창
❺ 콕핏 격벽
❻ 착륙등
❼ 익단 연료 탱크
❽ 익내 연료 탱크
❾ 동체 연료 탱크
❿ 전자 장치
⓫ 연소실
⓬ 무장 파일런
⓭ 에어 브레이크
⓮ 엔진
⓯ 사출 좌석
⓰ 유압 축압기

〈록히드 F-94B 스타파이어(Starfire)〉

F-80의 연습기형 T-33을 베이스로 개발된 전천후형 요격기. 야간 공격이 가능하도록 기수에 레이더를 장비했다. 1951년 5월, 한국의 수원기지에 배치돼 휴전까지 야간 방공과 폭격기 호위 임무를 맡았다.

〔데이터〕
최고 속도: 975km/h
항속 거리: 2,051km
고정 무장: 12.7mm 기관총×4
외부 무장 주익하: 12.7mm 연장 기관총 포드×2, 폭탄 최대 900kg
정원: 2명

〈노스아메리칸 F-51D 머스탱(Mustang)〉

제2차 세계대전 이후에도 계속 배치됐던 P-51은 1948년 미 공군의 명명 규칙이 변경되면서 제식명이 F-51로 변경됐다. 당시 전투기의 주 임무는 제트기로 이행했으나, 제트 전투기보다 긴 항속거리와 많은 무기 탑재량을 살려 한국전쟁에서는 전투 폭격기로서 활약했다.

〔데이터〕
최고 속도: 710km/h
항속 거리: 2,660km
고정 무장: 12.7mm 기관총×6
외부 무장 주익하: 폭탄 최대 460kg, HVAR 로켓×6
정원: 1명

〈노스아메리칸 F-82 트윈 머스탱(Twin Mustang)〉

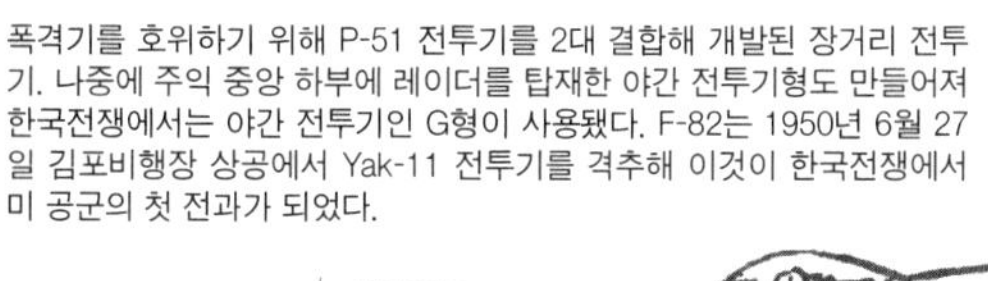
폭격기를 호위하기 위해 P-51 전투기를 2대 결합해 개발된 장거리 전투기. 나중에 주익 중앙 하부에 레이더를 탑재한 야간 전투기형도 만들어져 한국전쟁에서는 야간 전투기인 G형이 사용됐다. F-82는 1950년 6월 27일 김포비행장 상공에서 Yak-11 전투기를 격추해 이것이 한국전쟁에서 미 공군의 첫 전과가 되었다.

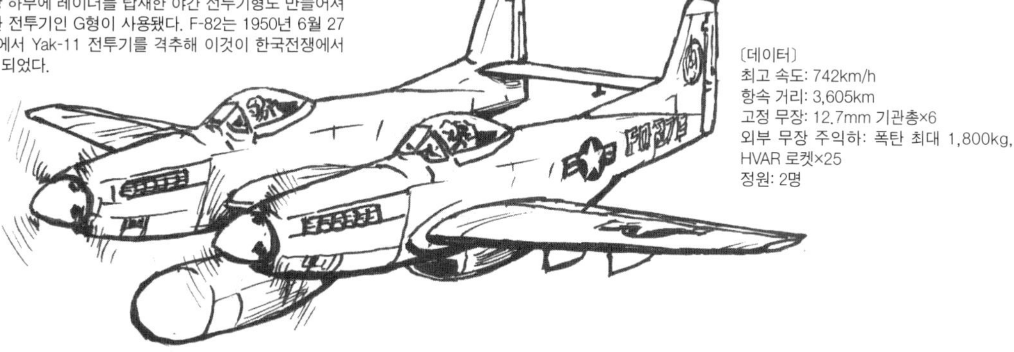

〔데이터〕
최고 속도: 742km/h
항속 거리: 3,605km
고정 무장: 12.7mm 기관총×6
외부 무장 주익하: 폭탄 최대 1,800kg, HVAR 로켓×25
정원: 2명

〈MiG-15와 전투한 미군 전투기〉

히야! 모든 면에서 MiG-15가 더 위야. 신예인 F-86로도 성능은 밀려.

F-84

제2차 세계대전 베테랑 파일럿의 실력으로 어떻게든 MiG-15와 싸웠지만, 고전의 연속이었어.

F-80

F-51

MiG-15는 이렇게나 대단해.
·상승력이 빠르다
·실용 상승 고도가 높다
·선회 반경이 작다
·가속성이 좋다
·수평 속도가 빠르다
·무장이 강력하다

B-29

F9F

히익! 제2차 세계대전 최우수기도 속수무책이야! 레시프로 전투기는 제트기의 적수가 못 됐어.

제2차 세계대전 시절 '공중요새'라고 불린 B-29도 MiG-15에는 '좋은 먹잇감'일 뿐이었어.

〔MiG-15의 약점〕
·급선회할 때 나선 모양으로 도는 버릇이 있다.
·고앙각 때 조종성이 나쁘다.
·탄약이 적고 발사 속도가 느리다.
·조준기가 구식이어서 명중률이 나쁘다.
·체공 시간이 짧다.

후퇴익의 각도는 MiG-15와 같은 35°, 엔진 추력도 거의 같아. 경량인 만큼 MiG-15가 빨라.

F-86

이래도 비행 성능은 못 이기나? 하지만 조종성, 무장, 파일럿의 우수함으로 결국 압도적 승리를 거뒀어.

그리고 가장 큰 약점은, 공산군 파일럿이 미숙하다는 거였어.

미 공군 신예 주력 전투기 노스아메리칸 F-86F 세이버

미 공군의 주력 전투기로, 한국전쟁이 첫 실전이었다. MiG-15에 비해 비행 성능은 떨어지는 부분도 있으나 조종성과 무장, 사격 관제장치 등은 앞섰으며, 그에 더해 질 좋은 파일럿이 조종해 MiG-15에 대응할 수 있었다. 이 전쟁의 성과는 미 공군의 공식 발표에 따르면 MiG-15의 격추 수 792대에 F-86의 손실은 78대. 교환비는 놀랍게도 10.2 대 1(중국과 소련의 기록에서는 다르다)이었다.

〔데이터〕
최고 속도: 1,106km/h
항속 거리: 2454km
고정 무장: 12.7mm 기관총×6
외부 무장 주익하: 폭탄 최대 2,400kg
정원: 1명

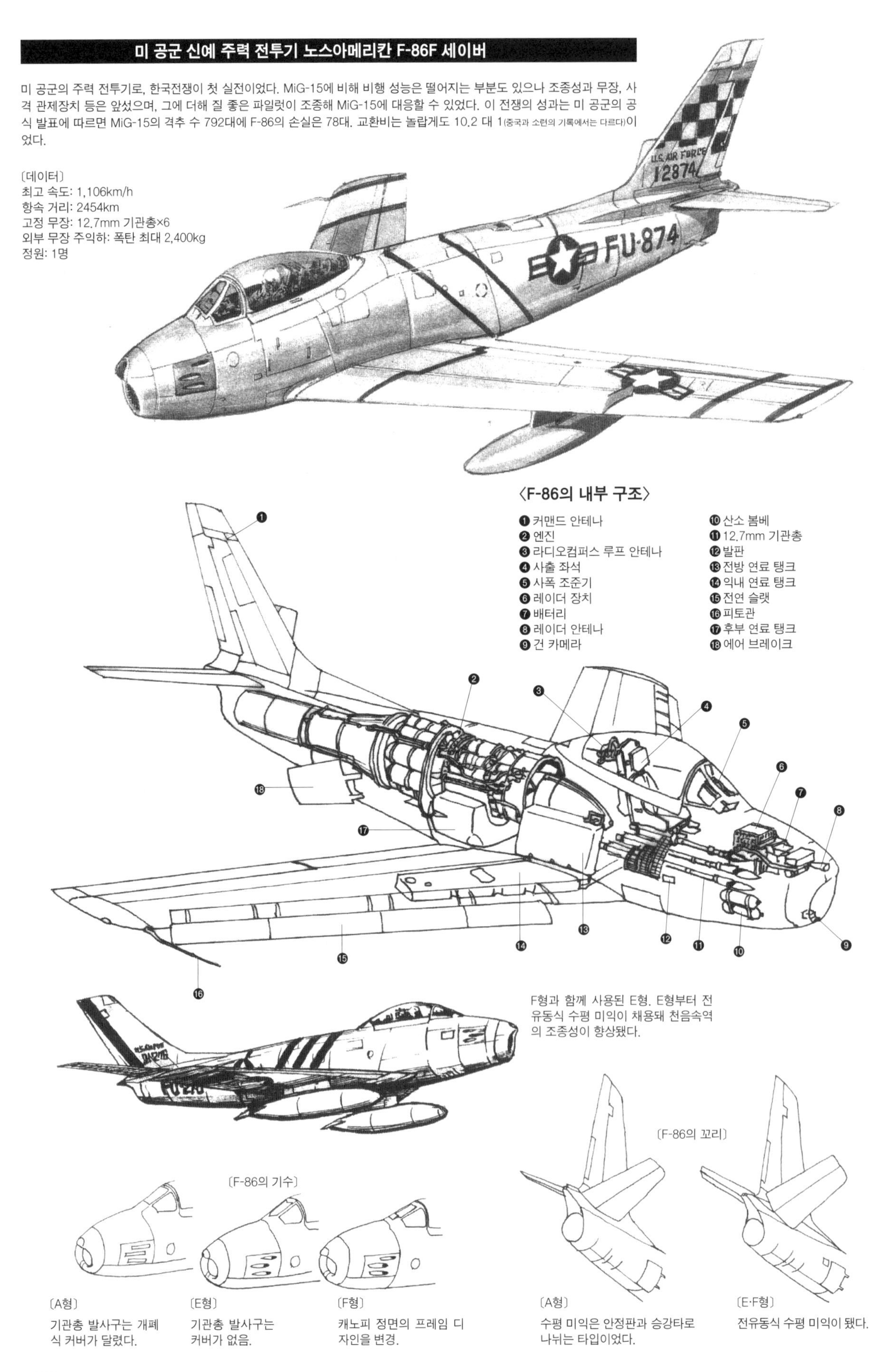

F형과 함께 사용된 E형. E형부터 전유동식 수평 미익이 채용돼 천음속역의 조종성이 향상됐다.

〔F-86의 기수〕

〔A형〕 기관총 발사구는 개폐식 커버가 달렸다.

〔E형〕 기관총 발사구는 커버가 없음.

〔F형〕 캐노피 정면의 프레임 디자인을 변경.

〔F-86의 꼬리〕

〔A형〕 수평 미익은 안정판과 승강타로 나뉘는 타입이었다.

〔E·F형〕 전유동식 수평 미익이 됐다.

〈F-86의 마킹〉

파일럿의 군장

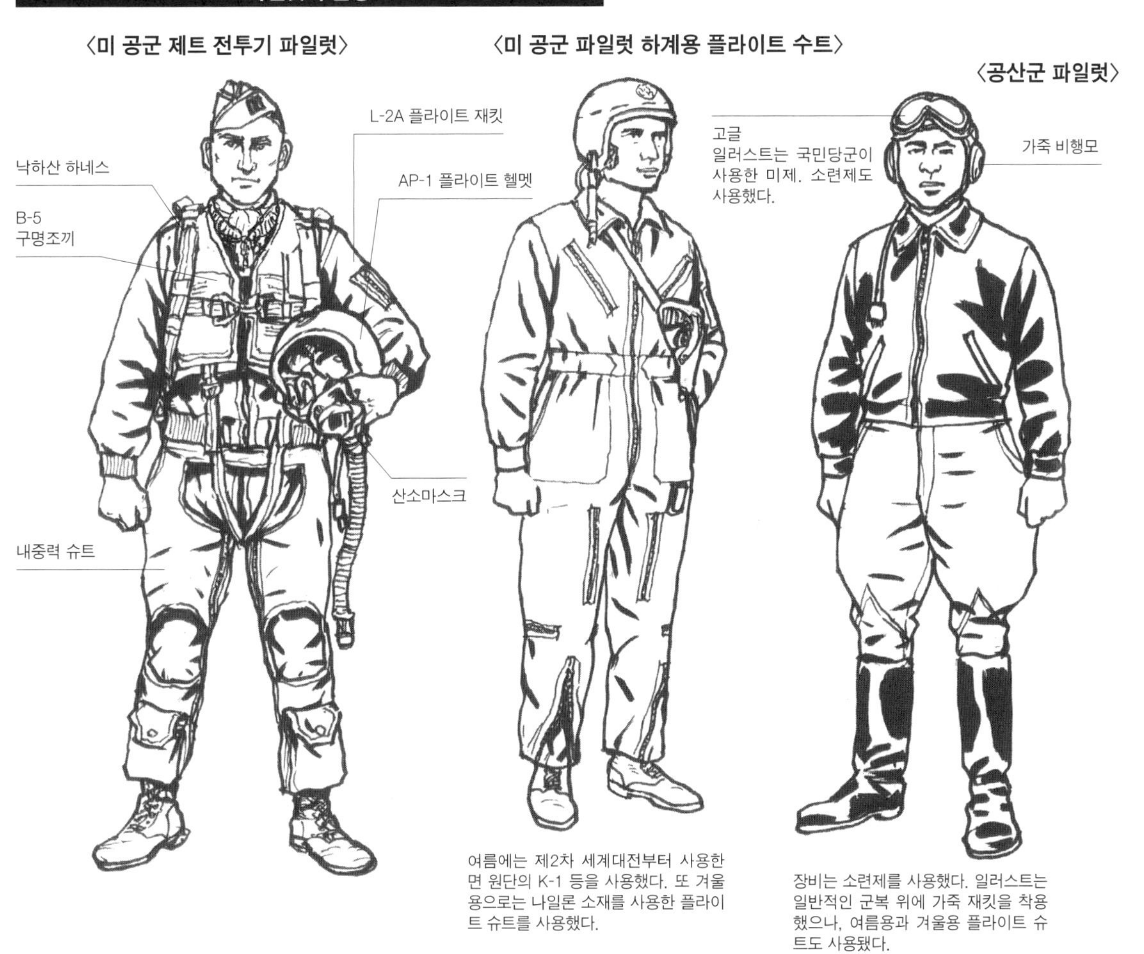

〈보잉(Boeing) B-29 슈퍼포트리스(Superfortress)〉

당시 극동에 전개한 B-29는 제20공군 소속의 5개 폭격 항공단에 배치돼 오키나와의 가데나 공군기지와 도쿄의 다치카와 기지에 전개했다. 첫 출격은 6월 29일로, 가데나 기지에서 9대의 B-29가 김포비행장을 폭격했다. 1950년 11월, MiG-15의 요격으로 한 대가 격추된 것을 시작으로 MiG-15에 의한 피해가 늘어나 주간 출격에서 야간 출격으로 바뀌었다.

〔데이터〕
최고 속도: 575km/h
항속 거리: 9,000km
고정 무장: 12.7mm 기관총×12, 20mm 기관포×1
외부 무장 주익하: 폭탄 최대 9,100kg
정원: 11명

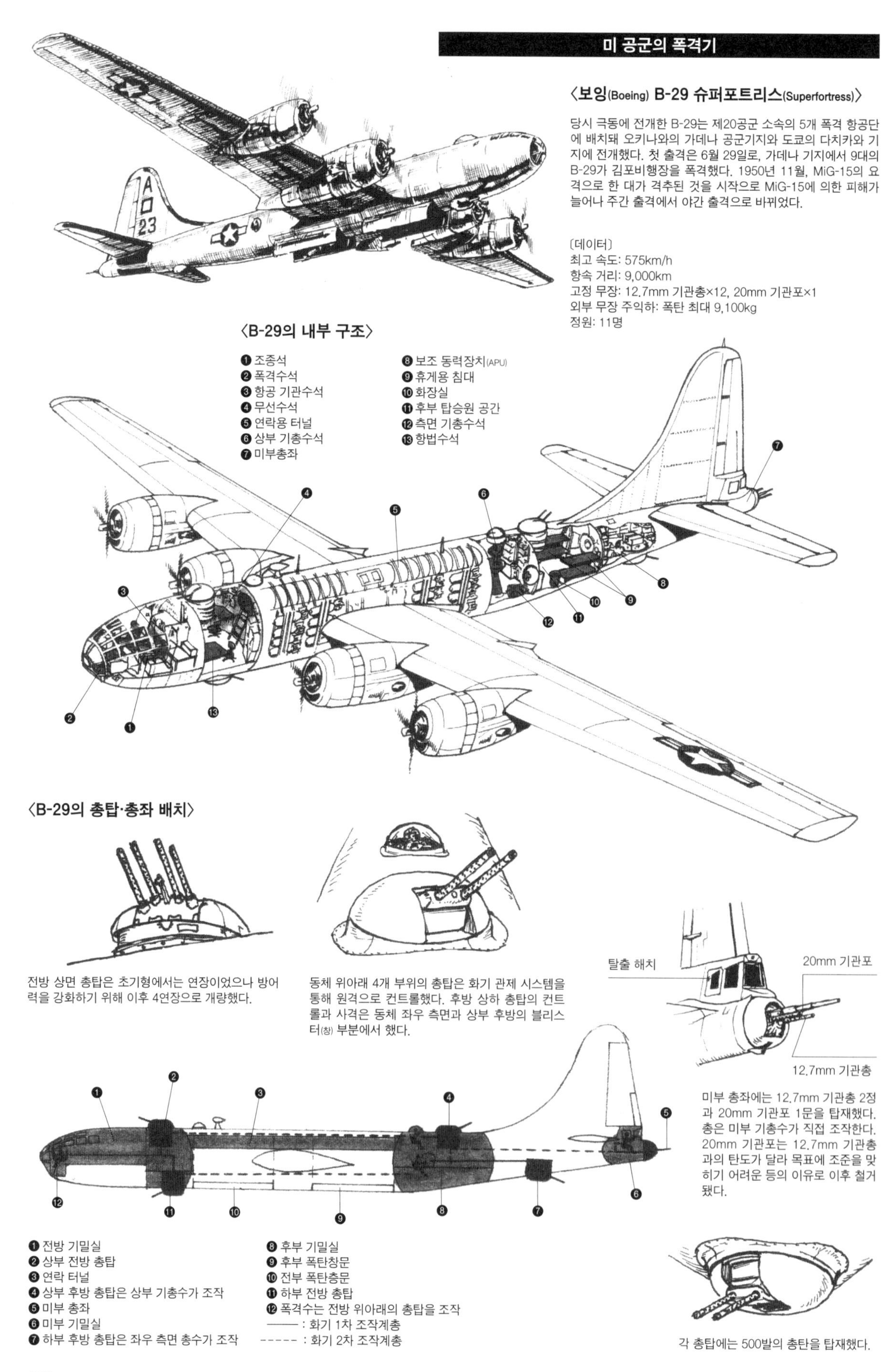

전방 상면 총탑은 초기형에서는 연장이었으나 방어력을 강화하기 위해 이후 4연장으로 개량했다.

동체 위아래 4개 부위의 총탑은 화기 관제 시스템을 통해 원격으로 컨트롤했다. 후방 상하 총탑의 컨트롤과 사격은 동체 좌우 측면과 상부 후방의 블리스터(창) 부분에서 했다.

미부 총좌에는 12.7mm 기관총 2정과 20mm 기관포 1문을 탑재했다. 총은 미부 기총수가 직접 조작한다. 20mm 기관포는 12.7mm 기관총과의 탄도가 달라 목표에 조준을 맞히기 어려운 등의 이유로 이후 철거됐다.

각 총탑에는 500발의 총탄을 탑재했다.

〈B-29의 마킹〉

제19폭격항공단 제22폭격항공단 제92폭격항공단 제98폭격항공단

제307폭격항공단 소속 B-29. 야간 폭격용 동체나 주익 등 기체의 하부와 미익은 검게 도장됐다.

〈KB-29MP 공중 급유기〉

B-29를 토대로 한 공중 급유형. B-29의 항공 거리를 늘리기 위해 개발됐다. 최초로 제작된 급유기는 루프드 호스(Looped hose) 방식이었으나, 이후 플라잉 붐(Flying boom) 방식이 개발되자 MP형부터 표준 장비가 됐다. 1951년 7월 14일, 북한 상공에서 RB-46C에 공중 급유한 것이 첫 실전 사용이었다.

〔RB-46C 사진 정찰기〕

〈더글러스(Douglas) B-26B 인베이더〉

제2차 세계대전 때 A-26 공격기로서 채용. 미 공군 창설 후 폭격기로 기종 변경돼 B-26이라는 명칭이 되었다. 한국전쟁 발발 직후, 사이타마의 존슨 기지에서 출격한 제3폭격항공단 소속의 B-26이 미 공군 최초의 지상 공격을 실시했다. 적의 차열과 진지 등에 대한 저공 공격이 특기였으나, 공산군의 대공화기에 의한 피해가 늘기 시작해 주간에서 야간 출격으로 임무를 전환했다. 동체 하부 총탑은 로켓탄을 장비하면서 폐지됐다.

〔데이터〕
최고 속도: 575km/h
항속 거리: 2,300km
고정 무장: 12.7mm 기관총×18(후기형은 16)
동체 폭탄창: 폭탄 최대 2,722kg
외부 무장 익하: 폭탄 최대 907kg, HVAR 로켓탄×14
정원: 3명

12.7mm 기관총을 세로로 장비한 솔리드 노즈의 베리에이션.

B-26C는 정밀 폭격을 할 수 있도록 기수에 폭격수석을 만들고 폭격 조준기를 탑재했다.

미 공군의 수송기 등

〈더글러스 C-47 스카이트레인(Skytrain)〉

개전 당초에는 부족한 C-54 수송기를 대신해 한국 재류 미국인의 피난이나 미 육군 선발부대의 수송 임무를 맡았다. 그 뒤에도 휴전까지 각종 수송 임무를 맡았다.
적재량: 인원 28명, 화물 2.7t

〈커티스(Curtiss) C-46 코만도(Commando)〉

C-47보다 큰 적재량을 살려 물자, 인원, 부상병 수송뿐만 아니라 공수작전에도 사용됐다. 1950년 11월, 중국군이 개입해 시작된 유엔군 철수 때는 부상병의 수송과 물자 보급으로 활약했다.
적재량: 인원 40명, 화물 6.8t

〈더글러스 C-54G 스카이마스터(Skymaster)〉

더글러스사가 개발한 여객기 DC-4의 군용 수송기형. 공군의 주력 수송기로서 전쟁 기간 중 일본과 한국 간의 공수 임무를 맡았다.
적재량: 인원 50명, 화물 14.7t

〈페어차일드(Fairchild) C-119 플라잉 박스카(Flying Boxcar)〉

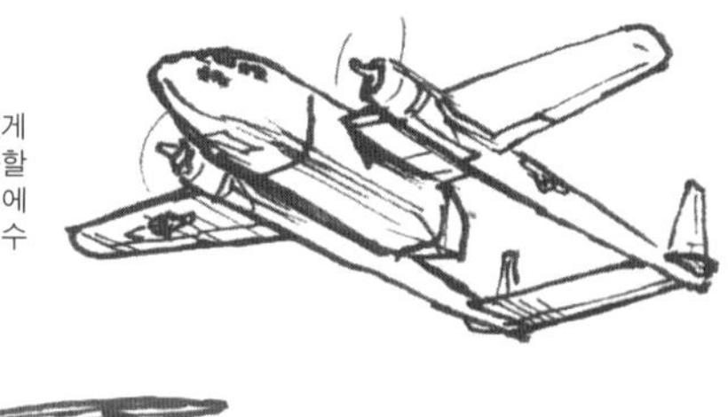

쌍동식을 채용해 화물실 문을 좌우로 크게 여닫을 수 있게 되어 대형 화물을 적재할 수 있다. 대형 화물을 공중 투하할 때는 이륙 전에 화물실 문을 뗄 필요가 있었다. 한국전쟁에는 1951년부터 투입돼 아시아 기지에 전개한 제403병력수송항공단이 운용했다.
적재량: 인원 62명, 화물 13.6t

차량이나 곡사포는 분해하지 않고 수송할 수 있을 뿐만 아니라 공중 투하도 가능했다.

〈더글러스 C-124A 글로브마스터(Globemaster) Ⅱ〉

당시 미 공군이 장비한 최대의 수송기로 1950년 5월 막 배치되기 시작한 신예기. 기내는 2단식이어서 병력과 화물을 동시에 수송할 수도 있다. 화물실 문은 기수 하면과 동체 후방 하면의 2개 부분에 설치돼 후방 화물실 문에서는 기내의 윈치를 사용해 짐을 내릴 수 있었다.
적재량: 인원 200명, 화물 31t

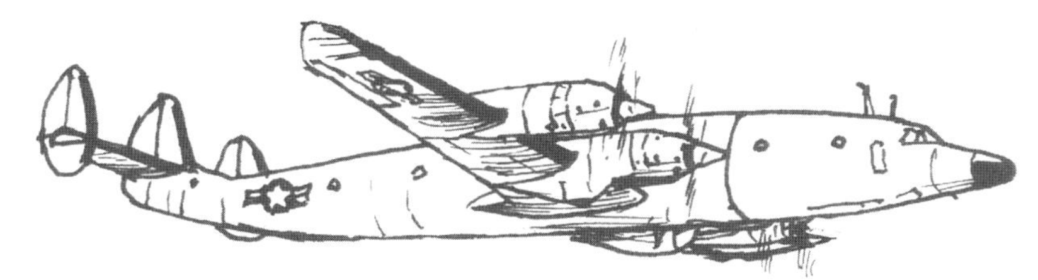

〈록히드 VC-121A〉

록히드사의 컨스텔레이션 여객기를 토대로 만들어진 군 고관용 수송기. 맥아더 원수도 이 기체를 '패턴호'라고 명명하고 전용기로 삼았다.

〈보잉 VB-17G〉

B-17G를 개량한 고관용 수송기.

〈파이퍼(Piper) L-4 그래스호퍼(Grasshopper)〉

파이퍼사의 경비행기 J-3 커브의 군용형. 전선 항공관제나 정찰 등에 사용하는 한편 일부 기체는 기내를 개조해 부상병 수송에 사용했다.

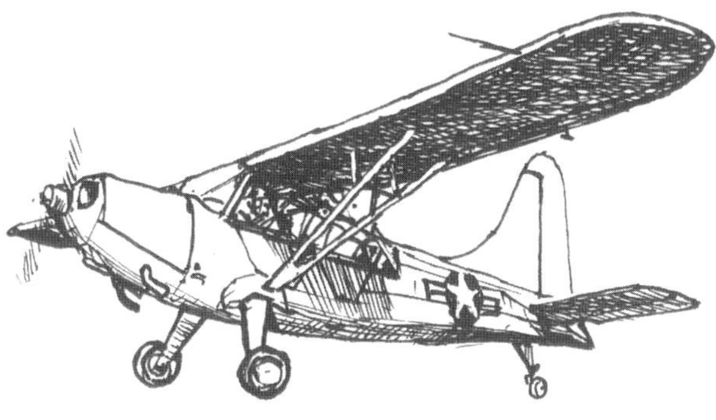

〈노스아메리칸 T-6 텍산(Texan)〉

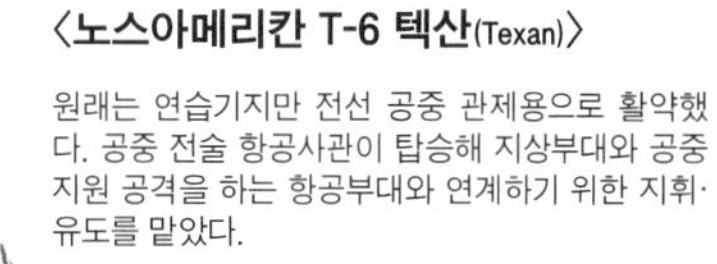

원래는 연습기지만 전선 공중 관제용으로 활약했다. 공중 전술 항공사관이 탑승해 지상부대와 공중지원 공격을 하는 항공부대와 연계하기 위한 지휘·유도를 맡았다.

〈그루먼(Grumman) SA-16A 알바트로스(Albatross)〉

수색 구난용으로 미 공군이 채용한 수륙양용 비행기. 미 해군도 JR2F라는 명칭으로 사용했다.

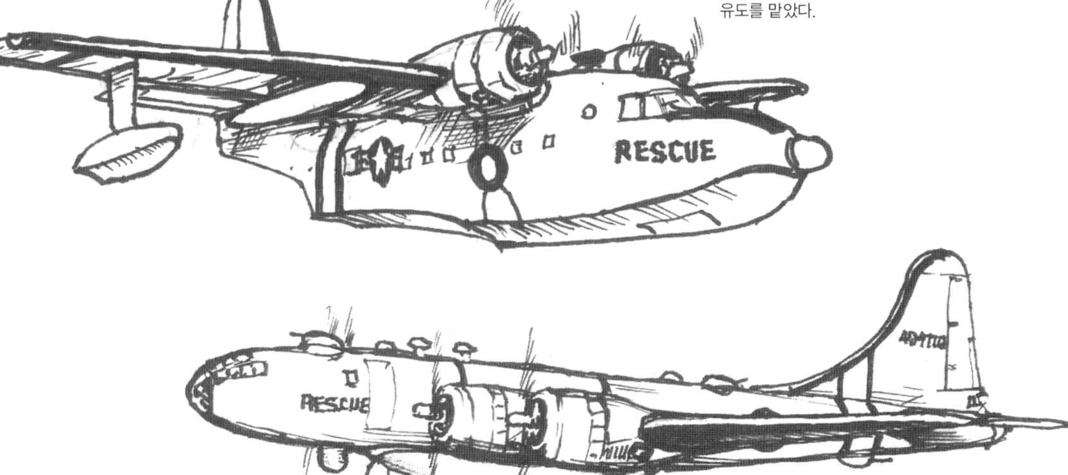

〈보잉 SB-29 슈퍼 덤보(Super Dumbo)〉

B-29 폭격기를 개조한 구난수색기. 동체 전하부에 수색용 레이더, 동체 하부에 알루미늄 합금제 공중 투하식 A3 구명정을 장비했다. 구조 대상자를 발견하면 낙하산으로 구명정을 투하했다.

헬리콥터

제2차 세계대전 말기에 실용화돼 전후 5년 크게 발전한 헬리콥터는 한국전쟁부터 본격적으로 군사용으로 운용되기 시작됐다. 그 용도는 정찰·관측, 물자·인원 수송, 구난·구조, 구급후송 등 다양했다.

〔데이터〕
최고 속도: 171km/h
항속 거리: 580km
정원: 1명(2명, 혹은 들것 2대)

〈시코르스키(Sikorsky) H-5(육군, 공군), OH-3(해군, 해병대)〉

적지나 해상으로 탈출한 항공기 파일럿을 구난·구조하거나 전선에서 부상자를 후송했다.

부상자를 후송하기 위해 기체 좌우에 들것을 수납하는 스트레처 캐리어를 단 H-5.

〈시코르스키 H-19 치카소(Chickasaw)(육군, 공군), HO4S(해군), HRS(해병대)〉

미군에서 처음으로 실용화된 다목적 헬리콥터. 기체 후방의 객실에는 병력 10명 또는 들것 6대를 수용 가능. 화물만일 경우 약 500kg을 적재하는 능력(형식에 따라 다름)을 지녔다.

〔데이터〕
최고 속도: 163km/h
항속 거리: 720km
정원: 2명(10명, 또는 들것 6대)

〈벨(Bell) H-13 수(Sioux)(육군)〉

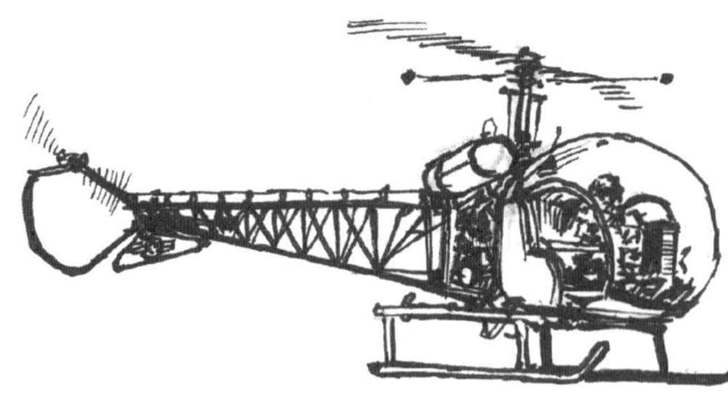

버블 캐노피가 특징인 헬리콥터. 육군은 당초 연락, 정찰, 관측용으로 운용했으나 한국전쟁에서는 기체의 좌우에 들것을 탑재해 부상자 후송도 수행했다.

〔데이터〕
최고 속도: 169km/h
항속 거리: 439km
정원: 1명(1명, 또는 들것 2대)

〈피아세키(Piasecki) H-21C 쇼니(Shawnee)(공군)〉

탠덤 로터형 수송 헬리콥터. 기체 형상 때문에 '플라잉 바나나'라는 애칭도 있다. 공군이 구난·구조용으로 사용했다.

〔데이터〕
최고 속도: 204km/h
항속 거리: 426km
정원: 3명(20명, 또는 들것 12대)

미 해군·해병대의 항공기

미 해군은 개전부터 휴전까지 총 60개의 전투·공격 비행대, 해병대도 총 11개 전투·공격비행대를 파견해 주로 대지공격을 실시했다. 해군과 해병대의 전투·공격 비행부대는 거의 동일한 항공기를 장비했으나, 해병대는 항모뿐 아니라 육상 기지에서 운용하기도 했다.

〈그루먼 F9-F 팬서(Panther)〉

미 해군과 해병대가 채용한 그루먼사의 첫 제트 전투기. 성능이 MiG-15보다 떨어지기 때문에 주 임무는 대지공격이었으나 공중전도 맡았으며, MiG-15의 격추도 기록했다.

〔데이터〕
최고 속도: 926km/h
항속 거리: 2,176km
고정 무장: 20 기관포×4
외부 무장 주익하: HVAR 로켓탄×6, 폭탄 약 900kg, 네이팜탄×2
정원: 1명

〈F9-F의 내부 구조와 장비〉

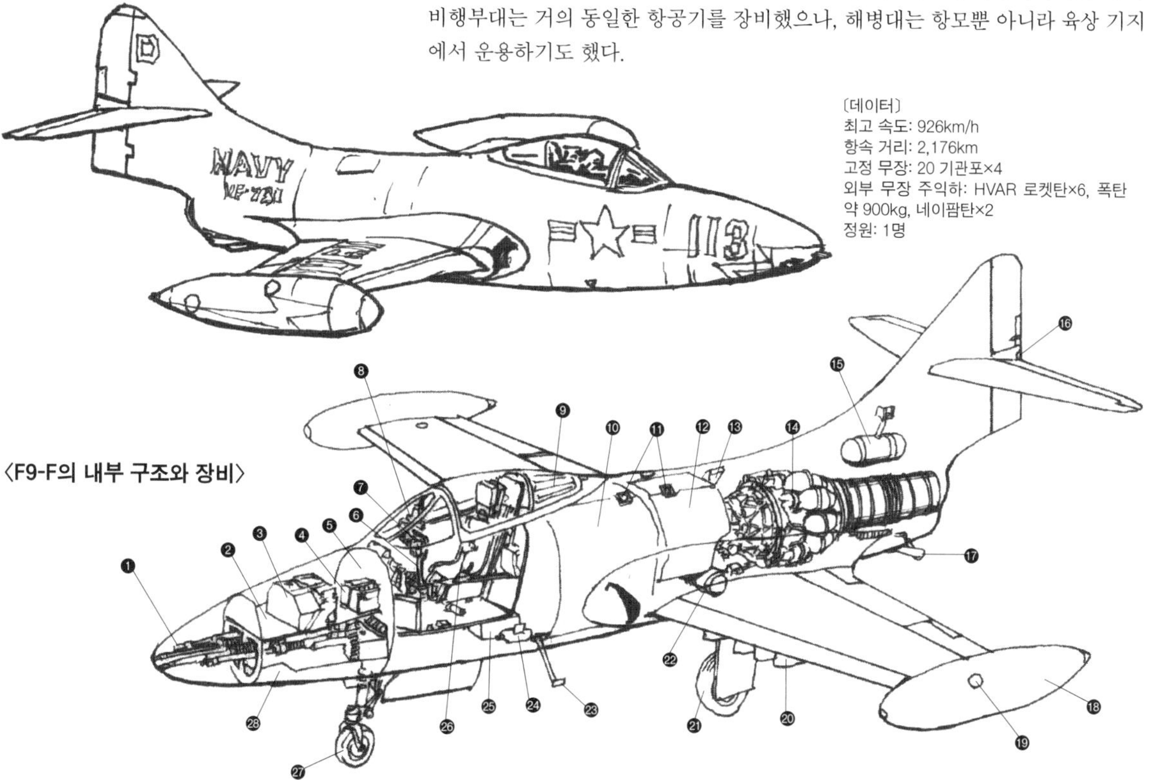

❶ M3 20mm 기관포×4
❷ 무선기 공간
❸ 20mm 포탄 탄창
❹ 배터리
❺ 장갑판
❻ 조종간
❼ 주계기판
❽ ACS 사격 조준기
❾ AN·ARN-6 센스 안테나
❿ 동체 전방 연료 탱크
⓫ 연료 주입구
⓬ 동체 후방 연료 탱크
⓭ 유압 축압기
⓮ J48-P-6 엔진
⓯ 엔진 물 분사용 액체 탱크
⓰ 꼬리등
⓱ 테일스키드
⓲ 익단 연료 탱크
⓳ 연료 주입구
⓴ 무장 파일런
㉑ 주차륜
㉒ 유압 축압기
㉓ 승강용 발판
㉔ 비상용 다리 아래 에어 봄베
㉕ 20mm 기관포 탄창
㉖ 사출좌석
㉗ 전륜
㉘ 노즈콘(기수 커버)

극초기형 기관포용 탄창은 콕핏 아래에 배치됐다. 기관포에는 긴 탄약 슈트를 통해 탄약을 공급하기 때문에 장탄 불량이 발생했다.

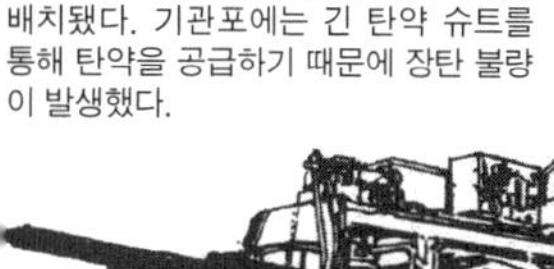

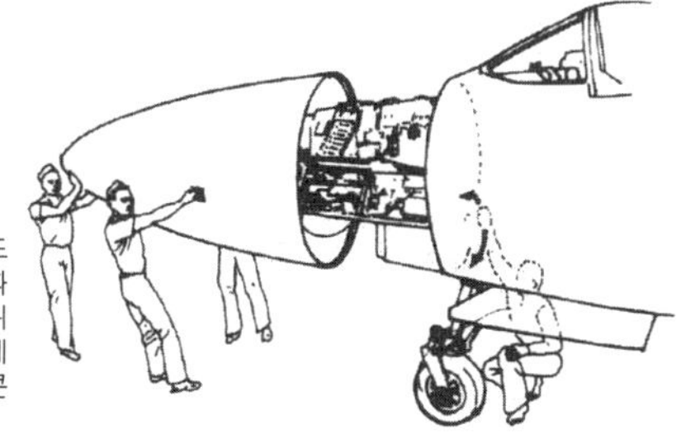

노즈콘은 전방으로 슬라이드해 여닫는다. F9F는 사격에 따르는 중심 이동에 대응하기 위해 약협과 급탄 링크는 기체 밖으로 배출하지 않고 노즈콘 안에 모아두게 되어 있었다.

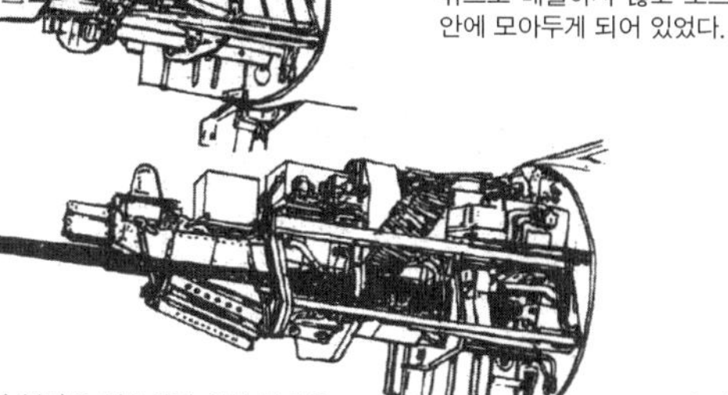

기관포의 장탄 불량을 해소하기 위해 탄창을 기관포 상부에 배치하도록 개량됐다.

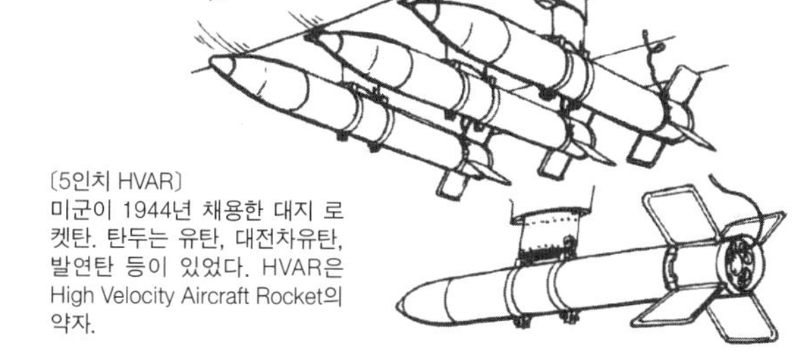

〔5인치 HVAR〕
미군이 1944년 채용한 대지 로켓탄. 탄두는 유탄, 대전차유탄, 발연탄 등이 있었다. HVAR은 High Velocity Aircraft Rocket의 약자.

〈맥도널(McDonnell) F2H 밴시(Banshee)〉

미 해군이 처음 채용한 실용 제트 함상 전투기. 채용 후 엔진과 주익을 강화한 전투 폭격기형, 야간 전투기형, 사진 정찰형의 베리에이션도 만들어졌다.

〔데이터〕
최고 항속: 937km/h
항속 거리: 2371km
고정 무장: 20 기관포×4
외부 무장 주익하: HVAR 로켓탄×6, 폭탄 등 최대 699kg
정원: 1명

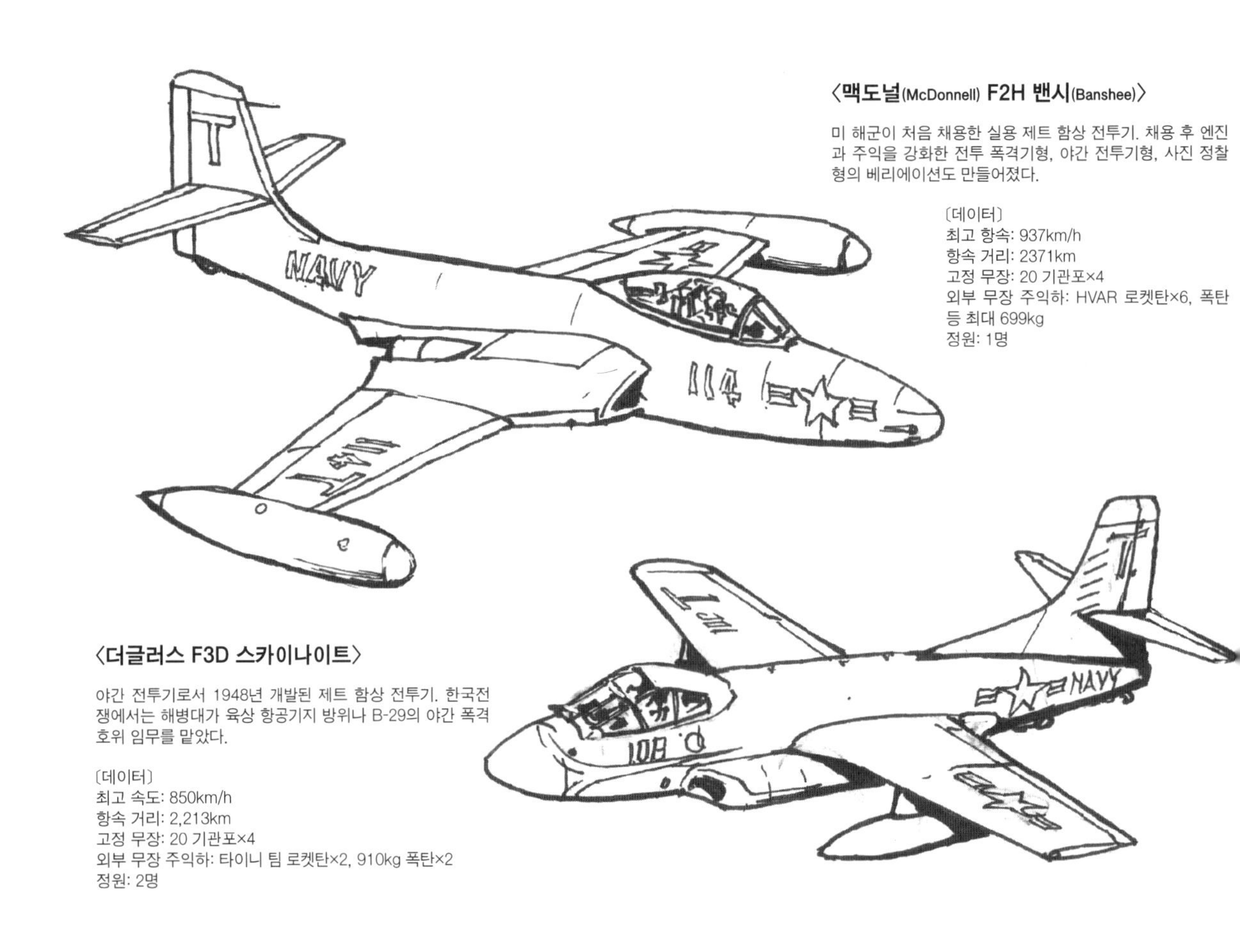

〈더글러스 F3D 스카이나이트〉

야간 전투기로서 1948년 개발된 제트 함상 전투기. 한국전쟁에서는 해병대가 육상 항공기지 방위나 B-29의 야간 폭격 호위 임무를 맡았다.

〔데이터〕
최고 속도: 850km/h
항속 거리: 2,213km
고정 무장: 20 기관포×4
외부 무장 주익하: 타이니 팀 로켓탄×2, 910kg 폭탄×2
정원: 2명

〈그루먼 F7F 타이거캣(Tigercat)〉

미 해군이 1944년 채용한 쌍발 리시프로 함상 전투기. 제공 전투뿐만 아니라 지상 공격도 가능한 전투기로서 개발됐다. 부대에는 제2차 세계대전 말기에 배치됐으나, 첫 실전은 한국전쟁이었다.

〔데이터〕
최고 속도: 700km/h(주간형), 681km/h(야간형)
항속 거리: 4,120km(주간형), 3,814km(야간형)
고정 무장: 20 기관포×4, 12.7mm 기관총×4(주간형만)
외부 무장 동체하: 폭탄 최대 약 900kg×1, 어뢰×1, 기뢰×1, 타이니 팀 로켓탄×1, 150갤런 연료탱크 또는 네이팜탄×1
외부 무장 주익하: 폭탄 최대 450kg×2, 폭뢰×2, 기뢰×2, 타이니 팀 로켓탄×2, HVAR 로켓탄×8
정원: 1명(주간형), 2명(야간형)

〈보우트(Vought) F4U-5N 콜세어〉

1946년 엔진의 출력을 증강하는 등의 개량을 더한 F4U-5의 야간 전투기형. 주익 오른쪽에 AN·APS-19 요격 레이더를 탑재했다. 야간 방공뿐 아니라 지상 공격도 맡았다.

〔데이터〕
최고 속도: 756km/h
항속 거리: 2,917km
고정 무장: 20 기관포×4
외부 무장: 폭탄, 네이팜탄, 최대 약 2,300kg, HVAR 로켓탄×8, FFAR×8
정원: 1명

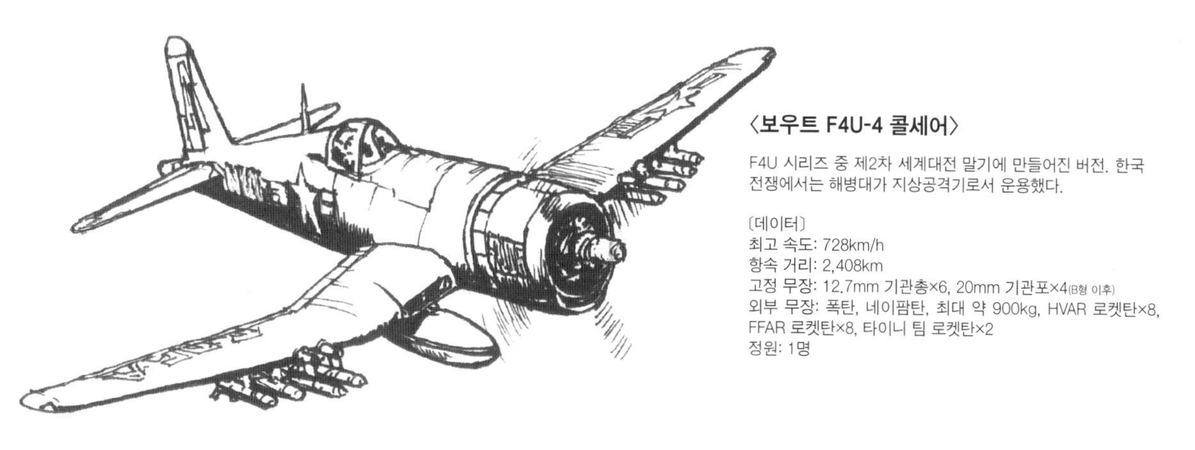

〈보우트 F4U-4 콜세어〉

F4U 시리즈 중 제2차 세계대전 말기에 만들어진 버전. 한국 전쟁에서는 해병대가 지상공격기로서 운용했다.

〔데이터〕
최고 속도: 728km/h
항속 거리: 2,408km
고정 무장: 12.7mm 기관총×6, 20mm 기관포×4(B형 이후)
외부 무장: 폭탄, 네이팜탄, 최대 약 900kg, HVAR 로켓탄×8, FFAR 로켓탄×8, 타이니 팀 로켓탄×2
정원: 1명

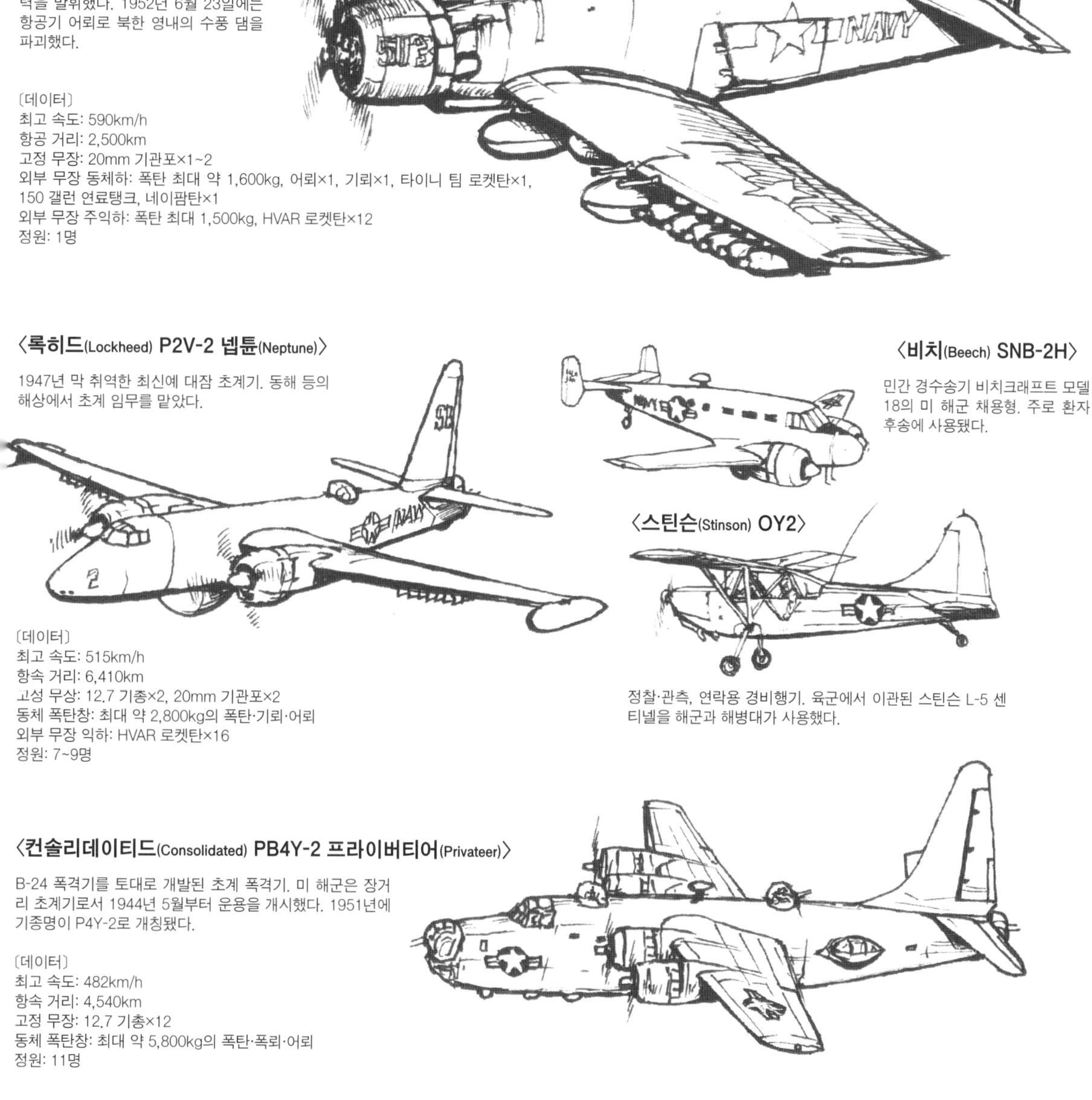

〈더글러스 AD-1 스카이레이더〉

제2차 세계대전에서 활약한 어벤저 뇌격기와 헬다이버 급강하 폭격기의 용도를 통합한 기체로 개발된 공격기. 한국 전쟁이 첫 출진이 되어 지상 공격에 위력을 발휘했다. 1952년 6월 23일에는 항공기 어뢰로 북한 영내의 수풍 댐을 파괴했다.

〔데이터〕
최고 속도: 590km/h
항공 거리: 2,500km
고정 무장: 20mm 기관포×1~2
외부 무장 동체하: 폭탄 최대 약 1,600kg, 어뢰×1, 기뢰×1, 타이니 팀 로켓탄×1, 150 갤런 연료탱크, 네이팜탄×1
외부 무장 주익하: 폭탄 최대 1,500kg, HVAR 로켓탄×12
정원: 1명

〈록히드(Lockheed) P2V-2 넵튠(Neptune)〉

1947년 막 취역한 최신예 대잠 초계기. 동해 등의 해상에서 초계 임무를 맡았다.

〔데이터〕
최고 속도: 515km/h
항속 거리: 6,410km
고정 무장: 12.7 기총×2, 20mm 기관포×2
동체 폭탄창: 최대 약 2,800kg의 폭탄·기뢰·어뢰
외부 무장 익하: HVAR 로켓탄×16
정원: 7~9명

〈비치(Beech) SNB-2H〉

민간 경수송기 비치크래프트 모델 18의 미 해군 채용형. 주로 환자 후송에 사용됐다.

〈스틴슨(Stinson) OY2〉

정찰·관측, 연락용 경비행기. 육군에서 이관된 스틴슨 L-5 센티넬을 해군과 해병대가 사용했다.

〈컨솔리데이티드(Consolidated) PB4Y-2 프라이버티어(Privateer)〉

B-24 폭격기를 토대로 개발된 초계 폭격기. 미 해군은 장거리 초계기로서 1944년 5월부터 운용을 개시했다. 1951년에 기종명이 P4Y-2로 개칭됐다.

〔데이터〕
최고 속도: 482km/h
항속 거리: 4,540km
고정 무장: 12.7 기총×12
동체 폭탄창: 최대 약 5,800kg의 폭탄·폭뢰·어뢰
정원: 11명

그 외의 유엔군 항공기

미군 이외의 유엔군 항공 전력의 경우 영국군과 영연방국군이 항공부대를 파견했다. 전투에 투입된 기종은 전투기였으나 MiG-15보다 성능이 떨어져 제공 임무는 제한됐으며, 일부 기체를 제외하고 지상 공격용으로 운용됐다.

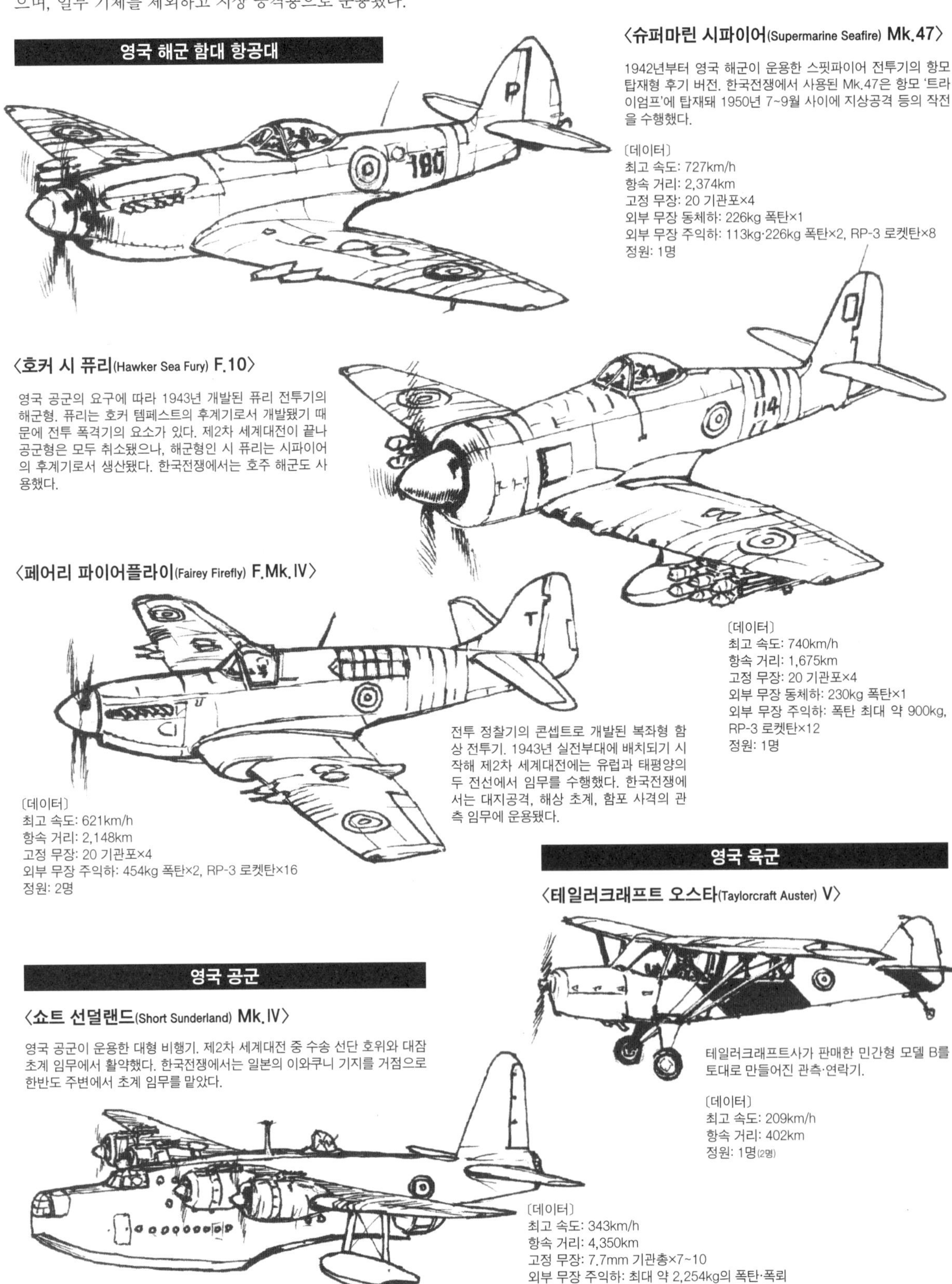

영국 해군 함대 항공대

〈슈퍼마린 시파이어(Supermarine Seafire) Mk.47〉

1942년부터 영국 해군이 운용한 스핏파이어 전투기의 항모 탑재형 후기 버전. 한국전쟁에서 사용된 Mk.47은 항모 '트라이엄프'에 탑재돼 1950년 7~9월 사이에 지상공격 등의 작전을 수행했다.

〔데이터〕
최고 속도: 727km/h
항속 거리: 2,374km
고정 무장: 20 기관포×4
외부 무장 동체하: 226kg 폭탄×1
외부 무장 주익하: 113kg·226kg 폭탄×2, RP-3 로켓탄×8
정원: 1명

〈호커 시 퓨리(Hawker Sea Fury) F.10〉

영국 공군의 요구에 따라 1943년 개발된 퓨리 전투기의 해군형. 퓨리는 호커 템페스트의 후계기로서 개발됐기 때문에 전투 폭격기의 요소가 있다. 제2차 세계대전이 끝나 공군형은 모두 취소됐으나, 해군형인 시 퓨리는 시파이어의 후계기로서 생산됐다. 한국전쟁에서는 호주 해군도 사용했다.

〔데이터〕
최고 속도: 740km/h
항속 거리: 1,675km
고정 무장: 20 기관포×4
외부 무장 동체하: 230kg 폭탄×1
외부 무장 주익하: 폭탄 최대 약 900kg, RP-3 로켓탄×12
정원: 1명

〈페어리 파이어플라이(Fairey Firefly) F.Mk.IV〉

전투 정찰기의 콘셉트로 개발된 복좌형 함상 전투기. 1943년 실전부대에 배치되기 시작해 제2차 세계대전에는 유럽과 태평양의 두 전선에서 임무를 수행했다. 한국전쟁에서는 대지공격, 해상 초계, 함포 사격의 관측 임무에 운용됐다.

〔데이터〕
최고 속도: 621km/h
항속 거리: 2,148km
고정 무장: 20 기관포×4
외부 무장 주익하: 454kg 폭탄×2, RP-3 로켓탄×16
정원: 2명

영국 육군

〈테일러크래프트 오스타(Taylorcraft Auster) V〉

테일러크래프트사가 판매한 민간형 모델 B를 토대로 만들어진 관측·연락기.

〔데이터〕
최고 속도: 209km/h
항속 거리: 402km
정원: 1명(2명)

영국 공군

〈쇼트 선덜랜드(Short Sunderland) Mk.IV〉

영국 공군이 운용한 대형 비행기. 제2차 세계대전 중 수송 선단 호위와 대잠 초계 임무에서 활약했다. 한국전쟁에서는 일본의 이와쿠니 기지를 거점으로 한반도 주변에서 초계 임무를 맡았다.

〔데이터〕
최고 속도: 343km/h
항속 거리: 4,350km
고정 무장: 7.7mm 기관총×7~10
외부 무장 주익하: 최대 약 2,254kg의 폭탄·폭뢰
정원: 13명

호주 공군

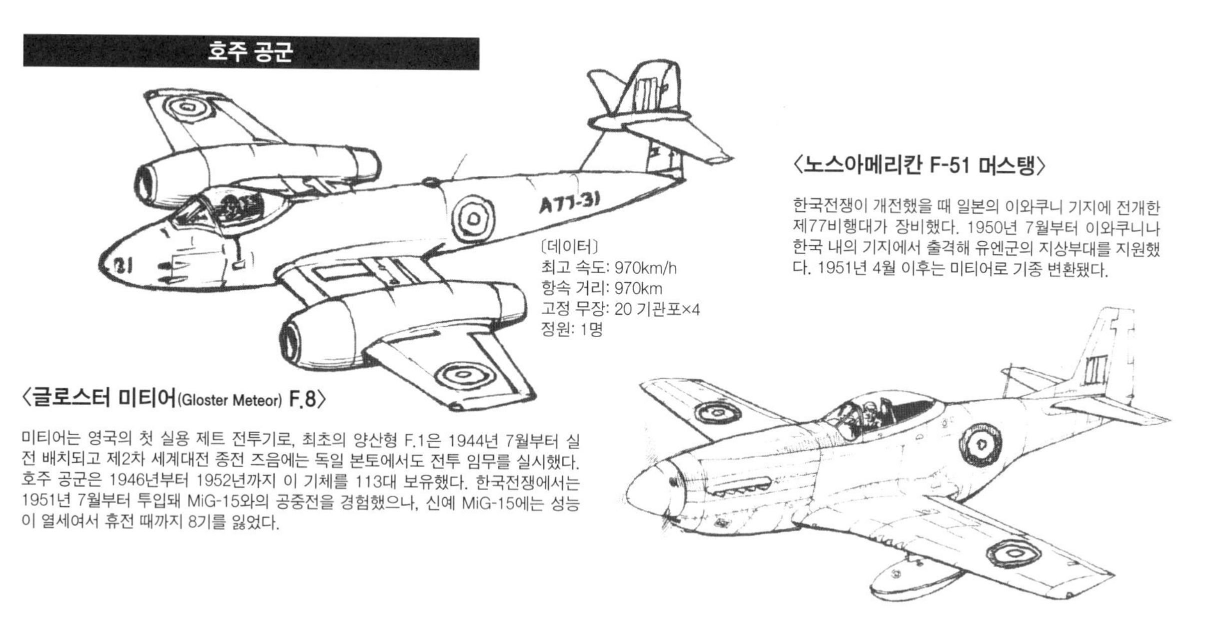

〔데이터〕
최고 속도: 970km/h
항속 거리: 970km
고정 무장: 20 기관포×4
정원: 1명

〈글로스터 미티어(Gloster Meteor) F.8〉

미티어는 영국의 첫 실용 제트 전투기로, 최초의 양산형 F.1은 1944년 7월부터 실전 배치되고 제2차 세계대전 종전 즈음에는 독일 본토에서도 전투 임무를 실시했다. 호주 공군은 1946년부터 1952년까지 이 기체를 113대 보유했다. 한국전쟁에서는 1951년 7월부터 투입돼 MiG-15와의 공중전을 경험했으나, 신예 MiG-15에는 성능이 열세여서 휴전 때까지 8기를 잃었다.

〈노스아메리칸 F-51 머스탱〉

한국전쟁이 개전했을 때 일본의 이와쿠니 기지에 전개한 제77비행대가 장비했다. 1950년 7월부터 이와쿠니나 한국 내의 기지에서 출격해 유엔군의 지상부대를 지원했다. 1951년 4월 이후는 미티어로 기종 변환됐다.

남아프리카 공군

〈노스아메리칸 F-51 머스탱〉

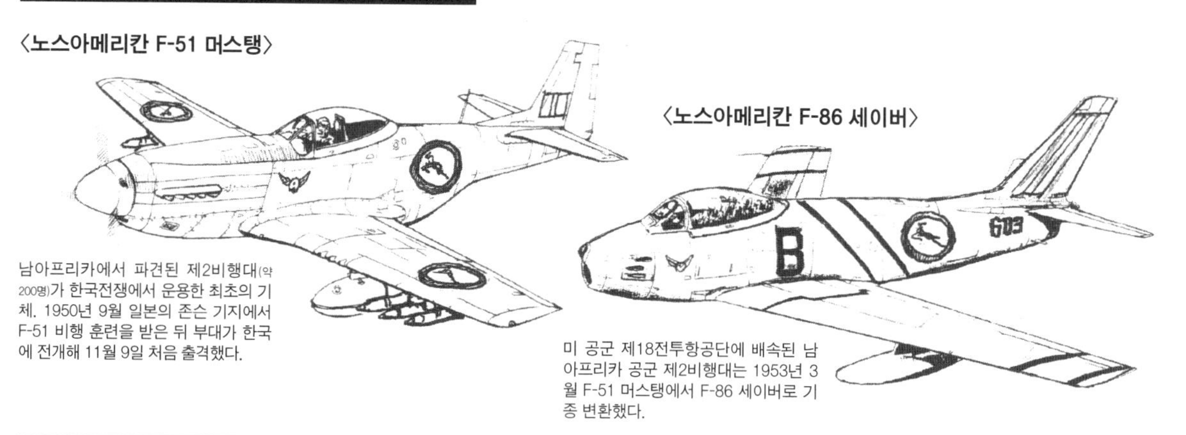

남아프리카에서 파견된 제2비행대(약 200명)가 한국전쟁에서 운용한 최초의 기체. 1950년 9월 일본의 존슨 기지에서 F-51 비행 훈련을 받은 뒤 부대가 한국에 전개해 11월 9일 처음 출격했다.

〈노스아메리칸 F-86 세이버〉

미 공군 제18전투항공단에 배속된 남아프리카 공군 제2비행대는 1953년 3월 F-51 머스탱에서 F-86 세이버로 기종 변환했다.

한국 공군

〈노스아메리칸 F-51 머스탱〉

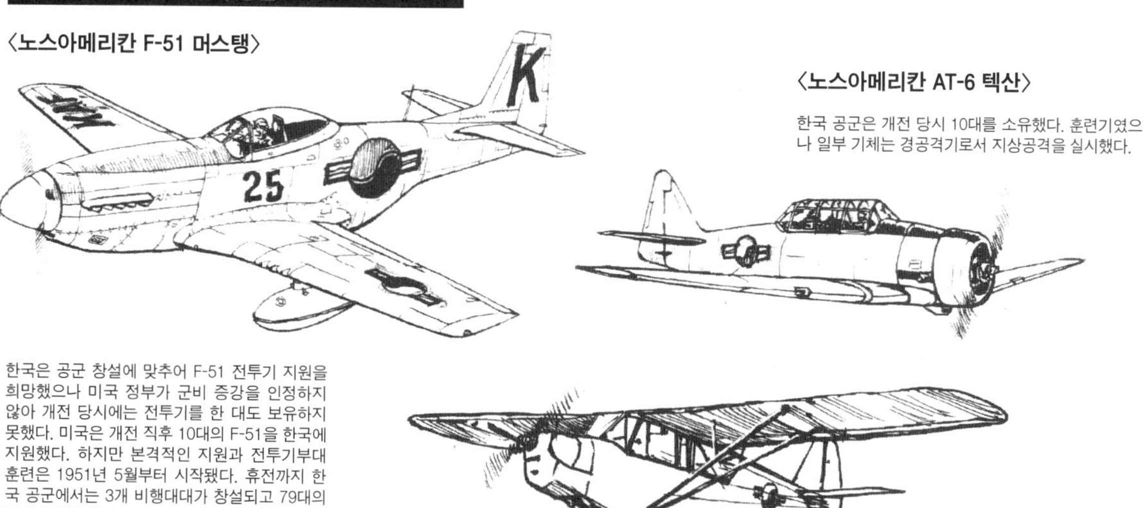

한국은 공군 창설에 맞추어 F-51 전투기 지원을 희망했으나 미국 정부가 군비 증강을 인정하지 않아 개전 당시에는 전투기를 한 대도 보유하지 못했다. 미국은 개전 직후 10대의 F-51을 한국에 지원했다. 하지만 본격적인 지원과 전투기부대 훈련은 1951년 5월부터 시작됐다. 휴전까지 한국 공군에서는 3개 비행대대가 창설되고 79대의 F-51이 배치됐다.

〈노스아메리칸 AT-6 텍산〉

한국 공군은 개전 당시 10대를 소유했다. 훈련기였으나 일부 기체는 경공격기로서 지상공격을 실시했다.

〈파이퍼(Piper) L-4〉

개전 당시 10대를 장비했다. 관측·연락기여서 전력이 되지는 않았다.

공산군의 항공기

공산군이 사용한 항공기는 모두 소련이 지원한 것이었다. 사용한 기종은 1920년대에 개발된 복엽기부터 당시 최신예인 제트 전투기까지 다양했다.

최신예 제트 전투기 MiG-15 파곳

적 폭격기 요격용으로 개발된 소련의 제트 전투기. 1947년 12월, 첫 비행에 성공하고 1949년 소련군에 배치됐다. 소련은 한국전쟁 개전 이후 비밀리에 이 기체를 장비한 공군 부대를 중국에 파견해 공산군을 훈련하면서 전투에도 출격했다. 중국에서 소련군의 교육을 받은 북한 공군은 1952년 9월부터 MiG-15 부대를 실전에 투입했다.

〔데이터〕
최고 속도: 1,074km/h
항속 거리: 2,520km
고정 무장: 23mm 기관포×2, 37mm 기관포×1
정원: 1명

북한 공군의 마킹을 새긴 MiG-15. 소련 공군 파일럿의 탑승기도 이 마킹이었다.

소련 공군기의 마킹. 국적 마크는 주익과 수직 미익에 그렸다. 한국전쟁에서는 소련 공군 마킹이 새겨진 기체는 사용되지 않았다.

중국 인민지원공군의 마킹이 새겨진 MiG-15. 중국 공군은 1951년부터 중국 영내의 기지에서 출격해 중국과 북한의 국경인 압록강 주변에서 유엔군기를 요격했다.

中　國
人民志願空軍

기수 측면 마킹

중국군기 국적 표식

〈MiG-15의 내부 구조〉

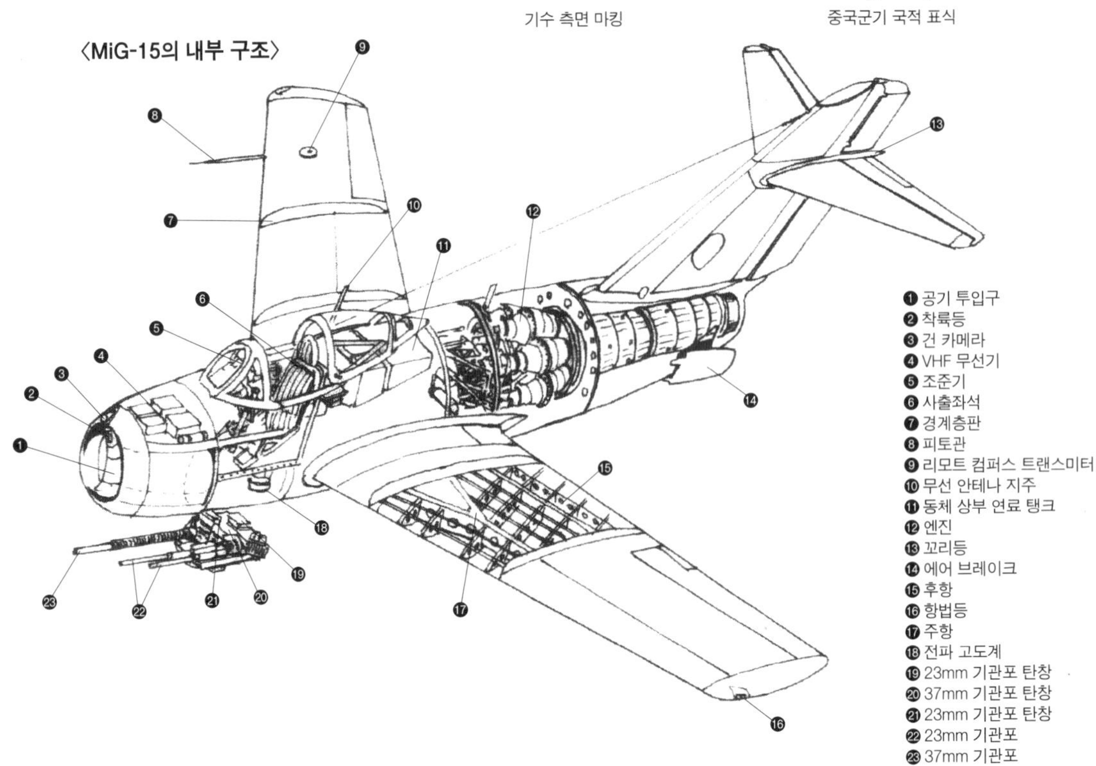

〈MiG-15와의 공중 전투 기동〉

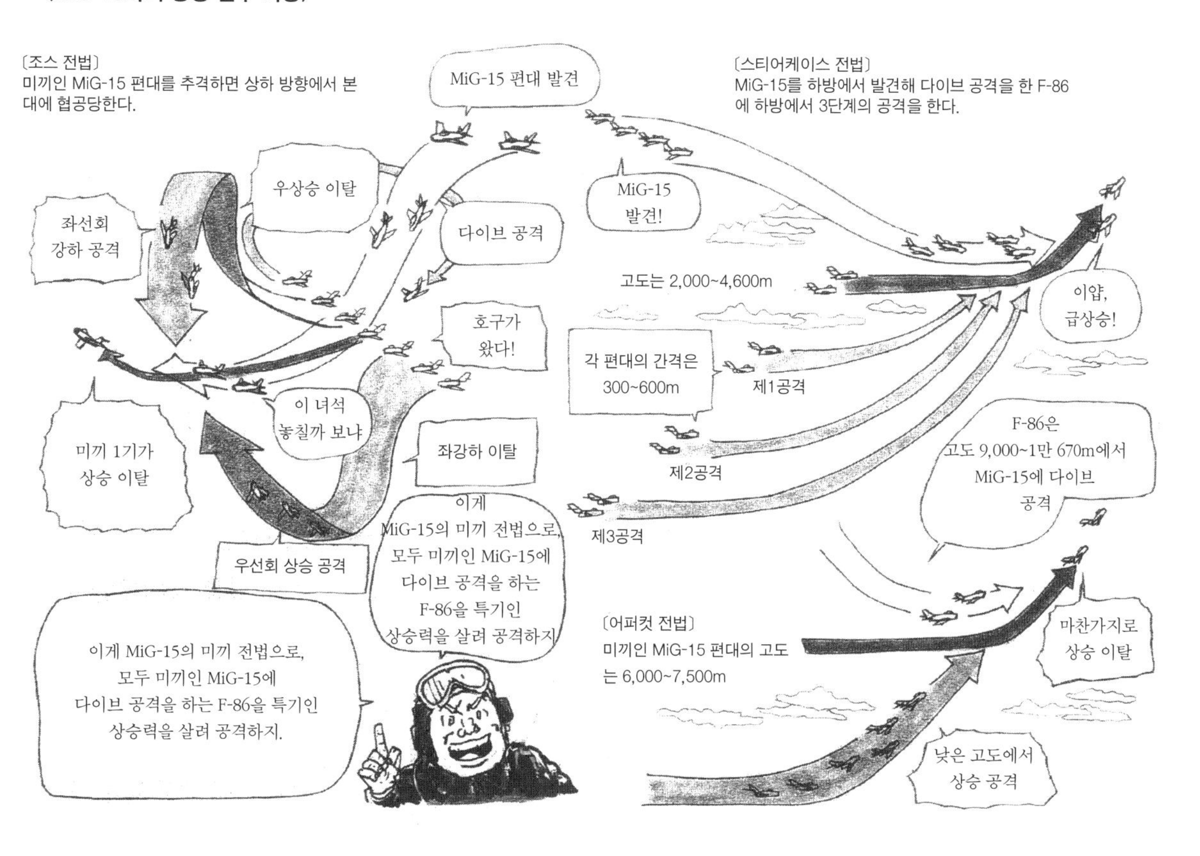

이게 MiG-15의 미끼 전법으로, 모두 미끼인 MiG-15에 다이브 공격을 하는 F-86을 특기인 상승력을 살려 공격하지.

〈MiG-15의 베리에이션〉

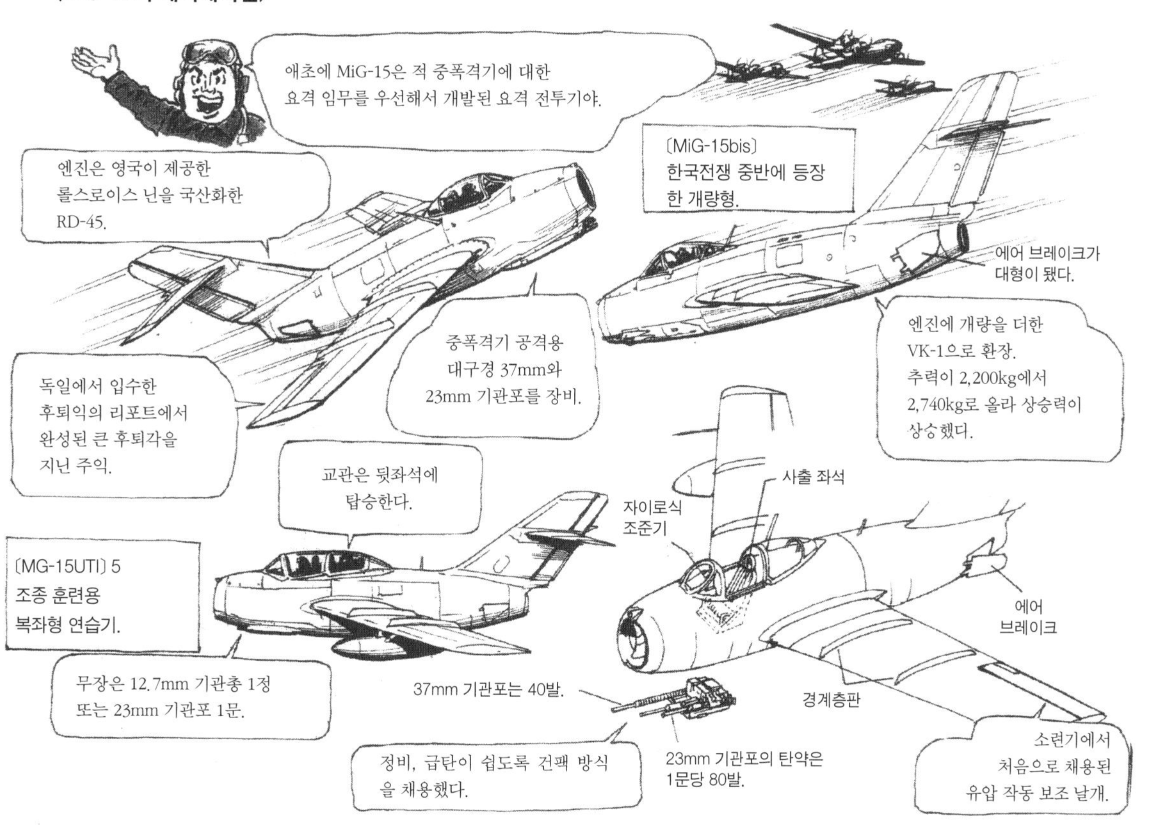

〈야코블레프(Яковлев) Yak-7B〉

Yak-1 전투기의 연습기형을 더 개량해 만들어진 전투기. 그 우수한 조종 성능 때문에 Yak-9가 채용된 뒤에도 연습 전투기로 쓰였다. 중국과 북한에는 1950년까지 지원됐다.

〔데이터〕
최고 속도: 600km/h
항속 거리: 850km
고정 무장: 20mm 기관포×1, 12.7mm 기관총×2
외부 무장 익하: RS-82 로켓탄×6
정원: 1명

〈야코블레프 Yak-9P〉

Yak-7의 후계로서 개발된 고고도용 전투기. 최초의 모델에서 개량과 용도별 개조가 이어져 20종의 베리에이션이 존재한다. 북한과 중국에는 M형과 P형이 지원됐다.

〔데이터〕
최고 속도: 660km/h
항속 거리: 1,130km
고정 무장: 20mm 기관포×3
정원: 1명

〈라보츠킨(Лавочкина) La-9〉

소련의 라보츠킨 설계국이 개발했다. 1947년 처음 비행해 MiG-15가 등장할 때까지 소련군의 주력이었던 전투기. 한국전쟁 개전 당일 오후 북한 공군의 La-9는 한국의 김포와 서울비행장을 습격해 주기된 미군 수송기와 비행장 시설 등을 기총 소사로 파괴했다.

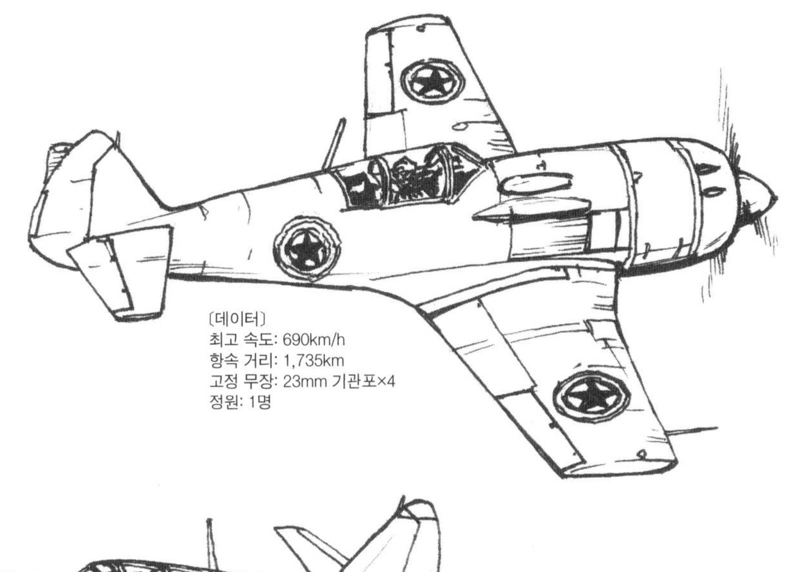

〔데이터〕
최고 속도: 690km/h
항속 거리: 1,735km
고정 무장: 23mm 기관포×4
정원: 1명

〈라보츠킨 La-11〉

폭격기를 호위할 수 있도록 개발된 장거리 전투기. 소련은 1949년 145기, 이듬해는 239기를 북한에 지원했다. 중국군에도 1950년부터 1953년까지 163대가 지원됐다.

〔데이터〕
최고 속도: 674km/h
항속 거리: 2,235km
고정 무장: 23mm 기관포×3
정원: 1명

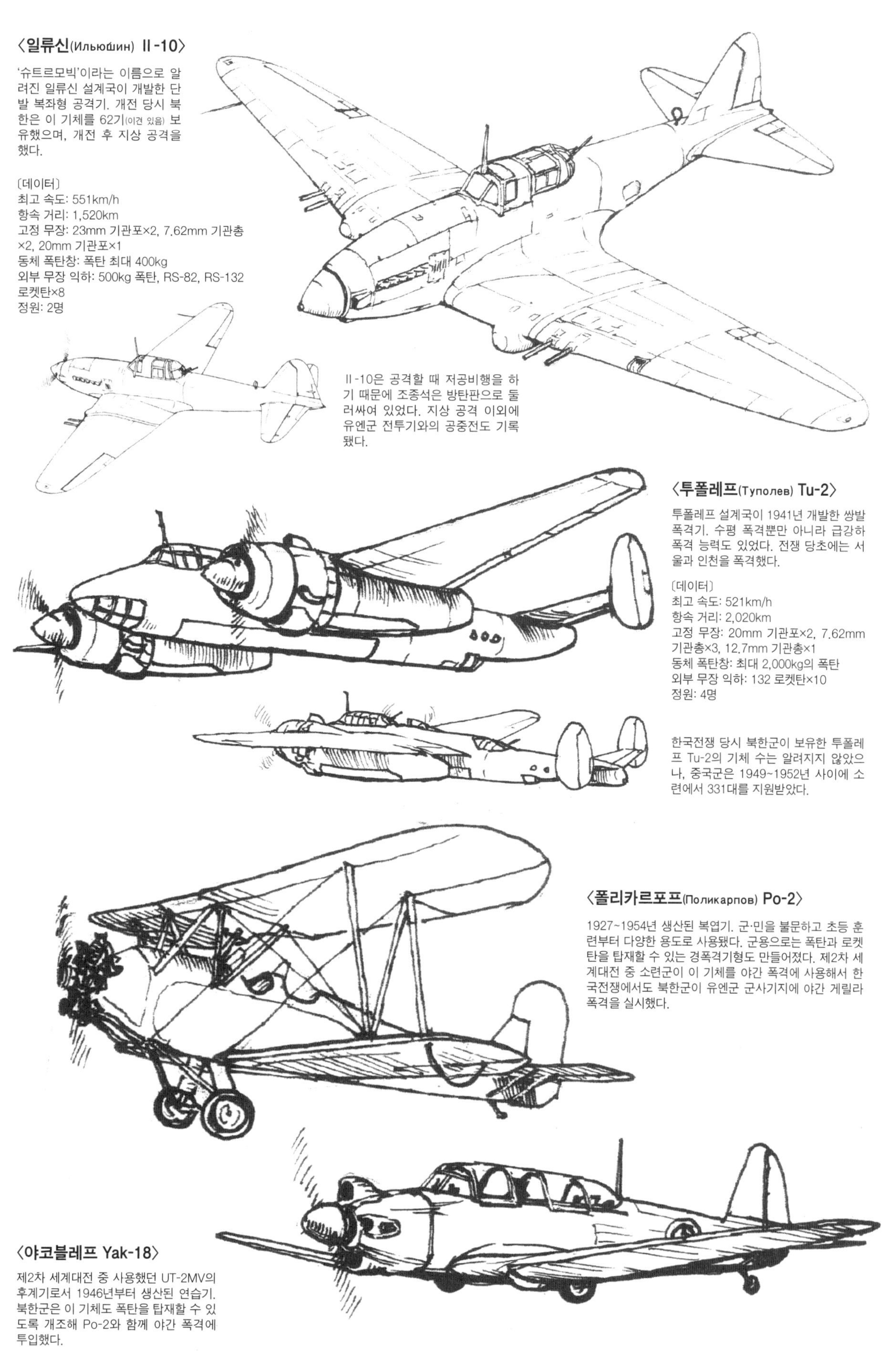

〈일류신(Ильюшин) Il-10〉

'슈트르모빅'이라는 이름으로 알려진 일류신 설계국이 개발한 단발 복좌형 공격기. 개전 당시 북한은 이 기체를 62기(이견 있음) 보유했으며, 개전 후 지상 공격을 했다.

〔데이터〕
최고 속도: 551km/h
항속 거리: 1,520km
고정 무장: 23mm 기관포×2, 7.62mm 기관총×2, 20mm 기관포×1
동체 폭탄창: 폭탄 최대 400kg
외부 무장 익하: 500kg 폭탄, RS-82, RS-132 로켓탄×8
정원: 2명

Il-10은 공격할 때 저공비행을 하기 때문에 조종석은 방탄판으로 둘러싸여 있었다. 지상 공격 이외에 유엔군 전투기와의 공중전도 기록됐다.

〈투폴레프(Туполев) Tu-2〉

투폴레프 설계국이 1941년 개발한 쌍발 폭격기. 수평 폭격뿐만 아니라 급강하 폭격 능력도 있었다. 전쟁 당초에는 서울과 인천을 폭격했다.

〔데이터〕
최고 속도: 521km/h
항속 거리: 2,020km
고정 무장: 20mm 기관포×2, 7.62mm 기관총×3, 12.7mm 기관총×1
동체 폭탄창: 최대 2,000kg의 폭탄
외부 무장 익하: 132 로켓탄×10
정원: 4명

한국전쟁 당시 북한군이 보유한 투폴레프 Tu-2의 기체 수는 알려지지 않았으나, 중국군은 1949~1952년 사이에 소련에서 331대를 지원받았다.

〈폴리카르포프(Поликарпов) Po-2〉

1927~1954년 생산된 복엽기. 군·민을 불문하고 초등 훈련부터 다양한 용도로 사용됐다. 군용으로는 폭탄과 로켓탄을 탑재할 수 있는 경폭격기형도 만들어졌다. 제2차 세계대전 중 소련군이 이 기체를 야간 폭격에 사용해서 한국전쟁에서도 북한군이 유엔군 군사기지에 야간 게릴라 폭격을 실시했다.

〈야코블레프 Yak-18〉

제2차 세계대전 중 사용했던 UT-2MV의 후계기로서 1946년부터 생산된 연습기. 북한군은 이 기체도 폭탄을 탑재할 수 있도록 개조해 Po-2와 함께 야간 폭격에 투입했다.

유엔군 함정의 활동

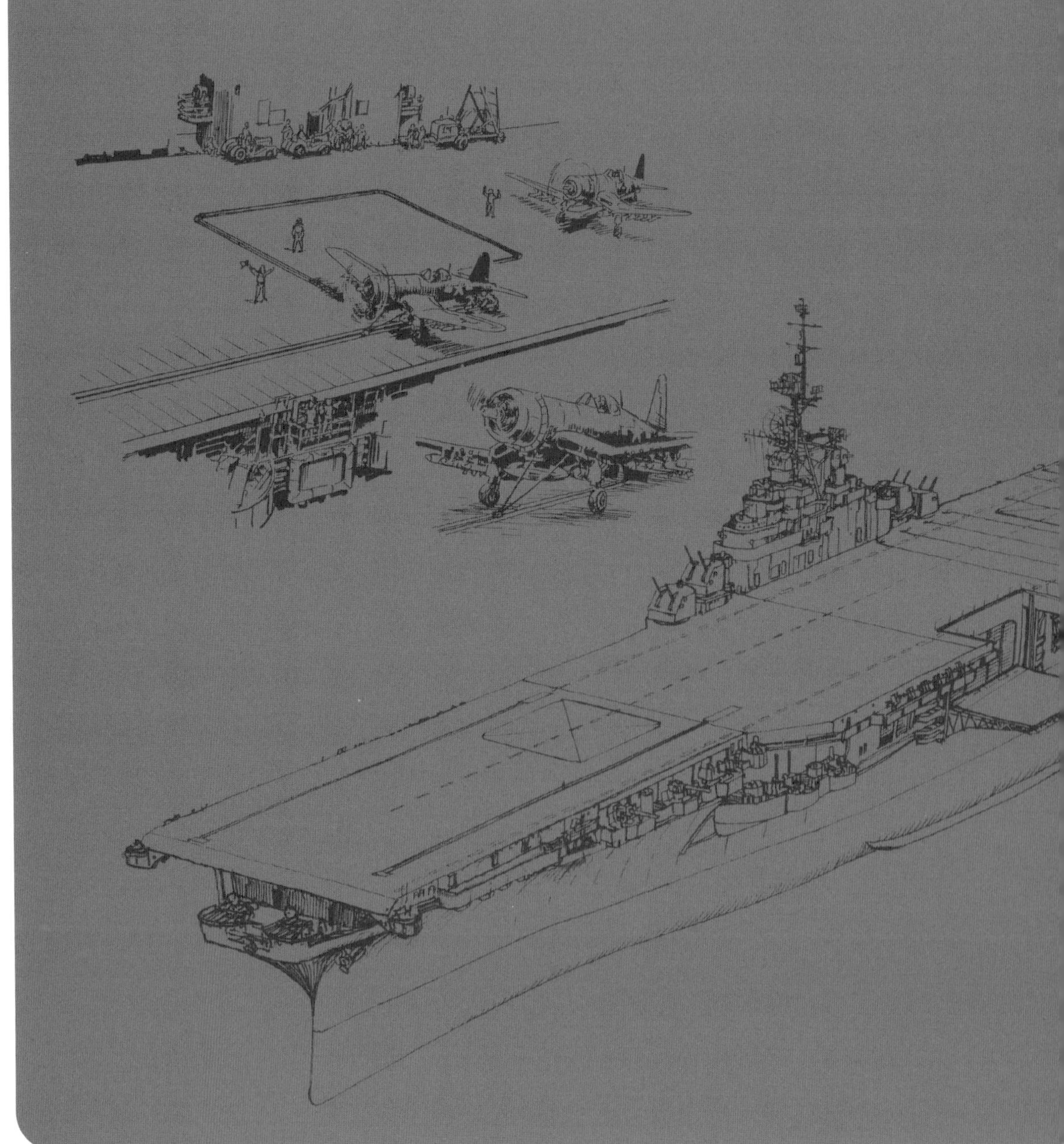

미 해군의 편제

미 해군은 태평양 함대(제5, 제7함대)를 동원해 한국전쟁에 참가했다. 그중 주력은 항모 기동부대로, 한반도에 총 15척의 항모(정규, 소형)를 투입해 연일 함재기를 발진시켜 유엔군 지상부대를 지원했다.

【편제도】

제7통합기동부대
함대기함: 순양함 로체스터

■ 제7통합기동부대
수륙양용 작전을 목적으로 편성된 함대군. 주력은 제90기동부대로, 상륙부대를 지원하는 부대로 편성됐다.

제99기동부대
제99-1 정찰군
제99-11 제6초계대
제99-12 제88정찰항공대
제99-13 제202정찰항공대
제99-2 초계 호위군
제99-21 제42초계대
제99-22 제47초계대

제91기동부대
영 해군 부대
항모×1
경순양함×1
구축함×8
한국 해군 부대
보조 소해정 등×15

제92기동부대
제10군단사령부
제92-1 상륙부대(해병대)
제92-2 상륙부대(육군)
한국 제17보병연대

제90기동부대
제90-00 기함군
수륙양용 지휘함선
제90-01 전술공군통제군
제90-02 해군해안작전군
제90-03 공격통제군
제90-04 관리군
제90-1 전진공격군
제90-11 수송대
제90-11-1 수송대
제90-2 수송군
제90-3 화물수송군
제90-4 제14수송군
제90-5 항공 지원부대
제90-51 호위항모군
항모×2
제90-52 호위 항모군
구축함×4
제90-6 함포 지원부대
제90-61 순양함군
중순양함×1
경순양함×2
제90-62 구축함 지원군
구축함×6
제90-63 로켓 지원함군
제90-7 초계 정찰부대
구축함×2
브리깃함×15
제90-8 제2기동군
제90-9 제3기동군

제79병참지원부대
제79-1 기동 병참 지원군
제79-2 목표지역 병참군
제79-3 병참 지원군
제79-4 구난 공작군

제77고속항모부대
제1항공전대
항모×1
제3항공전대
항모×1
제5항공전대
항모×1
제77-1 지원군
제77-2 초계군
구축함×14

항공모함

미 해군은 한국전쟁에 정규 항모 11척과 경항모·호위항모 4척을 파견했다. 그 외 영국 해군이 4척, 호주 해군이 1척을 파견했다. 전쟁 중 상시 항공 지원을 할 수 있도록 이들 항모는 교대로 운용됐다.

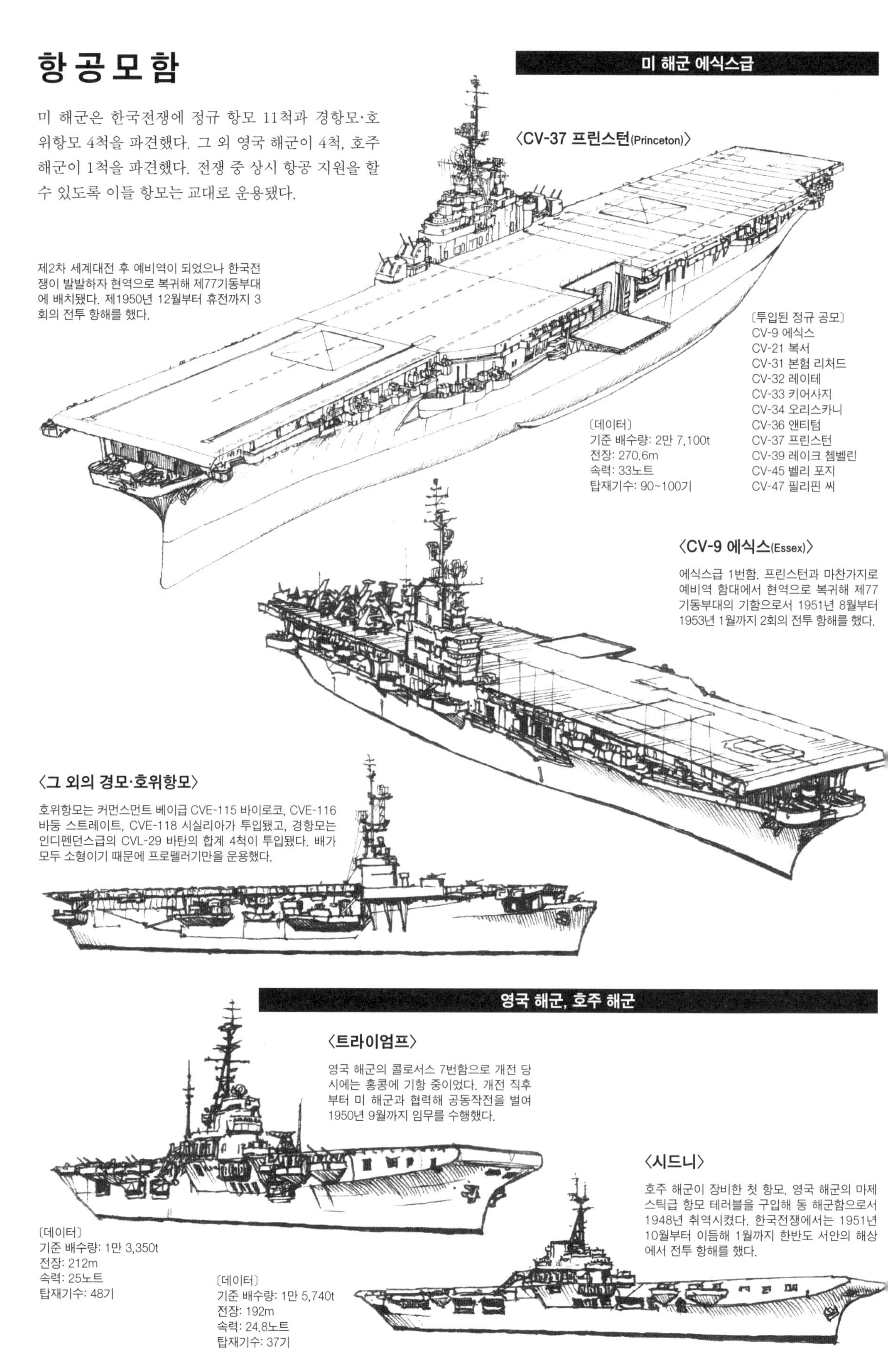

미 해군 에식스급

〈CV-37 프린스턴(Princeton)〉

제2차 세계대전 후 예비역이 되었으나 한국전쟁이 발발하자 현역으로 복귀해 제77기동부대에 배치됐다. 제1950년 12월부터 휴전까지 3회의 전투 항해를 했다.

〔데이터〕
기준 배수량: 2만 7,100t
전장: 270.6m
속력: 33노트
탑재기수: 90~100기

〔투입된 정규 공모〕
CV-9 에식스
CV-21 복서
CV-31 본험 리처드
CV-32 레이테
CV-33 키어사지
CV-34 오리스카니
CV-36 앤티텀
CV-37 프린스턴
CV-39 레이크 첨벨린
CV-45 벨리 포지
CV-47 필리핀 씨

〈CV-9 에식스(Essex)〉

에식스급 1번함. 프린스턴과 마찬가지로 예비역 함대에서 현역으로 복귀해 제77기동부대의 기함으로서 1951년 8월부터 1953년 1월까지 2회의 전투 항해를 했다.

〈그 외의 경모·호위항모〉

호위항모는 커먼스먼트 베이급 CVE-115 바이로코, CVE-116 바둥 스트레이트, CVE-118 시실리아가 투입됐고, 경항모는 인디펜던스급의 CVL-29 바탄의 합계 4척이 투입됐다. 배가 모두 소형이기 때문에 프로펠러기만을 운용했다.

영국 해군, 호주 해군

〈트라이엄프〉

영국 해군의 콜로서스 7번함으로 개전 당시에는 홍콩에 기항 중이었다. 개전 직후부터 미 해군과 협력해 공동작전을 벌여 1950년 9월까지 임무를 수행했다.

〔데이터〕
기준 배수량: 1만 3,350t
전장: 212m
속력: 25노트
탑재기수: 48기

〈시드니〉

호주 해군이 장비한 첫 항모. 영국 해군의 마제스틱급 항모 테러블을 구입해 동 해군함으로서 1948년 취역시켰다. 한국전쟁에서는 1951년 10월부터 이듬해 1월까지 한반도 서안의 해상에서 전투 항해를 했다.

〔데이터〕
기준 배수량: 1만 5,740t
전장: 192m
속력: 24.8노트
탑재기수: 37기

함재기의 발함 준비부터 착함까지

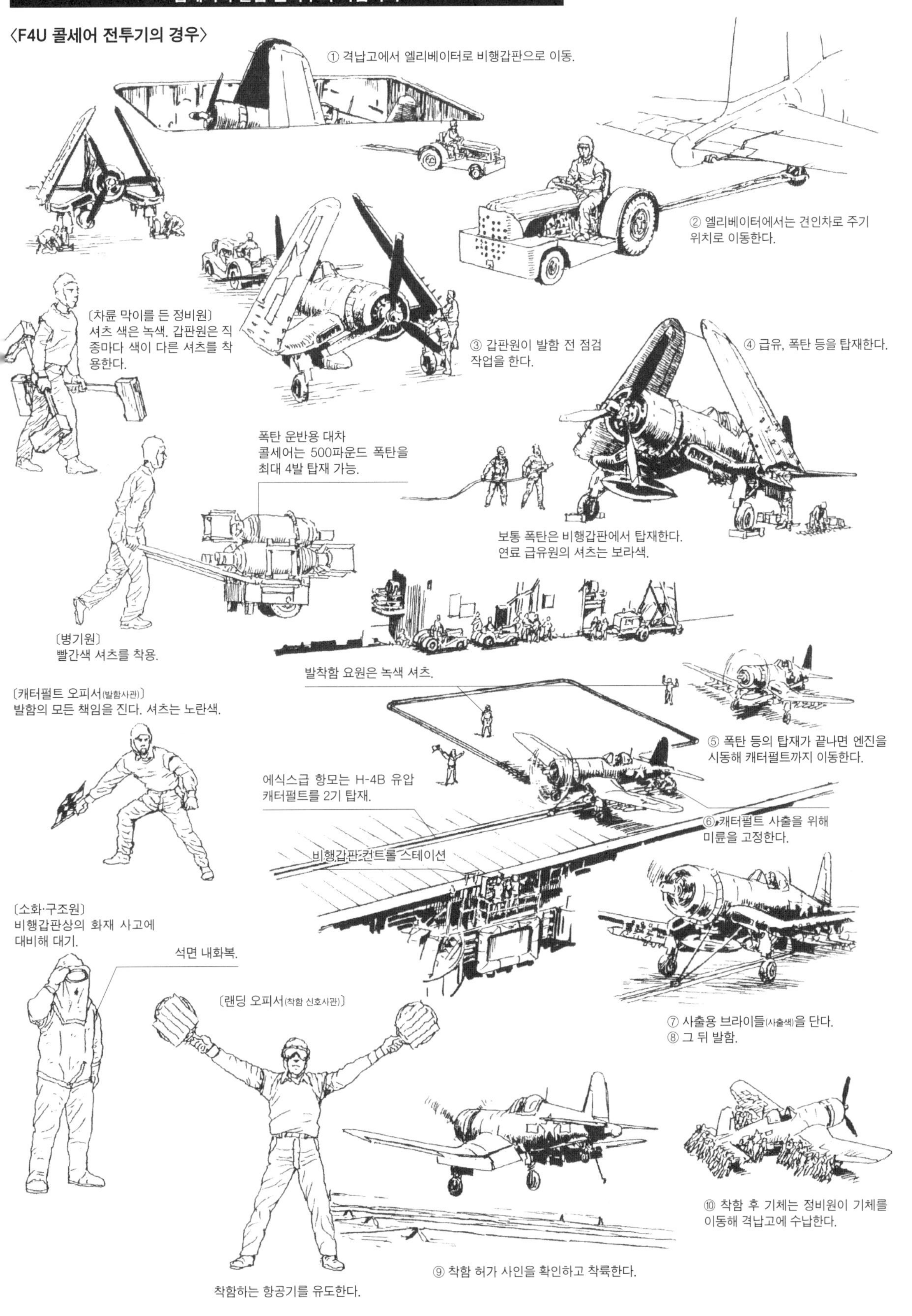

수상 전투함

공산군의 해군력은 중국 해군의 브리깃함을 제외하면 어뢰정이나 포함 등의 소형함이며, 화력과 수도 유엔군과 비교할 수 없을 정도의 전력 차가 있었다. 해전은 1950년 7월 북한 해군과 유엔군 사이에서 소규모 해전이 벌어졌을 뿐이다. 그래서 유엔군 전함과 순양함 등의 대형함은 한반도 연안에 전개해 아군의 지상부대를 지원하는 함포 사격이 주 임무였다.

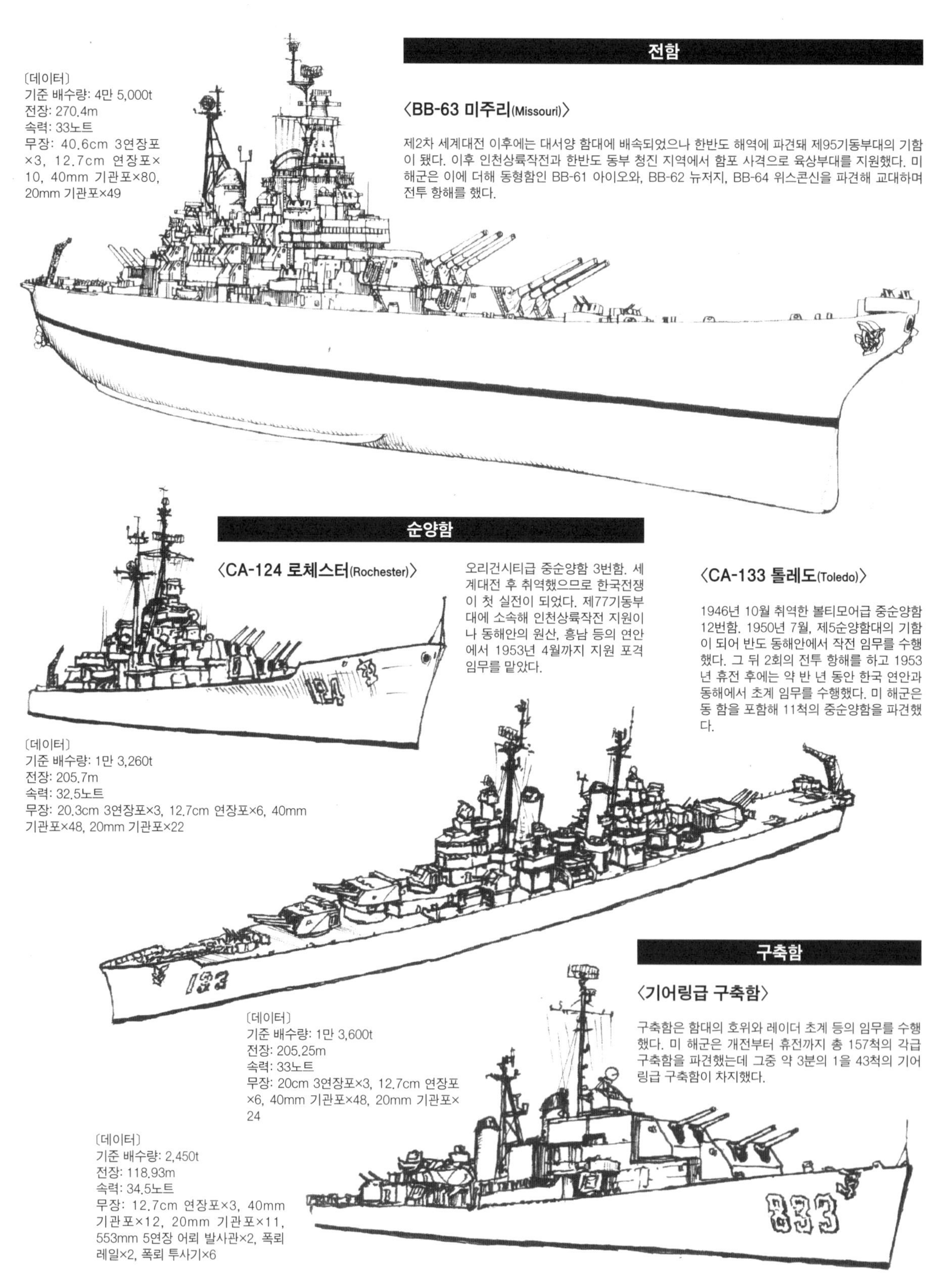

전함

〈BB-63 미주리(Missouri)〉

제2차 세계대전 이후에는 대서양 함대에 배속되었으나 한반도 해역에 파견돼 제95기동부대의 기함이 됐다. 이후 인천상륙작전과 한반도 동부 청진 지역에서 함포 사격으로 육상부대를 지원했다. 미 해군은 이에 더해 동형함인 BB-61 아이오와, BB-62 뉴저지, BB-64 위스콘신을 파견해 교대하며 전투 항해를 했다.

〔데이터〕
기준 배수량: 4만 5,000t
전장: 270.4m
속력: 33노트
무장: 40.6cm 3연장포×3, 12.7cm 연장포×10, 40mm 기관포×80, 20mm 기관포×49

순양함

〈CA-124 로체스터(Rochester)〉

오리건시티급 중순양함 3번함. 세계대전 후 취역했으므로 한국전쟁이 첫 실전이 되었다. 제77기동부대에 소속해 인천상륙작전 지원이나 동해안의 원산, 흥남 등의 연안에서 1953년 4월까지 지원 포격 임무를 맡았다.

〔데이터〕
기준 배수량: 1만 3,260t
전장: 205.7m
속력: 32.5노트
무장: 20.3cm 3연장포×3, 12.7cm 연장포×6, 40mm 기관포×48, 20mm 기관포×22

〈CA-133 톨레도(Toledo)〉

1946년 10월 취역한 볼티모어급 중순양함 12번함. 1950년 7월, 제5순양함대의 기함이 되어 반도 동해안에서 작전 임무를 수행했다. 그 뒤 2회의 전투 항해를 하고 1953년 휴전 후에는 약 반 년 동안 한국 연안과 동해에서 초계 임무를 수행했다. 미 해군은 동 함을 포함해 11척의 중순양함을 파견했다.

〔데이터〕
기준 배수량: 1만 3,600t
전장: 205.25m
속력: 33노트
무장: 20cm 3연장포×3, 12.7cm 연장포×6, 40mm 기관포×48, 20mm 기관포×24

구축함

〈기어링급 구축함〉

구축함은 함대의 호위와 레이더 초계 등의 임무를 수행했다. 미 해군은 개전부터 휴전까지 총 157척의 각급 구축함을 파견했는데 그중 약 3분의 1을 43척의 기어링급 구축함이 차지했다.

〔데이터〕
기준 배수량: 2,450t
전장: 118.93m
속력: 34.5노트
무장: 12.7cm 연장포×3, 40mm 기관포×12, 20mm 기관포×11, 553mm 5연장 어뢰 발사관×2, 폭뢰 레일×2, 폭뢰 투사기×6

기뢰전

충분한 해군 병력이 없는 북한군은 인천, 원산, 진남포 등의 항만에 다수의 기뢰를 부설해 유엔군을 괴롭혔다. 기뢰에 애먹은 유엔군이 일본 정부에 소해부대 파견을 요구하자 일본 해상보안청이 특별 소해대를 비밀리에 편성해 유엔군 소해부대와 함께 소해작전에 종사했다.

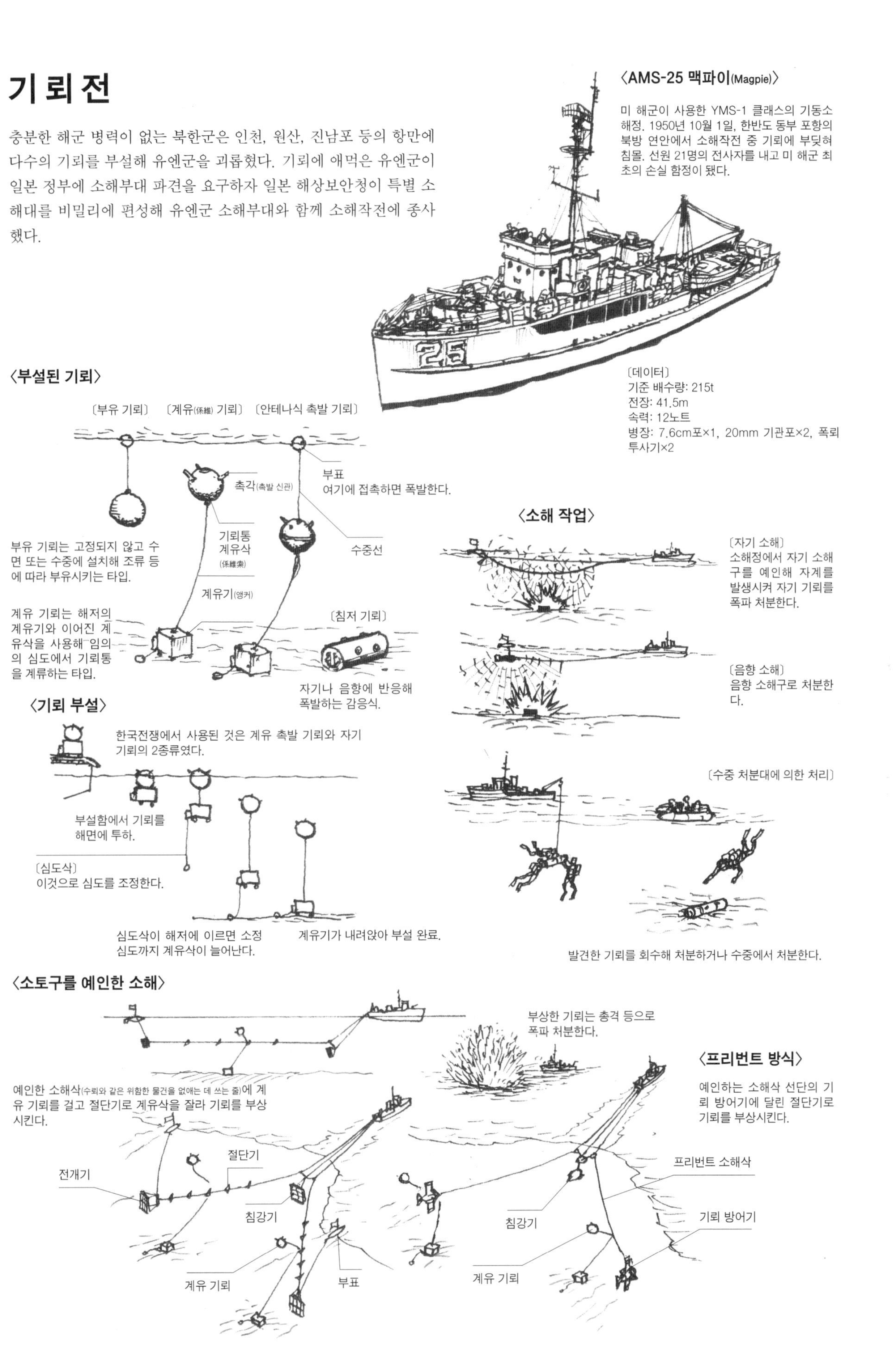

양륙함정

한국전쟁에서도 제2차 세계대전의 상륙작전에서 활약한 각종 미군 양륙 함정이 사용됐다. 양륙 함정은 상륙작전뿐만 아니라 설비가 되지 않은 항만이나 해안에 직접 물자를 수송할 수 있게 했다.

LST(전차양륙함)

전차 등의 차량을 중심으로 상륙용 주정부터 물자, 병력을 수송할 수 있는 대형 양륙함.

〔데이터〕
기준 배수량: 1,625t
전장: 100m
속력: 11노트
적재량: 2만 1,000t

〈LST의 구조〉

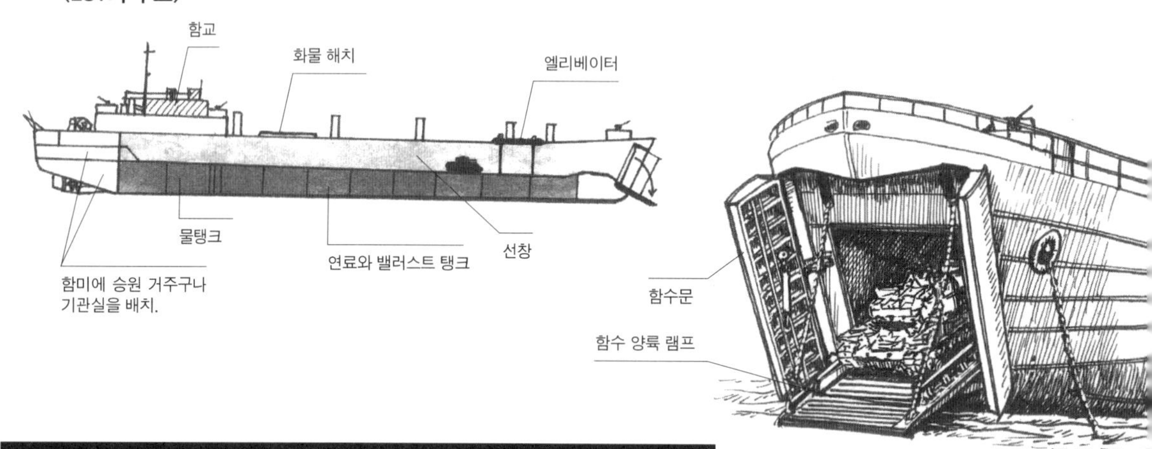

LSM(중형양륙함)

전차 양륙함의 소형판. 대형인 LST는 입항하거나 접안할 수 없는 협소한 상륙 지점 등에서도 사용된다. 이 배를 토대로 로켓 런처를 탑재한 화력 지원함도 건조됐다.

〔데이터〕
기준 배수량: 530t
전장: 62m
속력 13.3노트
적재량: 중형전차×5, 중전차×3, LVT ×6, 병력 54명

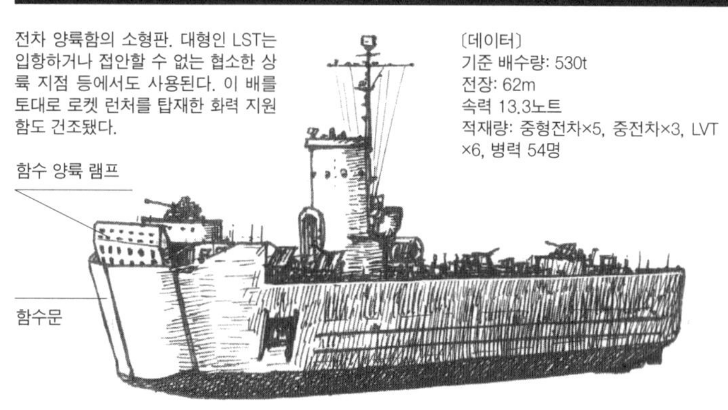

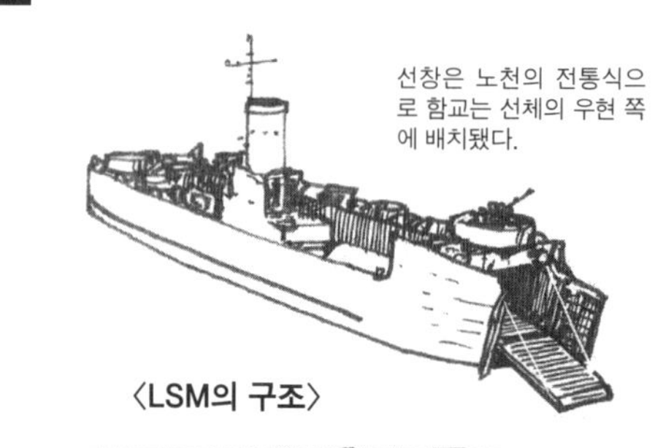

선창은 노천의 전통식으로 함교는 선체의 우현 쪽에 배치됐다.

〈LSM의 구조〉

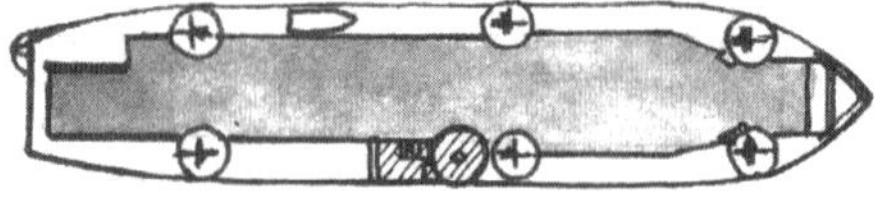

선체의 좌우 양현은 1~6문의 20mm 기관포 또는 40mm 기관포 4문을 장비했다.

LCT(전차양륙정)

LST나 LSM보다 먼저 전차를 상륙시키기 위해 상륙의 제1진에 사용하는 주정. 목적지 앞바다까지는 LST에 탑재해 수송했다.

〔데이터〕
기준 배수량: 530t
전장: 36.3m
속력: 7노트
적재량: 136t

〈LCT의 구조〉

함교는 우현 후방에 배치되고 무장은 20mm 기관포 2문을 표준으로 12.7mm 기관총을 최대 4정 장비했다.

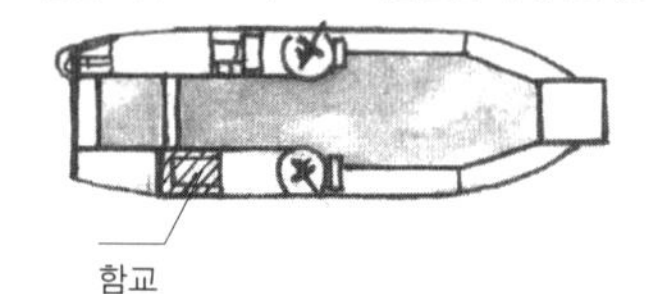

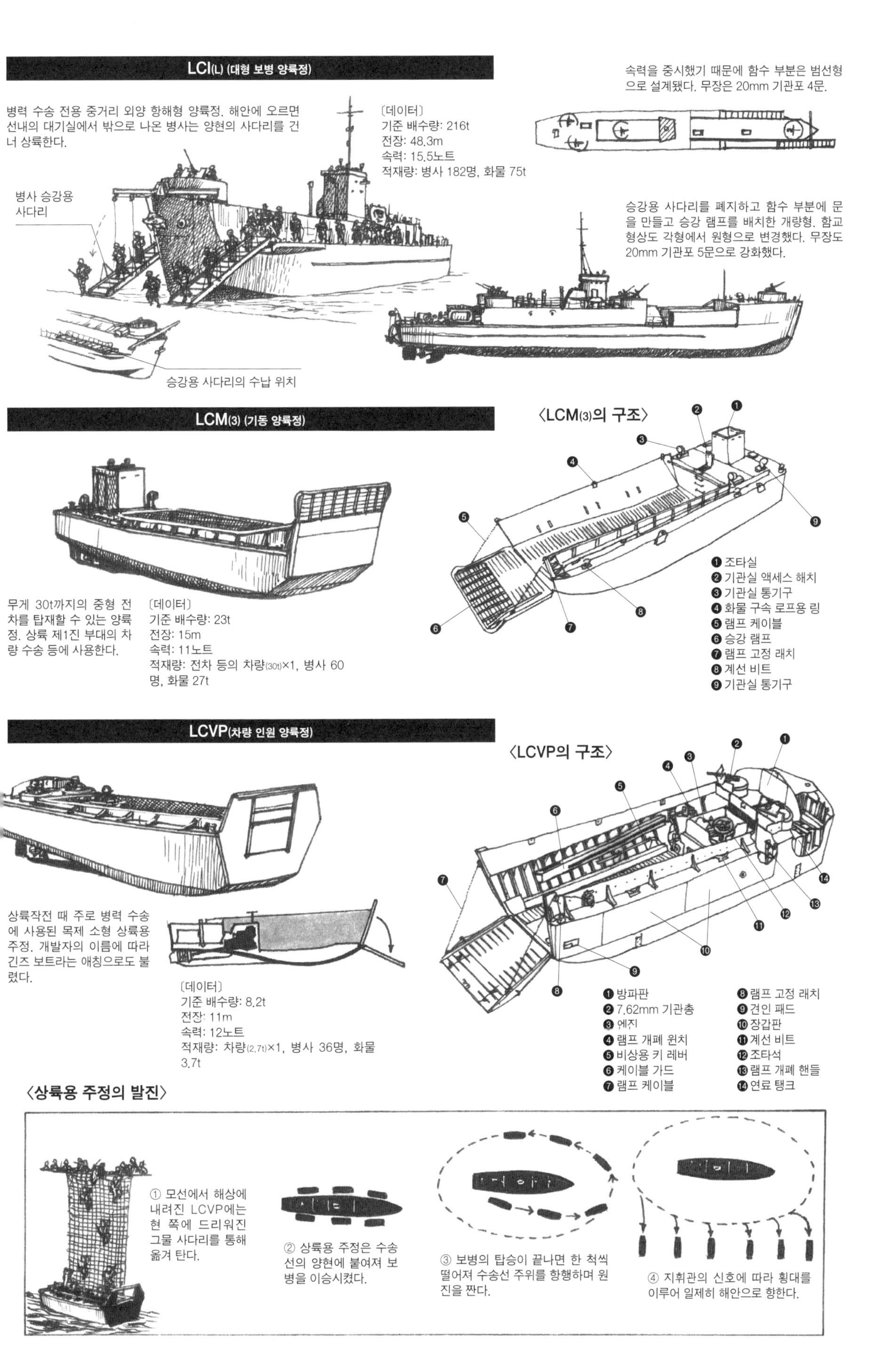
LCI(L) (대형 보병 양륙정)
병력 수송 전용 중거리 외양 항해형 양륙정. 해안에 오르면 선내의 대기실에서 밖으로 나온 병사는 양현의 사다리를 건너 상륙한다.
〔데이터〕
기준 배수량: 216t
전장: 48.3m
속력: 15.5노트
적재량: 병사 182명, 화물 75t
속력을 중시했기 때문에 함수 부분은 범선형으로 설계됐다. 무장은 20mm 기관포 4문.
병사 승강용 사다리
승강용 사다리를 폐지하고 함수 부분에 문을 만들고 승강 램프를 배치한 개량형. 함교 형상도 각형에서 원형으로 변경했다. 무장도 20mm 기관포 5문으로 강화했다.
승강용 사다리의 수납 위치
LCM(3) (기동 양륙정)
〈LCM(3)의 구조〉
무게 30t까지의 중형 전차를 탑재할 수 있는 양륙정. 상륙 제1진 부대의 차량 수송 등에 사용한다.
〔데이터〕
기준 배수량: 23t
전장: 15m
속력: 11노트
적재량: 전차 등의 차량(30t)×1, 병사 60명, 화물 27t
❶ 조타실
❷ 기관실 액세스 해치
❸ 기관실 통기구
❹ 화물 구속 로프용 링
❺ 램프 케이블
❻ 승강 램프
❼ 램프 고정 래치
❽ 계선 비트
❾ 기관실 통기구
LCVP(차량 인원 양륙정)
〈LCVP의 구조〉
상륙작전 때 주로 병력 수송에 사용된 목제 소형 상륙용 주정. 개발자의 이름에 따라 긴즈 보트라는 애칭으로도 불렸다.
〔데이터〕
기준 배수량: 8.2t
전장: 11m
속력: 12노트
적재량: 차량(2.7t)×1, 병사 36명, 화물 3.7t
❶ 방파판
❷ 7.62mm 기관총
❸ 엔진
❹ 램프 개폐 윈치
❺ 비상용 키 레버
❻ 케이블 가드
❼ 램프 케이블
❽ 램프 고정 래치
❾ 견인 패드
❿ 장갑판
⓫ 계선 비트
⓬ 조타석
⓭ 램프 개폐 핸들
⓮ 연료 탱크
〈상륙용 주정의 발진〉
① 모선에서 해상에 내려진 LCVP에는 현 쪽에 드리워진 그물 사다리를 통해 옮겨 탄다.
② 상륙용 주정은 수송선의 양현에 붙여져 보병을 이승시켰다.
③ 보병의 탑승이 끝나면 한 척씩 떨어져 수송선 주위를 항행하며 원진을 짠다.
④ 지휘관의 신호에 따라 횡대를 이루어 일제히 해안으로 향한다.

우에다 신의 도해 한국전쟁

초판 1쇄 인쇄 2025년 5월 10일
초판 1쇄 발행 2025년 5월 15일

저자 : 우에다 신
번역 : 강영준

펴낸이 : 이동섭
편집 : 이민규
디자인 : 조세연
기획 · 편집 : 송정환, 박소진
영업 · 마케팅 : 조정훈, 김려홍
e-BOOK : 홍인표, 최정수, 김은혜, 정희철, 김유빈
라이츠 : 서찬웅, 서유림
관리 : 이윤미

㈜에이케이커뮤니케이션즈
등록 1996년 7월 9일(제302-1996-00026호)
주소 : 08513 서울특별시 금천구 디지털로 178, B동 1805호
TEL : 02-702-7963~5 FAX : 0303-3440-2024
http://www.amusementkorea.co.kr

ISBN 979-11-274-8924-3 03390